21 世纪全国高职高专机电类规划教材

液压与气压传动

赵世友　主编

孙红雨　副主编

贾晓华　王凤鸣　宫鸣　胡占明　栾祥　参编

北京大学出版社
PEKING UNIVERSITY PRESS

内 容 简 介

本书紧紧围绕高职高专教学基本要求选取教学内容，全书共分 16 章，内容包括：液压传动基础知识，液压元件的工作原理、性能及应用，液压回路及典型系统分析与排除；气压传动知识，气动元件的工作原理、性能及应用，气压回路及典型系统分析等主要内容。简明地介绍了液压与气动系统使用和维护方面的基本知识。本书每章均有学习提要与习题，供读者参考。

本书适用于机电类各专业使用，也可作为机械类工程技术人员、液压与气压设备维护人员培训之用。

图书在版编目（CIP）数据

液压与气压传动/赵世友主编．—北京：北京大学出版社，2007.1
（21 世纪全国高职高专机电类规划教材）
ISBN 978-7-301-09967-4

I．液… II．赵… III．①液压传动－高等学校：技术学校－教材 ②气压传动－高等学校：技术学校－教材 IV．TH13

中国版本图书馆 CIP 数据核字（2005）第 132741 号

书　　名：液压与气压传动
著作责任者：赵世友　主编
责 任 编 辑：温丹丹　董超
标 准 书 号：ISBN 978-7-301-09967-4/TH · 0051
出　版　者：北京大学出版社
地　　址：北京市海淀区成府路 205 号 100871
电　　话：邮购部 62752015　发行部 62750672　编辑部 62765126　出版部 62754962
网　　址：http://www.pup.cn
电 子 信 箱：xxjs@pup.pku.edu.cn
印　刷　者：河北滦县鑫华书刊印刷厂
发　行　者：北京大学出版社
经　销　者：新华书店
787 毫米×980 毫米　16 开本　16.75 印张　369 千字
2007 年 1 月第 1 版　2009 年 2 月第 2 次印刷
定　　价：27.00 元

前　　言

本书是为高等职业技术、高等专科教育机电类及机械类专业编写的教学用书。全书包含液压传动和气压传动两部分内容，共 16 章。第 1~10 章主要论述了液压传动的流体力学基础知识，液压元件的工作原理和结构特点，液压基本回路的组成和典型系统分析，液压伺服控制系统；第 11~16 章主要论述了气压传动的基础知识，气源装置和气动元件的工作原理以及结构特点，气动基本回路和气动系统分析，气动系统的安装、调试和维护保养要点。此外，对液压与气动系统常见故障分析与排除方法也作了适当的介绍。

目前，培养实用型和技能型人才已成为我国高等职业技术教育和高等专科教育的发展方向。能用会学，是对技能型人才提出的更高要求。因此，对相关教材的针对性、实用性、新颖性就提出了较高的要求，本书正是基于这种理念编写的。

本书在内容上贯彻基础知识部分必需够用、专业知识部分加强实用性，注意理论教学与实训教学的密切结合，注重学生在应用技术方面的能力培养。为便于学生阅读和理解，各章节叙述通俗易懂，范例实用，各章末归纳出本章节重点及小结，复习思考题；介绍元件工作原理多配以简化的原理图；典型结构示例配以常用新型的结构图；同时液压气动图形符号全部采用新的国家标准。

本书由赵世友任主编；孙红雨任副主编。参加编写工作的有：赵世友（第 1、2、3 章），栾祥（第 4 章），贾晓华（第 5、6 章），胡占明（第 7、15 章），宫鸣（第 8、9、16 章），孙红雨（第 10、11、12 章），王凤鸣（13、14 章），全书由赵世友统稿。在本书的编写过程中，孙红雨等人对本书的编写，提出了十分有益的建议和修改意见，在此表示衷心的感谢！

由于编者水平有限，书中难免有误，敬请广大读者指正。

编　者

2006 年 8 月

目　　录

第 1 章　绪　　论

一部完整的机器是由多个复杂的子系统组成的，如动力系统、传动系统、控制系统、工作机构等。传动部分是一个中间环节，其作用是把原动力（电动机、内燃机等的输出功率）传送给工作机构。传动类型有多种，如机械传动、电力传动、液压传动、气压传动以及它们的组合传动等。本书主要介绍以流体为工作介质的液压与气压传动和控制。

1.1　液压与气压传动的研究对象

液压传动和气压传动称为流体传动，是根据 17 世纪帕斯卡提出的液体静压力传动原理而发展起来的一门新兴技术。液压与气压传动是研究以有压流体为传动介质来实现各种机械传动和控制的学科，主要利用流体的压力能来进行能量传递和控制的传动方式，因而它们实现传动和控制的方法基本相同，都是利用各种元件组成具有所需功能的基本回路，再由若干基本回路有机组合成传动和控制系统，从而实现能量的转换、传递和控制。因此，了解传动介质的基本物理性质及其力学特性，研究各类元件的结构、工作原理和性能以及各种基本回路的性能和特点，并在此基础上形成对传动及控制系统的分析、设计和使用，这就是本学科的研究对象。

液压传动所用的介质是液体（主要是矿物油），气压传动所用的是空气。由于这两种流体的性质不同，所以液压与气压传动又有各自的特点。液压传动传递动力大，运动平稳，但液体黏性较大，流动过程中阻力损失大，因而不宜做远距离的传动和控制；气压传动由于空气的可压缩性大，工作压力低，故传递动力较小，运动也不够平稳，但空气黏性小，流动过程中阻力小，速度快，反应灵敏，且组成系统的成本较低，因而能用于较远距离的传动和控制。为了综合利用两者的优势，也可采用以气压为动力的气液联合传动，以获得既经济又平稳的传动效果。

1.2　液压与气压传动的工作原理

液压与气压传动的工作原理基本相似，现以图 1-1 所示一驱动机床工作台的液压传动系统为例，说明它们的工作原理。它由油箱1、过滤器2、液压泵3、溢流阀4、换向阀5、节流阀6、换向阀7、液压缸8以及连接这些元件的油管、管接头等组成。该系统的工作原理是：液压泵由电动机带动旋转后，从油箱中吸油，油液经过滤器2进入液压泵的吸油腔，当它从液压泵中输出进入压力油路后，在图1-1a所示状态下，通过换向阀5、节流阀6，经换向阀7进入液压缸左腔，此时液压缸右腔的油液经换向阀7和回油管排回油箱，液压缸中的活塞推动工作台9向右移动。

如果将换向阀7的手柄移动成如图1-1b所示的状态，则经节流阀的压力油将由换向阀7进入液压缸的右腔，此时液压缸左腔的油经换向阀7和回油管排回油箱，液压缸中的活塞将推动工作台向左移动。因而，换向阀7的主要功用就是控制液压缸及工作台的运动方向。系统中换向阀5若处于如图1-1c所示的位置，则液压泵输出的压力油将经换向阀5直接回油箱，系统处于卸荷状态，液压油不能进入液压缸，所以换向阀5又称为开停阀。

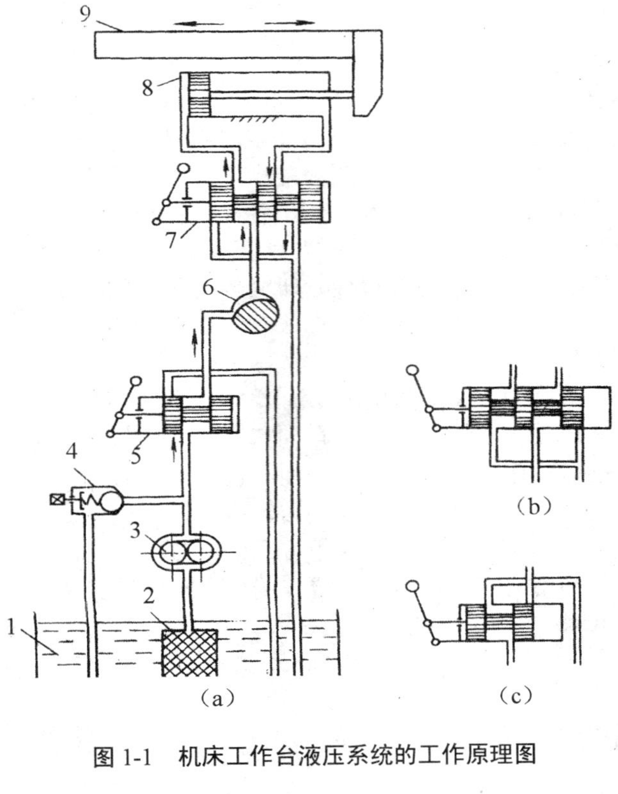

图1-1 机床工作台液压系统的工作原理图

1—油箱 2—过滤器 3—液压泵 4—溢流阀
5、7—换向阀 6—节流阀 8—液压缸 9—工作台

工作台的移动速度是通过节流阀 6 来调节的，当节流阀的开口大时，进入液压缸的油液流量就大，工作台移动速度就快；反之，工作台移动速度将减小。因而，节流阀 6 的主要功用是控制进入液压缸的流量，从而控制液压缸活塞的移动速度。

液压缸推动工作台移动时必须有一定的油液压力，而在图 1-1 所示系统中液压泵出口处的油液压力是由溢流阀 4 决定的，所以溢流阀在液压系统中的主要功用是控制系统的工作。

通过上述例子可以看出液压传动的基本特征是：以液体为工作介质，依靠处于密封工作容积内的液体压力能来传递能量；压力的高低取决于负载；负载速度的大小取决于进入液压缸的流量；压力和流量是液压传动中最基本、最重要的两个参数。

液压与气压传动是利用流体的压力能来传递动力的一种传动形式，液压与气压传动的过程是将机械能进行转换和传递的过程。

1.3　液压与气压传动系统的组成

从上述例子可以看出，一个完整的液（气）压系统由以下五部分组成。

（1）动力装置（能源装置）　将电动机输出的机械能转换成流体的压力能的装置。一般最常见的是液压泵或空气压缩机。

（2）执行装置　把流体的压力能转换成机械能的装置，一般指做直线运动的液（气）压缸、做回转运动的液（气）压马达等。

（3）控制调节装置　对液（气）压系统中流体的压力、流量和流动方向进行控制和调节的装置，如溢流阀、节流阀、换向阀等。这些元件的不同组合可以组成能完成不同功能的对液（气）压系统进行控制或调节的装置。

（4）辅助装置　指除上述三部分以外的其他装置，如油箱、过滤器、油管、储气罐等。它们对保证液（气）压系统正常工作起着重要的作用。

（5）传动介质　传递能量的流体，即液压油或压缩空气。

如图 1-1 所示的液压与气压传动的工作原理图是半结构的，它直观性强，容易理解，但难于绘制。在实际工作中，除少数特殊情况外，一般都采用国标 GS/T 786.1

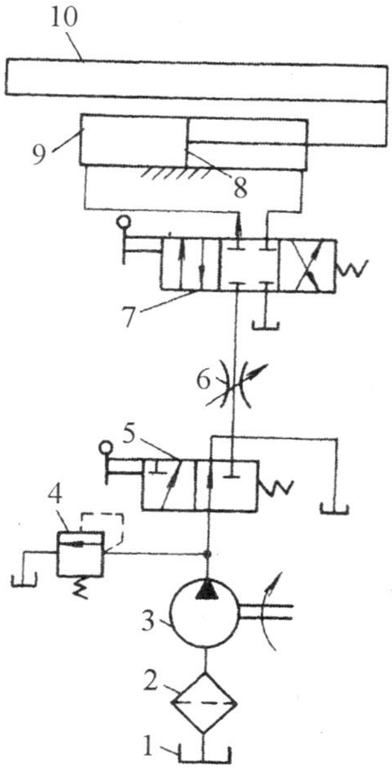

图 1-2　用图形符号表示的机床工作台液压系统的工作原理图

1—油箱　2—过滤器　3—液压泵　4—溢流阀　5、7—换向阀　6—节流阀　8—液压缸　9—工作台

—93 所规定的液压与气动图形符号（参看附录表 1）来绘制，如图 1-2 所示。图形符号表示元件的功能，而不表示元件的具体结构和参数。使用图形符号既便于绘制，又可使液压系统简单明了。

1.4 液压与气压传动的特点

液压、气压传动与机械传动、电气传动等相比有很多不同之处，液压与气压传动均属流体传动与控制，它们有共同的优缺点。但由于液体与气体的来源不同，可压缩性也相差甚远，故液压与气压传动又有各自的特点。

1. 共同的优点

（1）各种组成元件，可根据需要方便、灵活地布置。
（2）操纵控制方便，可实现大范围的无级调速。
（3）容易实现自动化。
（4）可实现过载保护。
（5）各种组成元件易于实现系列化、标准化和通用化，便于系统设计、制造。
（6）可以减少振动与冲击，能高速启动、制动和换向。
（7）很容易实现直线运动。

2. 共同的缺点

（1）由于传动介质易泄漏和流体的可压缩性，无法保证严格的传动比，气动尤为突出。
（2）系统传动效率不高。
（3）元件制造精度高，液压元件尤为如此，系统故障不易诊断排除。

3. 液压传动特点

（1）同样功率时，液压系统质量小，结构紧凑。同样体积下，液压系统能产生更大的动力。

（2）运动平稳且反应快，但液压传动有油液污染，因液体流动能量损失大而不能远程输送，对温度变化较敏感等问题。

4. 气压传动特点

（1）空气取自大气，排向大气，无成本费用，无污染。
（2）气体流动阻力损失远小于液体，流速快，反应灵敏，可以远程传输和控制。

（3）可用于食品、医药、无线电元器件和其他有特殊要求的工况（如强振动、强冲击、强腐蚀和强辐射等）。

（4）气压传动压力低、输出力小、运动不够平稳。

总的来说，液压与气压传动的优点是主要的，它们的一些缺点随着生产技术水平的提高正在被逐步克服。液压与气压传动技术在现代化生产中有着广阔的发展前景。

1.5　液压与气压传动的应用及发展

自 18 世纪末英国制成世界上第一台水压机算起，液压技术已有 300 年的历史了，但其真正的发展是在第二次世界大战后的 50 余年时间内。战后液压技术迅速转向民用工业，在机床、工程机械、农业机械、汽车等行业中被逐步推广。自 20 世纪 60 年代以来，随着原子能、空间技术、计算机技术的发展，液压技术得到了很大的发展，并渗透到各个工业领域中。在工业生产中，各个部门应用液压与气压传动技术的出发点是不尽相同的。例如，工程机械、矿山机械、压力机械和航空工业采用液压传动的主要原因是它结构简单、体积小、重量轻、输出力大；机床上采用液压传动是因为它能在工作过程中方便地实现无级调速，易于实现频繁的换向，易于实现自动化；在电子工业、包装机械、印染机械、食品机械等方面应用气压传动主要是因为它操作方便，且无油、无污染。液压与气压传动在机械行业中的应用见表 1-1。

表 1-1　液压与气压传动在各类机械行业中的应用

行业名称	应用举例	行业名称	应用举例
工程机械	挖掘机、装载机、推土机	轻工机械	打包机、注塑机
矿山机械	凿石机、开掘机、提升机、液压支架	灌装机械	食品包装机、真空镀膜机、化肥包装机
建筑机械	打桩机、液压千斤顶、平地机	汽车工业	高空作业车、自卸式汽车、汽车起重机
冶金机械	轧钢机、压力机、步进加热炉	铸造机械	砂型压实机、加料机、压铸机
锻压机械	压力机、模锻机、空气锤	纺织机械	织布机、抛砂机、印染机
机械制造	组合机床、冲床、自动线、气动扳手		

随着电子技术和计算机技术进入液压气动技术领域，使它得到更蓬勃的发展。当前，液压技术正向高压、高速、高效、大功率、低噪声、经久耐用、高度集成化的方向发展。同时，新型液压元件和液压系统的计算机辅助设计（CAD）、计算机辅助测试（CAT）、计算机直接控制（CDC）、计算机实时控制技术、机电一体化技术、计算机仿真和优化设计技术、可靠性技术以及污染控制技术等方面也是当前液压传动及控制技术发展和研究的方

向。在科技飞速发展的当今世界，气压传动技术将发展更加迅速。随着工业的发展，气动技术的应用领域已从汽车、采矿、钢铁、机械工业等行业迅速扩展到化工、轻工、食品、军事工业等各行各业。气动技术已发展成包含传动、控制与检测在内的自动化技术。由于工业自动化技术的发展，气动控制技术以提高系统可靠性、降低总成本为目标，研究和开发系统控制技术和机、电、液、气综合技术。显然，当前气动元件发展的特点和研究方向主要是节能化、小型化、轻量化、位置控制的高精度化以及与电子学相结合的综合控制技术。

液压与气动技术的应用与发展已经进入了一个崭新的历史阶段，成为全球性的工业，其生产与销售是国际性的。世界上最大的液压元件制造商，美国的 Vickers System 公司和 Parker Hannifin 公司，德国的 Mannesmann Rexroth 公司，号称液压界的三巨头，拥有威格士（Vickers）、力士乐（Rexroth）等著名品牌。

液压与气压传动工业的增长速度，虽然不能与计算机等工业相比，但却明显地快于机械工业的整体发展速度，特别是在与微电子、计算机技术相结合之后，其发展势头更趋强劲。

1.6 小　　结

（1）液压与气压传动都是以流体为工作介质进行能量传递和控制的一种传动形式，统称为流体传动与控制，与机械传动、电气传动组成三大传动形式，各具特色，优缺点互为补充。

（2）液压与气压传动通过各种元件组成不同功能的基本回路，再由若干基本回路组成一个完整的传动系统。其力的传递遵循帕斯卡原理：在密闭容器内，施加于静止液体上的力以等值传到液体各点；运动的传递遵循密闭工作容积变化相等的原则。系统工作压力取决于外负载，执行元件的运动速度取决于输入流量的大小。

（3）液压与气压传动系统主要由以下五部分组成。

① 工作介质——液压油或压缩空气。

② 提供液压油液或压缩空气的能源装置——液压泵或空气压缩机。

③ 输出机械能的执行元件——液压（气压）缸。

④ 控制和调节流体的压力、流量和流向的控制元件——阀。

⑤ 除上述三种元件以外保证系统正常工作的辅助元件。

（4）液压与气压传动的能量传递过程如图 1-3 所示。

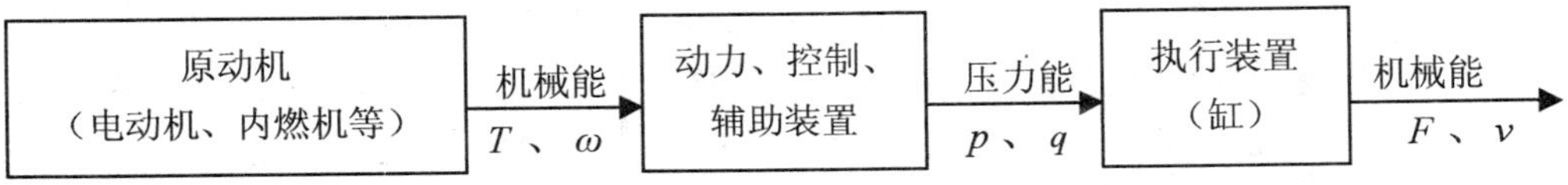

图 1-3　液压与气压传动的能量传递过程

（5）液压与气压传动的最大优点是能实现“力的放大”及在大范围内实现无级调速，最大的缺点是传动效率偏低及元件制造精度较高，系统出现故障后不易诊断。

（6）液压与气压传动的元件和系统原理图按国标 GB 786.1—93 绘制，系统中元件符号均接于静态（或零工位）位置。

1.7　复习思考题

1-1　液压与气压传动系统由哪几部分组成？各部分的作用是什么？

1-2　简述液压与气压传动有什么不同？

1-3　绘制几个液压与气压的执行元件、控制零件的图形符号（参看表附录表 1）。

第 2 章　液压流体力学基础

液压传动是以液体作为工作介质来进行能量传递的。因此，了解工作介质基本的物理、化学性质，研究液体平衡和运动的力学规律，将有助于正确理解液压传动的基本原理，同时这些内容也是液压系统设计、计算和合理使用的理论基础。

2.1　液压传动工作介质

2.1.1　液压油的性质

1. 液体的密度

液体单位体积内的质量称为密度，以 ρ 表示

$$\rho = \frac{m}{V} \quad (\mathrm{kg/m^3}) \tag{2-1}$$

式中　m——液体的质量（kg）；

V——液体的体积（$\mathrm{m^3}$）。

液体的密度随压力和温度的变化而变化，即随压力的增加而加大，随温度的升高而减少。一般情况下，由压力和温度引起的液体密度变化量都比较小，所以在实际应用中油液的密度可近似地视为常数，矿物油的密度 ρ 为 850～960 $\mathrm{kg/m^3}$。

2. 液体的可压缩性

液体受压力作用而发生体积变化的性质称液体的可压缩性。液体的压缩性的大小通常以体积压缩率 K（$\mathrm{m^2/N}$）来度量。对液压系统来讲，由于压力变化引起的液压油体积变化很小，故一般可认为液压油是不可压缩的。但当液压油中混有空气时，其压缩性显著增加，并将影响系统的工作性能。在有动态特性要求或压力变化范围很大的高压系统中，应考虑液压油压缩性的影响，并应严格排除混入液压油中的气体。

3. 液体的黏性

（1）黏性的意义　液体在外力作用下流动（或有流动趋势）时，分子间的内聚力要阻

止分子相对运动而产生一种内摩擦力，这一特性称为液体的黏性，它是液体的重要物理性质。液体只有在流动（或有流动趋势）时才会呈现出黏性，静止液体是不呈现黏性的。

黏性使流动液体内部各处的速度不相等，以图 2-1 为例。若两平行平板间充满液体，下平板不动，而上平板以速度 u_0 向右平动，由于液体的黏性，紧靠下平板和上平板的液体层速度分别为 0 和 u_0，而中间各液层的速度则视该层距下平板的距离按曲线规律或线性规律变化。

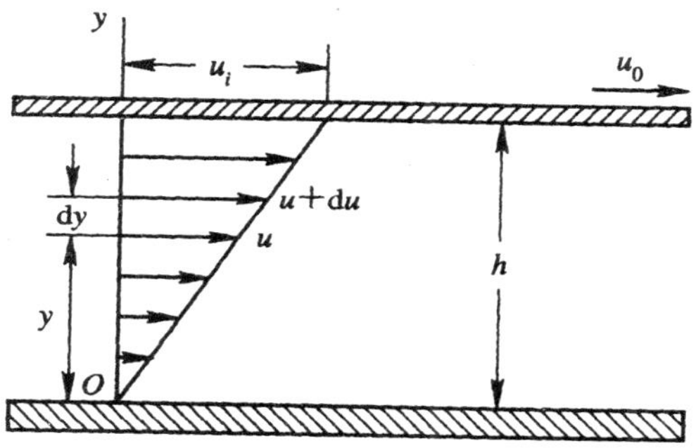

图 2-1　液体的黏性示意图

实验测定指出，液体流动时相邻液层间的内摩擦力 F，与液层接触面积 A、液层间的速度梯度 du/dy 成正比，即

$$F = \mu A \frac{du}{dy} \tag{2-2}$$

式中　μ——比例常数，称为动力黏度。

如以 τ 表示切应力，即单位面积上的内摩擦力，则

$$\tau = \frac{F}{A} = \mu \frac{du}{dy} \tag{2-3}$$

这就是牛顿的液体内摩擦定律。

（2）黏度的表示方法　液体的黏度是指它在单位速度梯度下流动时单位面积上产生的内摩擦力。黏度是衡量液体黏性的指标。黏度可分为动力黏度和运动黏度两种。动力黏度用 μ 来表示，单位为 Pa · s （帕 · 秒）；液体的动力黏度与其密度的比值称为液体的运动黏度，用 ν 表示，即 $\nu = \mu / \rho$，单位为 m^2/s。就物理意义来说，ν 不是一个黏度的量，但习惯上常用它来标志液体黏度，液压传动工作介质的黏度等级是以 40℃时运动黏度（以 mm^2/s 计）的中心值来划分的，如某一种牌号 L—HL22 普通液压油在 40℃时运动黏度的中心值为 22 mm^2/s。

（3）黏—温特性　液体的黏度随液体的压力和温度而变化。对液压传动工作介质来说，

压力增大时，黏度增大。在一般液压系统使用的压力范围内，增大的数值很小，可以忽略不计。但液压传动工作介质的黏度对温度的变化十分敏感。温度升高，黏度降低，造成泄漏、磨损增加、效率降低等问题；温度下降，黏度增加，造成流动困难及泵转动不易等问题。如图 2-2 所示为国产液压油黏度—温度曲线。黏度受温度影响变化大小的性质，直接影响液压传动工作介质的使用，其重要性不亚于黏度本身。

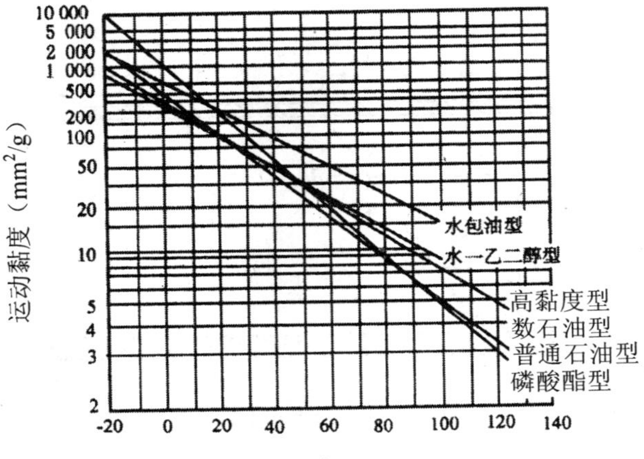

图 2-2 几种液压油的黏—温关系

4. 其他性质

液压传动工作介质还有其他一些性质，如稳定性（热稳定性、氧化稳定性、水解稳定性、剪切稳定性等）、抗泡沫性、抗乳化性、防锈性、润滑性以及相容性（对所接触的金属、密封材料、涂料等作用程度）等，都对它的选择和使用有重要影响。这些性质需要通过在精炼的矿物油中加入各种添加剂来获得，其含义较为明显，不多作解释，可参阅有关资料。

2.1.2 液压油的分类和选用

1. 对液压传动工作介质的要求

不同的工作机械、不同的使用情况对液压传动工作介质的要求有很大的不同。为了很好地传递运动和动力，液压传动工作介质应具备如下性能。

（1）合适的黏度（$v_{40}=(15\sim68)\times10^{-6}\ m^2/s$），较好的黏—温特性。

（2）润滑性能好。

（3）质地纯净，杂质少。

（4）对金属和密封件有良好的相容性。

（5）对热、氧化、水解和剪切都有良好的稳定性。

（6）抗泡沫好，抗乳化性好，腐蚀性小，防锈性好。

（7）体积膨胀系数小，比热容大。

（8）流动点和凝固点低，闪点（明火能使油面上的油蒸气闪燃，但油本身不燃烧时的温度）和燃点高。

（9）对人体无害，成本低。

对轧钢机、压铸机、挤压机和飞机等液压系统，则须突出耐高温、热稳定、不腐蚀、无毒、不挥发、防火等项要求。

2. 工作介质的分类和选用

（1）分类　液压系统工作介质的品种以其代号和后面的数字组成，代号中 L 是石油产品的总分类号“润滑剂和有关产品”；H 表示液压系统用的工作介质；数字表示为该工作介质的某个黏度等级。石油型液压油是最常用的液压系统工作介质，其各项性能都优于全损耗系统用油 L—AN（原称机械油），机械油是一种低品位、浪费资源的产品，不再生产，HL 液压油已被列为机械油的升级换代产品。石油型液压油黏度等级有自 15 至 150 等多种规格，分类见表 2-1。

表 2-1　液压系统工作介质分类（GB llll8—89）

分　类	名　称	代　号	组 成 和 特 性	应　用
石油型	精制矿物油	L—HH	无抗氧剂	循环润滑油，低压液压系统
	普通液压油	L—HL	HH 油，并改善其防锈和抗氧性	一般液压系统
	抗磨液压油	L—HM	HL 油，并改善其抗磨性	低、中、高液压系统，特别适合于有防磨要求带叶片泵的液压系统
	低温液压油	L—HV	HM 油，并改善其黏—温特性	能在-20～-40℃的低温环境中工作，用于户外工作的工程机械和船用设备的液压系统
	高黏度指数液压油	L—HR	HL 油，并改善其黏—温特性	黏—温特性优于 L—HV 油，用于数控机床液压系统和伺服系统
	液压导轨油	L—HG	HM 油，并具有黏—温特性	适用于导轨和液压系统共用一种油品的机床，对导轨有良好的润滑性和防爬性
	其他液压油		加入多种添加剂	用于高品质的专用液压系统
乳化型	水包油乳化液	L—HFAE	需要难燃液的场合	
	水包油乳化液	L—HFB		
合成型	水一乙二醇液	L—HFC		
	磷酸酯液	L—HFDR		

（2）工作介质的选用原则

① 液压系统的工作条件　按系统中液压元件，主要是液压泵来确定工作介质的黏度，见表 2-2。同时，要考虑工作压力范围、油膜承载能力、润滑性、系统温升程度、工作介质与密封材料和涂料是否相容等要求。

表 2-2　按液压泵类型推荐用工作介质的黏度

液压泵类型		工作介质黏度 v_{40}/（mms^{-1}）	
		液压系统温度 5～40℃	液压系统温度 40～80℃
齿轮泵		30～70	65～165
叶片泵	p <7.0 MPa	30～50	40～75
	p ≥7.0 MPa	50～70	55～90
径向柱塞泵		30～80	65～240
轴向柱塞泵		40～75	70～150

② 液压系统的工作环境　环境温度的变化范围、有无明火和高温热源、抗燃性等要求。还要考虑环境污染、毒性和气味等因素。

③ 综合经济分析　选择工作介质时要全面考虑价格和使用寿命。高质量的液压油，从一次购置的角度来看花费较大，但从使用寿命、元件更换、运行维护、生产效率的提高方面讲，总的经济效益是非常合算的。

（3）液压系统的污染及控制

工作介质的污染是液压系统发生故障的主要原因，严重影响液压系统的可靠性及液压件的寿命。液压油使用一段时间后会受到污染，常使阀内的阀芯卡死，并使油封加速磨耗及液压缸内壁磨损。这些故障轻则影响液压系统的性能和使用寿命，重则损坏元件使元件失效，导致液压系统不能工作，危害是非常严重的。

① 污染的根源　进入工作介质的固体污染物有四个主要根源：已被污染的新油、残留污染、侵入污染和内部生成污染。了解每一个污染源，是液压系统的污染控制措施和过滤器设置的主要考虑的问题。

- 已被污染的新油　虽然液压油和润滑油是在比较清洁的条件下精炼和调和的，但油液在运输和储存过程中会受到管道、油桶和储油罐的污染。其污染物为灰尘、砂土、锈垢、水和其他液体等。
- 残留污染　液压系统和液压元件在装配和冲洗过程中的残留物。如毛刺、切屑、型砂、涂料、橡胶、焊星和棉纱纤维等。
- 侵入污染　液压系统运行过程中，由于油箱密封不完善以及元件密封装置损坏而从系统外部侵入的污染物。如灰尘、砂土、切屑以及水分等。

- 生成污染　液压系统运行中系统自身生成的污染物。其中既有元件磨损剥离、被冲刷和腐蚀的金属颗粒或橡胶末，又有油液老化产生的污染物等。这一类污染物最具有危险性。

② 污染的控制

为了减少工作介质的污染，应采取如下一些措施。

- 对元件和系统进行清洗，清除在加工和组装过程中残留的污染物。液压元件在加工的每道工序后都应净化，装配后应经严格的清洗。最后用系统工作时使用的工作介质对系统进行彻底的冲洗，直到达到系统要求的污染度时将冲洗液放掉，注入新的工作介质后，液压元件才能正式运转。
- 防止污染物从外界侵入。油箱呼吸孔上应装设高效的空气滤清器或采用密封油箱，工作介质应通过过滤器注入系统。活塞杆端应装防尘密封。
- 在液压系统合适部位设置合适的过滤器，并定期检查、清洗或更换。
- 控制工作介质的温度，工作介质温度过高会加速其氧化变质，产生各种生成物，缩短它的使用期限。
- 定期检查和更换工作介质。定期对液压系统的工作介质进行抽样检查，分析其污染度，如已不合要求，必须立即更换。更换新的工作介质前，必须对整个液压系统彻底清洗一遍。

2.2　液体静力学

液体静力学主要是讨论液体静止时的平衡规律以及这些规律的应用。所谓“液体静止”指的是液体内部质点间没有相对运动，不呈现黏性而言，至于盛装液体的容器，不论它是静止的或是匀速、匀加速运动都没有关系。

2.2.1　液体静压力及其特性

作用在液体上的力有两种，即质量力和表面力。前者作用于液体的所有质点上，如重力和惯性力等；后者作用于液体的表面上，如法向力和切向力等。表面力可以是其他物体（如容器等）作用在液体上的力，也可以是一部分液体作用于另一部分液体上的力。液体在相对平衡状态下不呈现黏性，因此，静止液体内不存在剪切应力，只有法向的压应力，即静压力。

当液体相对静止时，液体内某点处单位面积上所受的法向力称为该点的静压力，它在物理学中称为压强，在液压传动中称为压力，用 p 表示

$$p = \lim_{\Delta A \to 0} \frac{\Delta F}{\Delta A} \tag{2-4}$$

式中 ΔA ——液体内某点处的微小面积；

ΔF ——液体内某点处的微小面积上所受的法向力。

如法向力 F 均匀地作用在面积 A 上，则压力可表示为

$$p = \frac{F}{A} \quad (\text{Pa 或 N/m}^2) \tag{2-5}$$

由于液体质点间的凝聚力很小，不能受拉，只能受压，所以液体的静压力具有两个重要特性：

（1）液体静压力的方向总是作用面的内法线方向；

（2）静止液体内任一点的液体静压力在各个方向上都相等。

2.2.2 液体静压力基本方程

1. 液体静压力基本方程

如图 2-3a、b 所示，密度为 ρ 的液体在容器内处于静止状态，作用在液面上的压力为 p_0。

若计算离液面深度为 h 处某点的压力 p，可以假想从液面往下切取高度为 h，底面积为 ΔA 的一个微小垂直液柱为研究对象。这个液柱在重力及周围液体的压力作用下，处于平衡状态，即 $p\Delta A = p_0\Delta A + \rho gh\Delta A$，因此得

$$p = p_0 + \rho gh \tag{2-6}$$

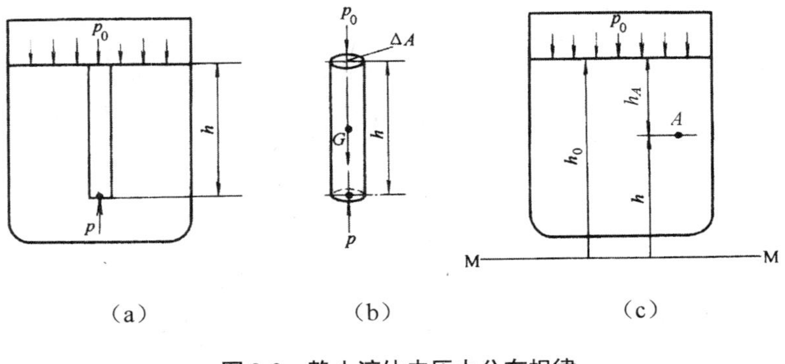

图 2-3 静止液体内压力分布规律

式（2-6）称为液体静压力基本方程，由式可知：

（1）静止液体中任一点处的静压力是作用在液面上的压力 p_0 和液体重力所产生的压力 ρgh 之和，当液面与大气接触时，p_0 为大气压力 p_a，故 $p = p_a + \rho gh$；

（2）液体静压力随液深呈线性规律分布；

（3）离液面深度相等的各点组成的面称等压面，等压面为水平面。

在液压传动系统中，一般液压装置的垂直尺寸都不大，通常由外力产生的压力要比由液体重力产生的压力 ρgh 大得多，若忽略它，便可认为系统中相对静止液体内各点压力均相等。

2. 静压力基本方程的物理意义

如图 2-3c 所示，密封容器内压力为 p_0，取一基准平面 M—M 为相对高度的起始面，则距 M—M 平面 A 处 A 点的压力，按式（2-6）可表达为

$$p = p_0 + \rho g(h_0 - h)$$

或

$$\frac{p}{\rho} + gh = \frac{p_0}{\rho} + gh_0 = 常数 \tag{2-7}$$

式中　gh——单位质量液体的位能；

$\frac{p}{\rho}$——单位质量液体的压力能。

式（2-7）的物理意义为：静止液体中任意一点的位能和压力能之和为一常数，压力能与位能可互相转化。

3. 压力的表示方法及单位

压力的表示方法有两种：一种是以绝对真空作为基准表示的压力，称为绝对压力；一种是以大气压力作为基准表示的压力，称为相对压力。由于大多数测压仪表所测得的压力都是相对压力，所以相对压力也称为表压力。绝对压力和相对压力的关系为

绝对压力＝相对压力＋大气压力

当绝对压力小于大气压力时，比大气压力小的那部分数值称为真空度，即

真空度＝大气压力－绝对压力

绝对压力、相对压力和真空度的相对关系如图 2-4 所示。

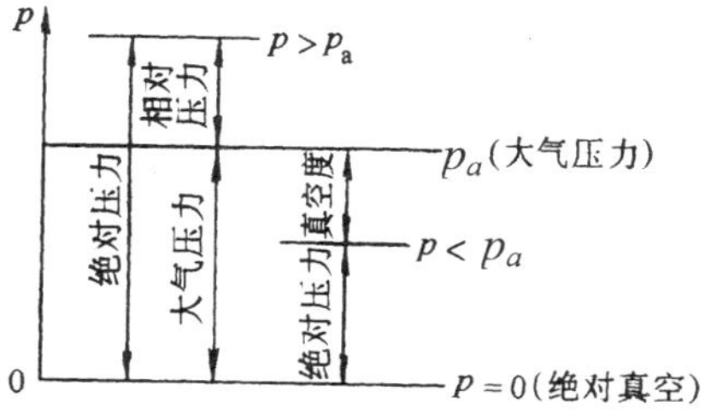

图 2-4　绝对压力、相对压力及真空度的相对关系

压力的法定计量单位为 Pa（帕斯卡）或 N/m^2。工程上通常采用 kPa（千帕）或 MPa

（兆帕），1 MPa=10^3 kPa=10^6 MPa。

4．静压力传递原理

由静压力基本方程可知，静止液体中任意一点的压力都包含了液面压力 p_0，这就是说，在密闭容器中由外力作用在液面上的压力可以等值地传递到液体内部的所有点，这就是帕斯卡原理，或称为静压力传递原理。

图 2-5 为帕斯卡原理应用图，图中竖直液压缸、水平液压缸的截面面积分别为 A_1、A_2，活塞上的负载分别为 F_1、F_2。由于两缸互相连通，构成一个密闭容器，因此按帕斯卡原理，缸内压力处处相等，$p_1 \approx p_2$，于是

$$F_2 = \frac{A_2}{A_1} F_1 \tag{2-8}$$

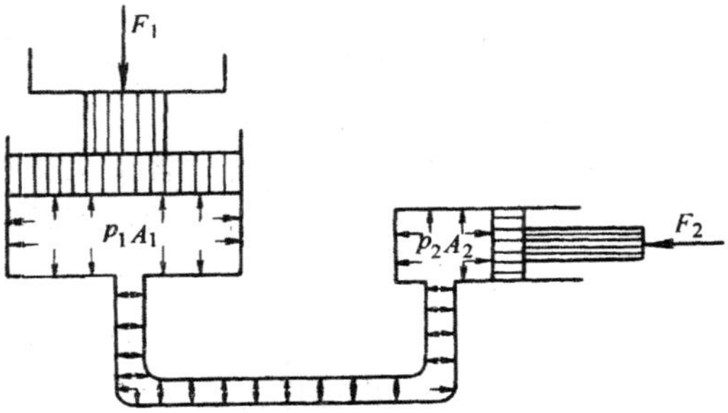

图 2-5　帕斯卡原理应用

如果竖直液压缸的活塞上没有负载，则当略去活塞重量及其他阻力时，不论怎样推动水平液压缸的活塞，也不能在液体中形成压力，这说明液压系统中的压力是由外界负载决定的。

例 2-1　如图 2-6 所示为相互连通的两个液压缸，已知大缸内径 D=100 mm，小缸内径 d=20 mm，大活塞上放一重物 G=20 000 N。问在小活塞上应加多大的力 F 才能使大活塞顶起重物？

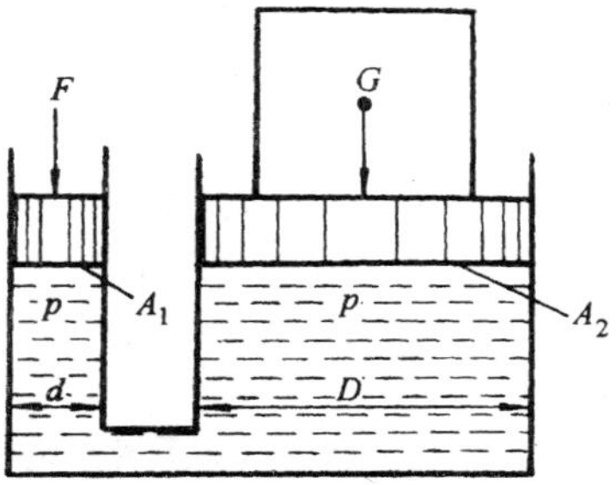

图 2-6　帕斯卡原理应用实例

解　根据帕斯卡原理，由外力产生的液体压力在两缸中相等，即

$$p=\frac{F}{A_1}=\frac{G}{A_2}$$

则

$$\frac{4F}{\pi d^2}=\frac{4G}{\pi D^2}$$

故顶起重物时在小活塞上应加的力为

$$F=\frac{d^2}{D^2}G=\frac{(20\ \text{mm})^2}{(100\ \text{mm})^2}\times 20\,000\ \text{N}=800\ \text{N}$$

由上例可知，液压装置具有力的放大作用。液压千斤顶和液压压力机就是利用这个原理进行工作的。

2.3　液体动力学

在液压传动中液压油总是在不断地流动着，因此研究液体运动和引起运动的原因，即研究液体流动时流速和压力的变化规律，是液体动力学的主要内容。下面着重阐明流动液体的三个基本方程：连续性方程、伯努利方程、动量方程。这三个方程是液压传动中分析问题和设计、计算的基础。

2.3.1　基本概念

1. 理想液体和稳定流动

由于实际液体具有黏性和可压缩性，液体在外力作用下流动时有内摩擦力，压力变化又会使液体体积发生变化，这样就增加了分析和计算的难度。为了便于分析问题，推导基本方程时先假设液体没有黏性、且不可压缩，然后再根据实验结果，对这种液体的基本方程加以修正和补充，使之比较符合实际情况。这种既无黏性又不可压缩的假想液体称为理想液体，事实上既有黏性又可压缩的液体称为实际液体。

液体流动时，如果液体中任一点处的压力、速度和密度都不随时间而变化，则液体的这种流动称为稳定流动；反之，若液体中任一点处的压力、速度和密度中只要有一项随时间而变化，就称为非稳定流动。稳定流动与时间无关，研究比较方便。

2. 过流断面、流量和平均流速

液体在管道中流动时，垂直于液体流动方向的截面称为过流断面或通流截面。

单位时间内流过某一过流断面的液体体积称为流量，用 q 表示，单位为 m^3/s（米 ^{3}/秒）

或 L/min（升/分），$1\,m^3/s = 6\times10^4$ L/min。

在实际工程中，通流截面上的流速分布规律比较复杂，为了便于计算，引入平均流速的概念，假想在通流截面上流速是均匀分布的，则平均流速为流过某一单位面积过流断面的液体的流量，可表示为

$$v = \frac{q}{A} \tag{2-9}$$

液压缸工作时，活塞运动的速度就等于缸内液体的平均流速。可以根据式（2-9）建立活塞运动速度与液压缸有效面积和流量之间的关系。活塞运动速度的大小，由输入液压缸的流量来决定。

2.3.2 连续性方程

连续性方程是质量守恒定律在流体力学中的一种表达形式。假如液体在具有不同横截面的任意形状管道中做稳定流动，如图 2-7 所示，可任取 1、2 两个不同的通流截面，其面积分别为 A_1 和 A_2，在这两个截面处的液体密度分别为 ρ_1 和 ρ_2，平均流速分别为 v_1 和 v_2，两截面间液体的体积不变。根据质量守恒定律，单位时间内流过这两个截面的液体质量相等，即

$$\rho_1 v_1 A_1 = \rho_2 v_2 A_2 \tag{2-10}$$

对于不可压缩的液体，$\rho_1 = \rho_2 = \rho$，则有

$$v_1 A_1 = v_2 A_2 \tag{2-11}$$

即

$$q_1 = q_2 = 常数 \tag{2-12}$$

式（2-12）称为不可压缩液体做稳定流动时的连续性方程，它说明液体在管道中做稳定流动时，流过各截面的体积流量是相等的（即液流是连续的），或者说，在管道中流动的液体，其平均流速 v 和通流截面面积 A 成反比。

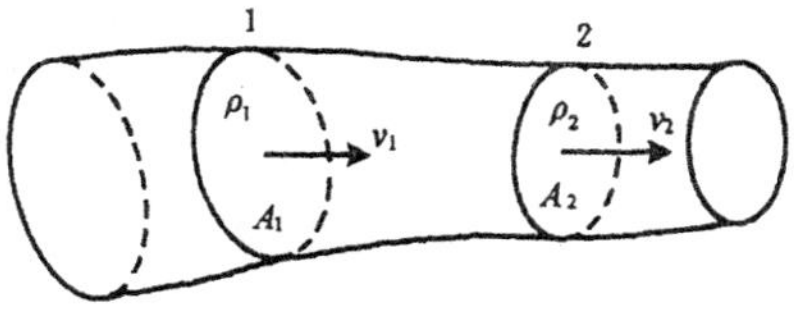

图 2-7 流量连续方程推导

2.3.3 伯努利方程

1. 理想液体伯努利方程

伯努利方程是能量守恒定律在流体力学中的一种表达形式。在理想液体的稳定流动中，取任意截面 1—1、2—2，如图 2-8 所示。截面 1—1 面积为 A_1，流速为 v_1，压力为 p_1，

相对基准位置高度为h_1；截面 2—2 面积为A_2，流速为v_2，压力为p_2，位置高度为h_2。

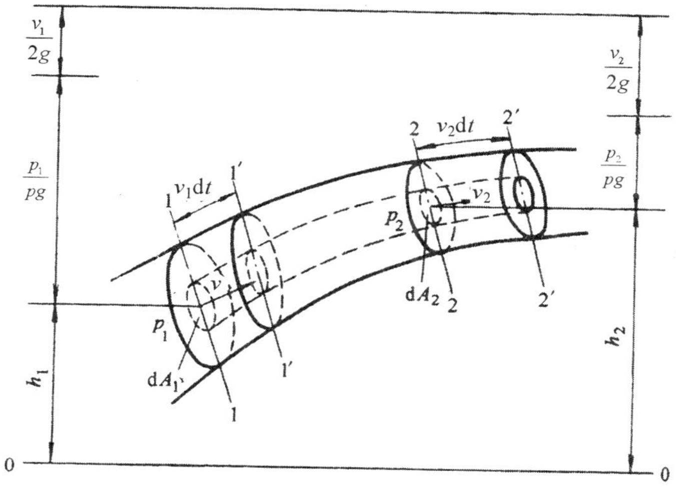

图 2-8　伯努利方程示意图

由理论推导可得到理想液体的伯努利方程为

$$\frac{p_1}{\rho g}+h_1+\frac{v_1^2}{2g}=\frac{p_2}{\rho g}+h_2+\frac{v_2^2}{2g}=\text{常数} \tag{2-13}$$

或

$$\frac{p_1}{\rho}+gh_1+\frac{v_1^2}{2}=\frac{p_2}{\rho}+gh_2+\frac{v_2^2}{2} \tag{2-14}$$

式中　$\frac{P}{\rho}$——单位质量液体的压力能；

gh——单位质量液体的位能；

$\frac{v^2}{2}$——单位质量液体的动能。

式（2-14）称为单位质量理想液体的伯努利方程。其物理意义是：在密闭管道内做稳定流动的理想液体具有三种形式的能量（压力能、位能、动能），在沿管道流动过程中三种能量之间可以互相转化，但在任一截面处，三种能量的总和为一个常数。该方程反映了流动液体的位置高度、压力与流速之间的相互关系。

2. 实际液体的伯努利方程

实际液体是有黏性的，流动时产生内摩擦力而消耗部分能量。同时，管道局部形状和尺寸的突然变化使液流产生扰动，亦消耗能量。因此，实体液体流动有能量损失存在，设在两断面间流动的液体单位质量的能量损失为 gh_{ω}。在推导理想液体伯努利方程时，认为任取微小流束通流截面的速度相等，而实际上是不相等的，因此需要对动能部分进行修正，设因流速不均匀引起的动能修正系数为 α 。实际液体的伯努利方程为

$$\frac{p_1}{\rho}+gh_1+\frac{\alpha_1 v_1^2}{2}=\frac{p_2}{\rho}+gh_2+\frac{\alpha_2 v_2^2}{2}+gh_{\omega} \tag{2-15}$$

或

$$\frac{p_1}{\rho g}+h_1+\frac{\alpha_1 v_1^2}{2g}=\frac{p_2}{\rho g}+h_2+\frac{\alpha_2 v_2^2}{2g}+h_{\omega}=\text{常数} \tag{2-16}$$

式中 gh_{ω}——单位质量液体的能量损失；

α_1、α_2——动能修正系数，一般在紊流时取 1，层流时取 2。

利用这个方程可以推导出许多适用于不同情况下的液体流动的计算公式，并解决许多实际工程问题。

例 2-2 液压泵装置如图 2-9 所示，试分析液压泵的吸油过程。

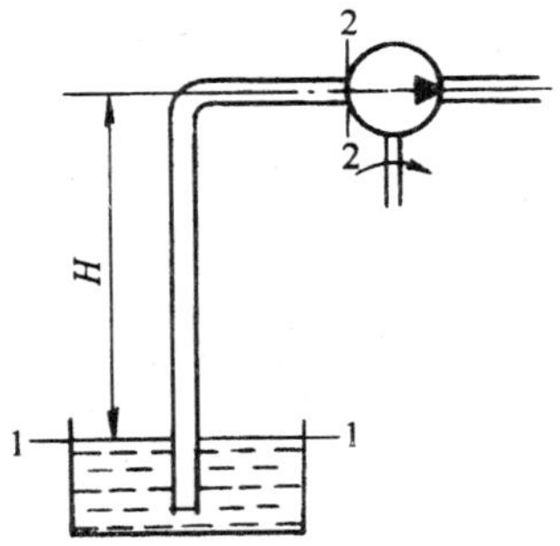

图 2-9 液压泵的吸油过程示意图

解 设以油箱液面基准面为 1—1 截面，泵的进油口处管道截面为 2—2 截面，2—2 截面处流速为 v_2、压力为 p_2、泵的吸油高度为 H，按伯努利方程有

$$\frac{p_1}{\rho}+gh_1+\frac{\alpha_1 v_1^2}{2}=\frac{p_2}{\rho}+gh_2+\frac{\alpha_2 v_2^2}{2}+gh_{\omega}$$

式中 $p_1=p_a$、$h_1=0$、$v_1\approx 0$、$h_2=H$，代入上式整理后得

$$p_a-p_2=\rho\frac{\alpha_2 v_2^2}{2}+\rho gH+\rho gh_{\omega}$$

因为 p_2 是泵进口处的绝对压力，故 p_a-p_2 为泵的进油口处的真空度。由上式可知，泵吸油口处的真空度由三部分组成，即 $\rho\alpha_2 v_2^2/2$、ρgH 和 ρgh_{ω}。当泵安装高度高于液面时，即 $H>0$，则 $\rho\alpha_2 v_2^2/2+\rho gH+\rho gh_{\omega}>0$，即 $p_2<p_a$，此时，泵的进口处绝对压力小于大气压力，形成真空，借助于大气压力将油压入泵内。当泵的安装高度在液面之下，那

么 H 变为负值，则当｜ H ｜ $> \alpha_2 v_2^2/2g + h_\omega$ 时，泵进油口不形成真空，油自行灌入泵内。

由上述情况分析可知，泵的吸油高度越小，泵越易吸油。在一般情况下，为便于安装和维修，泵多安装在油箱液面以上，依靠进口处形成的真空度来吸油。但工作时真空度也不能太大，因 p_2 低于油液的空气分离压时，空气就要析出，形成空穴现象，产生噪声和振动，影响液压泵和系统的工作性能。为使真空度不至过大，应减小 v_2、H 和 h_ω。一般采用较大吸油管径，减小管路长度以减少液体流动速度和压力损失，限制泵的安装高度，一般 H <0.5 m。

2.3.4 动量方程

动量方程是动量定理在流体力学中的具体应用，用来分析计算液流在固体壁面上作用力的大小的。动量定理指出，作用在物体上的外力等于物体在单位时间内的动量变化量，即

$$\sum F = \frac{m\boldsymbol{v}_2}{\Delta t} - \frac{m\boldsymbol{v}_1}{\Delta t} \tag{2-17}$$

将 $m = \rho V$ 和 $\dfrac{v}{\Delta t} = q$ 代入式（2-17），得

$$\sum F = \rho q \boldsymbol{v}_2 - \rho q \boldsymbol{v}_1 = \rho q \beta_2 \boldsymbol{v}_2 - \rho q \beta_1 \boldsymbol{v}_1 \tag{2-18}$$

式（2-18）即为流动液体的动量方程，式中 β_1、β_2 为动量修正系数，紊流时取 1，层流时取 1.33。

该式为矢量方程，使用时应根据具体情况将式中的各个矢量分解为所需研究方向的投影值，再列出该方向上的动量方程。例如在 x 向的动量方程可写成

$$\sum F_x = \rho q \beta_2 v_{2x} - \rho q \beta_1 v_{1x} \tag{2-19}$$

工程上往往求液流对通道固体壁面的作用力，即动量方程中 $\sum F$ 的反作用力 F'，通常称为稳态液动力，在 x 向的稳态液动力为

$$F_x' = -\sum F_x = -\rho q(\beta_2 v_{2x} - \beta_1 v_{1x}) \tag{2-20}$$

例 2-3 求图 2-10 中滑阀阀芯所受的轴向稳态液动力。

解 取进、出口之间的液体体积为控制液体，在图 2-10a 所示状态下，按式（2-19）列出滑阀轴线方向的动量方程，求得作用在控制液体上的力 F 为

$$F = \rho q(\beta_2 v_2 \cos\theta - \beta_1 v_1 \cos 90^\circ) = \rho q \beta_2 v_2 \cos\theta \text{（方向向右）}$$

滑阀阀芯上所受的稳态液动力为

$$F' = -F = -\rho q \beta_2 v_2 \cos\theta \text{（方向向左，与 } v_2\cos\theta \text{ 的方向相反）}$$

在图 2-10b 所示状态下，滑阀在轴线方向的动量方程为

$$F = \rho q(\beta_2 v_2 \cos 90^\circ - \beta_1 v_1 \cos\theta) = -\rho q \beta_1 v_1 \cos\theta \text{（方向向右）}$$

滑阀阀芯上所受的稳态液动力为

$$F' = -F = \rho q \beta_1 v_1 \cos\theta \text{（方向向左，与 } v_1\cos\theta \text{ 的方向相同）}$$

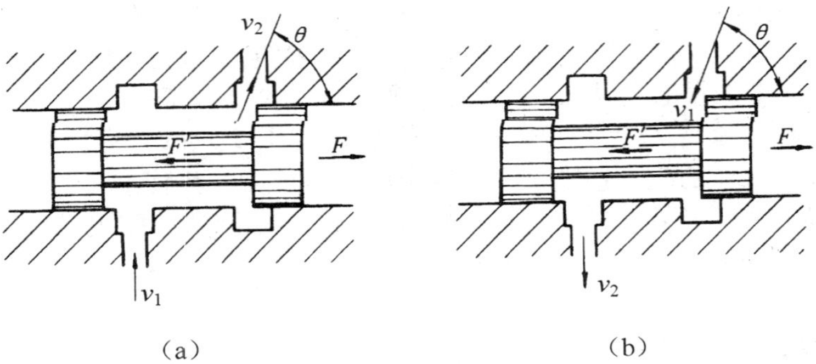

图 2-10　滑阀阀芯上的稳态液动力

由以上分析可知，在上述两种情况下，阀芯所受稳态液动力都有使滑阀阀口关闭的趋势，流量越大，流速越大，则稳态液动力越大。这将增大操纵滑阀所需的力，所以对大流量的换向阀要求采用液动控制或电-液动控制。

2.4　管道内的压力损失

液体在管路中流动，由于实际液体具有黏性以及流体在流动时的相互撞击和旋涡等原因，必然会有阻力产生，为了克服这些阻力就要消耗能量。压力损失是液压系统的能量损失的主要形式。压力损失可以分为两类：一类是液体在直径不变的直管道中流过一定距离后，因摩擦力而产生的沿程压力损失；另一类是由于管道局部截面形状突然变化、液流方向改变以及其他形式的液流阻力所引起的局部压力损失。

压力损失增大也就是液压系统中功率损耗的增加，这将导致油液发热加剧、泄漏量增加、效率下降和液压系统性能变坏。因此，在液压技术中正确估算压力损失的大小，从而寻求减少压力损失的途径是有实际意义的。液体在管道中的流动状态将直接影响液流的压力损失，所以应先介绍液流的两种流动状态，再分别叙述两种压力损失。

2.4.1　液体的流动状态

1. 层流和紊流

19 世纪末，雷诺（Reynolds）首先通过实验观察了水在圆管内的流动情况。实验装置如图 2-11 所示，水箱 4 由进水管不断供水，多余的液体从隔板 1 上端溢走，而保持水位恒定。水箱下部装有玻璃管 6，出口处用开关 7 控制管内液体的流速。水杯 2 内盛有红颜色的水，将开关 3 打开后红色水经细导管 5 流入水平玻璃 6 中。打开开关 7，开始时液体流速较小，红色水在玻璃管 6 中呈一条明显的直线，与玻璃管 6 中清水流互不混杂。这说明管中水是分层流动的，层和层之间互不干扰，液体的这种流动状态称为层流。当逐步开大开关 7，使管 6 中的流速逐渐增大到一定流速时，可以看到红线开始呈波纹状，此时为过渡阶段。开关 7 再开大时，流速进一步加大，红色水流和清水完全混合，红线便完全消失，这种流动状态称为紊流。在紊流状态下，若将开关 7 逐步关小，当流速减小至一定值时，红线又出现，水流又重新恢复为层流。

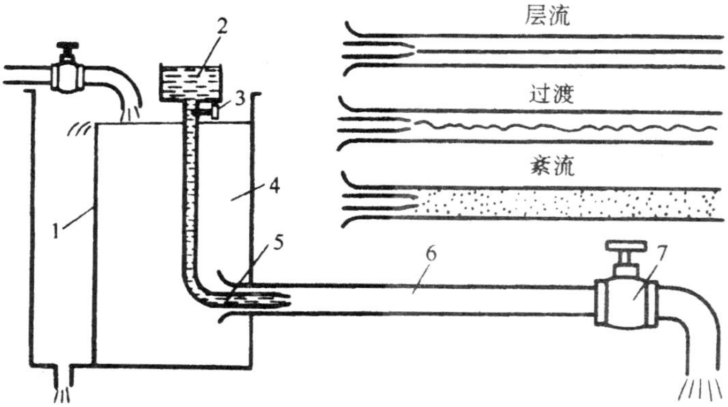

图 2-11　雷诺试验装置

1—隔板　2—水杯　3、7—开关　4—水箱　5—细导管　6—玻璃管

2. 雷诺数

层流时，液体流速较低，质点受黏性制约，不能随意运动，黏性力起主导作用；但在紊流时，因液体流速较高，黏性的制约作用减弱，而惯性力起主导作用。实验表明，液体在圆管中的流动状态不仅与管内的平均流速 υ 有关，还和管径 d 、液体的运动黏度 ν 有关，但是真正决定液流流动状态的是用这三个数所组成的一个称为雷诺数 Re 的无量纲数，即

$$Re = \frac{\upsilon d}{\nu} \tag{2-21}$$

这就是说，液体流动时的雷诺数若相同，则它的流动状态也相同。另一方面液流由层流转变为紊流时的雷诺数和由紊流转变为层流的雷诺数是不同的，前者称为上临界雷诺数，后者为下临界雷诺数，后者数值小，所以一般都用后者作为判别液流状态的依据，简称临界雷诺数。若液流的实际流动时的雷诺数小于临界雷诺数，液流为层流，反之，液流为紊流。常见的液流管道的临界雷诺数可由实验求得，见表 2-3。

表 2-3　常见液流管道的临界雷诺数

管道的形状	临界雷诺数	管道的形状	临界雷诺数
光滑的金属圆管	2 000～2 300	有环槽的同心环状缝隙	700
橡胶软管	1 600～2 000	有环槽的偏心环状缝隙	400
光滑的同心环状缝隙	1 100	圆柱形滑阀阀口	260
光滑的偏心环状缝隙	1 000	锥阀阀口	20～100

对于非圆截面管道来说，Re 可用下式来计算

$$Re=\frac{4vR}{\nu} \tag{2-22}$$

式中，R 为通流截面的水力半径，等于液流的有效截面积 A 和它的湿周（通流截面上与液体接触的固体壁面的周长）χ 之比，即

$$R=\frac{A}{\chi} \tag{2-23}$$

例如，液体流经直径为 d 的圆截面管道时的水力半径为

$$R=\frac{A}{\chi}=\frac{\frac{1}{4}\pi d^2}{\pi d}=\frac{d}{4}$$

将 $R=d/4$ 代入式（2-22）即可得到式（2-21）。

又如，正方形截面的管道边长为 b，则湿周为 $4b$，因而水力半径 $R=b^2/(4b)=b/4$。水力半径的大小对管道通流能力影响很大。水力半径大，表明液流与管壁接触少，通流能力大；水力半径小，表明液流与管壁接触多，通流能力小，容易堵塞。

2.4.2　液体流动时的压力损失

1. 沿程压力损失

液体在直管中流动时的压力损失称为沿程压力损失。它除与管道的长度、内径和液体的流速、黏度等有关外，还与液体的流动状态有关。液体在圆管中的层流流动是液压传动中最常见的现象，在设计和使用液压系统时希望管道中的液流保持层流状态。

下面主要介绍液流为层流状态时的压力损失。

如图 2-12 所示，液体在内直径为 d 的管道中运动，流态为层流。在液流中取一微小圆柱体，其内半径为 r，长度为 l，圆柱体左端的液压力为 p_1，右端的液压力为 p_2。由于液体有黏性，在不同半径处液体的速度是不同的，呈抛物线规律分布，如图 2-12 所示。

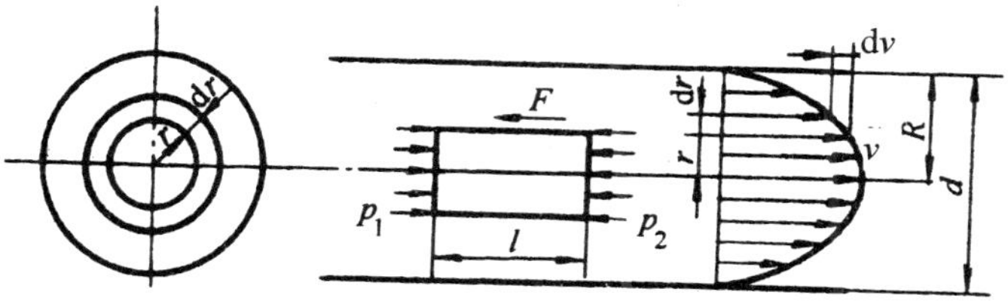

图 2-12　圆管中液流做层流运动

经理论推导得知：当 $r=0$ 时流速为最大，$r=R$ 时流速为最小。

速度分布表达式为

$$v=\frac{\Delta p}{4\mu l}(R^2-r^2) \tag{2-24}$$

通过管道的流量为

$$q=\frac{\pi d^4}{128\mu l}\Delta p \tag{2-25}$$

沿程压力损失为

$$\Delta p_\lambda=\lambda\frac{l}{d}\frac{\rho v^2}{2} \tag{2-26}$$

式中　$\Delta p=p_2-p_1$——液体流经长度为 l 时的压力差；

μ——液体的动力黏度；

ρ——液体的密度；

λ——沿程阻力系数。

上式可适用于层流和紊流，只是 λ 选取的数值不同。对于圆管层流，理论值 $\lambda=64/Re$，考虑到实际圆管截面可能有变形以及靠近管壁处的液层可能冷却，阻力略有加大，实际计算时对金属管应取 $\lambda=75/Re$，橡胶管取 $\lambda=80/Re$。紊流时，当 $2.3\times10^3<Re<10^5$ 时，可取 $\lambda\approx0.3164\,Re^{-0.25}$。因而计算沿程压力损失时，先判断流态，取得正确的沿程阻力系数 λ 值，然后再按式（2-26）进行计算。

2. 局部压力损失

液体流经管道的弯头、接头、突变截面以及阀口，致使流速的方向和大小发生剧烈变化，形成旋涡、脱流，因而使液体质点相互撞击，造成能量损失，这种能量损失表现为局部压力损失。由于流动状况极为复杂，影响因素较多，局部压力损失的阻力系数一般要依靠实验来确定。局部压力损失 Δp_ξ 计算公式为

$$\Delta p_\xi=\xi\frac{\rho v^2}{2} \tag{2-27}$$

式中　ξ——局部阻力系数，一般由实验求得，具体数值可查有关手册。

液体流过各种液压阀的局部压力损失 Δp_f 可由液压阀的产品技术规格中查得。查得的压力损失为在其公称流量 q_u 下的压力损失 Δp_n。当实际通过阀的流量 q 不等于公称流量 q_n 时局部压力损失常用下列经验公式计算

$$\Delta p_f = \Delta p_n \left(\frac{q}{q_n} \right)^2 \tag{2-28}$$

式中 q_n——阀的额定流量；

Δp_n——阀在额定流量下的压力损失（从液压阀样本手册中查得）；

q——通过阀的实际流量。

3. 管道系统中的总压力损失

管路系统中总的压力损失等于所有沿程压力损失和所有局部压力损失之和，即

$$\sum \Delta p = \sum \Delta p_\lambda + \sum \Delta p_\xi + \sum \Delta p_f \tag{2-29}$$

液压传动中的压力损失，绝大部分转变为热能，造成油温升高，泄漏增多，使液压传动效率降低，甚至影响系统工作性能，所以应尽量减少压力损失。设计时，布置管路尽量缩短管道长度，减少管路弯曲和截面的突然变化，管内壁力求光滑，选用合理管径，采用较低流速，以提高系统效率。

2.5 液体流经小孔和间隙（缝隙）的流量

在液压传动中，液体流经小孔或间隙的现象是普遍存在的。它们有的用来调节流量，有的调节压力，有的造成泄漏，因此，研究各种小孔或间隙对流量—压力特性的影响是很有必要的。

2.5.1 液体流经小孔的流量—压力特性

液体流经小孔的情况可分为薄壁小孔、短孔和细长孔。

1. 薄壁小孔流量—压力特性

所谓薄壁小孔是指孔的长度 l 与其直径 d 之比 $l : d \leqslant 0.5$，一般带有刃口边沿的孔。由于孔的长度很小，可不考虑其沿程压力损失。

液体在薄壁小孔中的流动情形如图 2-13 所示。液流在小孔右边截面 1—1 从四周流向小孔。由于流线不能突然转折到与管轴线平行，在液体惯性的作用下，外层流线逐渐向管轴

方向收缩，逐渐过渡到与管轴线方向平行，通过孔口后发生收缩现象，形成收缩截面 2—2，而后再开始扩散。收缩和扩散过程，会造成很大的能量损失。

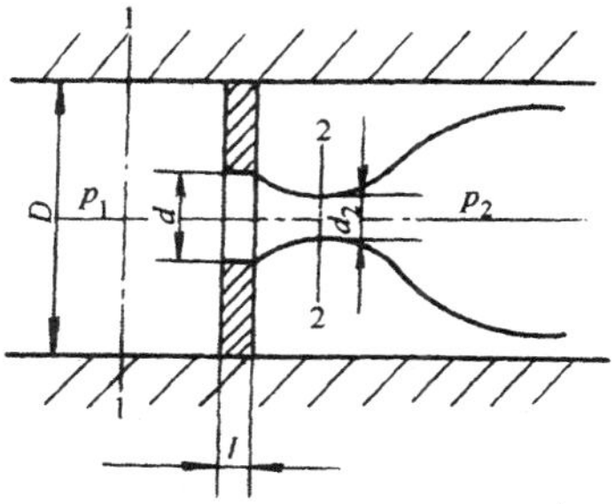

图 2-13　液体在薄壁小孔中的流动

现取孔前截面 1—1 和收缩截面 2—2 为计算截面，列伯努利方程（2-15），由于高度h相等，截面 1—1 比收缩截面 2—2 大很多，则$v_1 \ll v_2$，于是v_1很小可忽略不计，并设动能修正系数$\alpha=1$，则有

$$p_1 = p_2 + \frac{\rho {v_2}^2}{2} + \xi \frac{\rho {v_2}^2}{2} \tag{2-30}$$

将式（2-30）整理后得

$$v_2 = \frac{1}{\sqrt{1+\xi}} \sqrt{\frac{2}{\rho}(p_1 - p_2)} = C_v \sqrt{\frac{2}{\rho}\Delta p} \tag{2-31}$$

式中　C_v——速度系数，$C_v = 1/\sqrt{1+\xi}$；

ξ——收缩截面处的局部阻力系数；

Δp——小孔前后压力差，$\Delta p = p_1 - p_2$。

由此可得通过薄壁小孔流量公式为

$$q = v_2 A_c = C_v C_c A \sqrt{\frac{2}{\rho}\Delta p} = C_q A \sqrt{\frac{2}{\rho}\Delta p} \tag{2-32}$$

式中　C_q——流量系数，$C_q = C_v C_c$，当液流为完全收缩（$D:d>7$）时，C_q为 0.60～0.62；当不完全收缩时，C_q为 0.7～0.8；

C_c——收缩系数，$C_c = \dfrac{A_c}{A}$；

A_c——收缩完成处的截面积；

A——过流小孔截面积。

由上式可知，通过薄壁小孔流量与压力差Δp的平方根成正比，因小孔短，其摩擦阻力的作用小，流量受温度和黏度变化的影响小，流量比较稳定，故薄壁小孔常作节流孔用。

2. 短孔和细长孔的流量—压力特性

一般指小孔的长径比$l:d<4$时为短孔，而$l:d>4$时为细长孔。

流经细长小孔的液流，由于黏性而流动不畅，一般都是层流状态，可以直接利用圆管层流的流量公式（2-25），得出具有一定长度的细长小孔流量公式

$$q=\frac{\pi d^4}{128\mu l}\Delta p \tag{2-33}$$

可见，流经细长小孔的流量与其前后压力差Δp的一次方成正比，且与液体的黏度成反比，当温度发生变化时，液体的黏度发生变化，因而流量也随之发生变化。所以流经细长小孔的流量受温度的影响比较大。另外，细长孔越长越易堵塞，这些特点都与薄壁小孔有区别。

各种孔口的流量特性，可归纳为如下通用公式

$$q=KA(\Delta p)^m \tag{2-34}$$

式中 K——孔口的形状系数，当薄壁孔时$K=C_q\sqrt{2/\rho}$；当细长孔时$K=d^2/32\mu l$。

A——孔口截面面积；

Δp——孔口前后的压力差；

m——孔口形状决定的指数，$0.5\leqslant m\leqslant 1$。当孔口薄壁小孔时，$m=0.5$，当孔口细长孔，$m=1$。

小孔流量通用公式常作为分析液压阀孔口的流量—压力特性之用。

2.5.2 液体流经间隙的流量

液压元件内各零件间要保证相对运动，就必须有适当的间隙，间隙大小对液压元件和系统的性能影响极大。间隙太小会使零件卡死，间隙过大会造成泄漏，使元件和系统效率降低。同时，液压油也总是从压力较高处流向系统中压力较低处或大气中，前者称为内泄漏，后者称为外泄漏。因此，研究液体流经间隙的泄漏规律，对提高液压元件的性能和保证液压系统正常工作是十分重要的。

1. 流经平行平板间隙的流量—压力特性

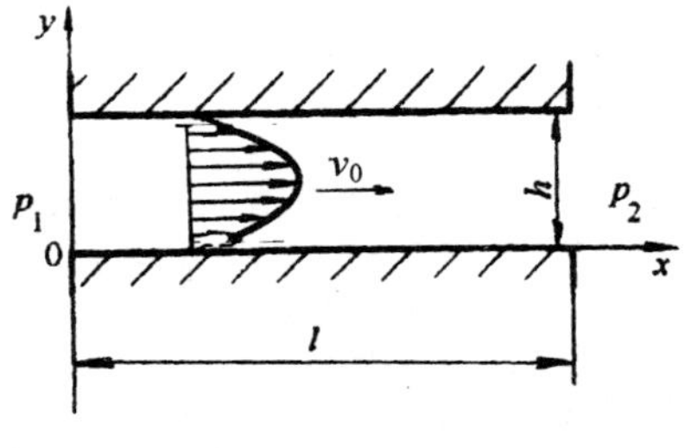

图 2-14 流经固定平行平板间隙的流量

（1）流过固定平行板间隙的流量 液体在两固定平行板间流动是由压差引起的，也称压差流动。如图 2-14 所示为液体通过两固定平行平板间的流动，其间隙为h，宽度为b，长度为l，两端的压力是p_1和p_2，压差为$\Delta p=p_1-p_2$。一般情况宽度b和长度l比间隙h大很多。

经理论推导可得出液体流经固定平行板间隙

的速度分布规律呈抛物线状，通过间隙的流量为

$$q=\frac{bh^3}{12\mu l}\Delta p \tag{2-35}$$

由上式可知，液体流经固定平行板间隙的流量 q 与间隙 h 的三次方成正比，这说明液压元件的间隙对泄漏的影响很大。因此，必须严格控制间隙量，以减少泄漏。

（2）流过相对运动平行板间隙的流量　若一个平板以一定速度 v 相对另一固定平板运动，如图 2-15 所示。在无压差的作用下，由于液体的黏性，间隙的液体仍会产生流动，此流动称为剪切流动。这种情况下通过该间隙的流量为

$$q=\frac{v}{2}bh \tag{2-36}$$

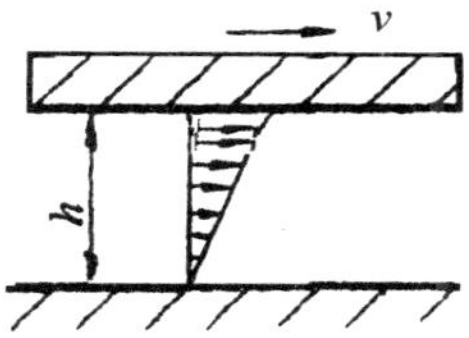

图 2-15　只有相对运动的两平行平板

在压差作用下，流过相对运动平行板间隙的流量应为压差流动和剪切流动两种流量的叠加，如图 2-16 所示，即

$$q=\frac{bh^3}{12\mu l}\Delta p\pm\frac{v}{2}bh \tag{2-37}$$

上式中，平板运动速度与压差作用下液体流向相同时取“＋”号，反之取“－”号。

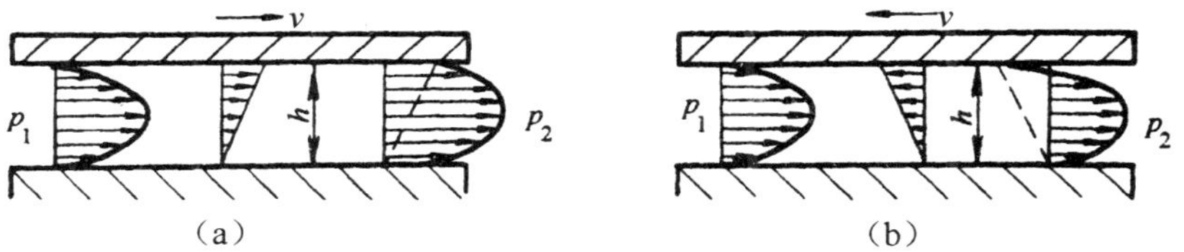

图 2-16　流经相对运动平行平板间隙的流量

2. 流经环状间隙的流量–压力特性

在液压元件中，如液压缸与活塞的间隙、换向阀的阀芯和阀孔之间的间隙，均属环状间隙。实际上由于阀芯自重和制造上的原因等往往使孔和圆柱体的配合不易保证同心，而存在一定的偏心度，这对液体的流动（泄漏）是有影响的。

（1）流经同心环状间隙的流量　如图 2-17 所示为液流通过同心环状间隙的流动情况，

其柱塞直径为d，间隙为h，柱塞长度为l。如果将圆环间隙沿圆周方向展开，就相当于一个平行平板间隙，因此，只要用πd替代式（2-37）中的b，就可得到通过同心环状间隙的流量公式

$$q=\frac{\pi dh^3}{12\mu l}\Delta p\pm\frac{\pi dh}{2}v_0 \tag{2-38}$$

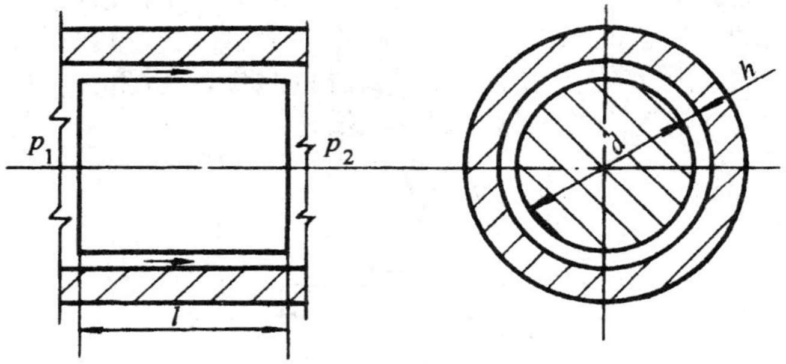

图 2-17 流经环状间隙的流量

（2）流经偏心环状间隙的流量 若圆环的内外圆不同心，偏心距为e，如图 2-18 所示，则形成了偏心环状的间隙。其流量公式为

$$q=\frac{\pi dh^3}{12\mu l}\Delta p(1+1.5\varepsilon)\pm\frac{\pi dh}{2}v_0 \tag{2-39}$$

式中 h——内外圆同心时的间隙；

ε——相对偏心率，$\varepsilon=\frac{e}{h}$。

从式（2-39）中可以看出，当$\varepsilon=0$时，即为同心环状间隙的流量。随着偏心量e的增大，通过流量也之增加。当$\varepsilon=1$时，为最大偏心，其压差流量为同心环状间隙压差流量的 2.5 倍，由此可见保持阀件配合同轴度的重要性。为此常在阀芯上开有环形压力平衡槽，通过压力作用使其能自动对中，减少偏心，从而减少泄漏。

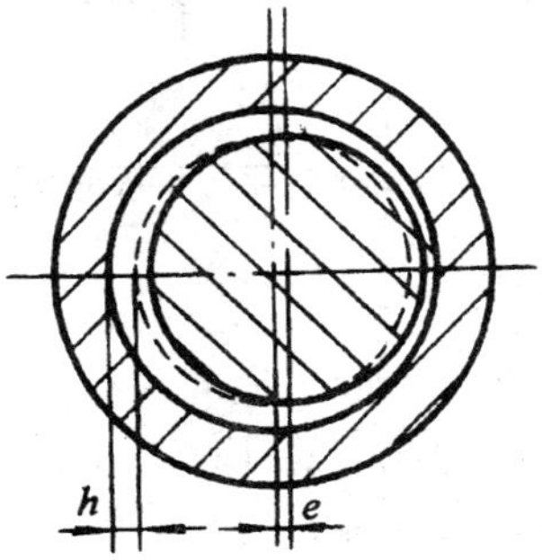

图 2-18 流经偏心环状间隙的流量

2.6　液压冲击和空穴现象

2.6.1　液压冲击

在液压系统中，由于某种原因引起油液的压力在瞬间急剧上升，这种现象称为液压冲击。液压系统中产生液压冲击的原因很多，如液流速度突变（关闭阀）或突然改变液流方向（换向）等因素都将引起系统中油液压力骤然升高，产生液压冲击。液压冲击会引起振动和噪声，导致密封装置、管路及液压元件的损失，有时还会使某些元件，如压力继电器、顺序阀产生误动作，影响系统的正常工作。因此，必须采取有效措施来减轻或防止液压冲击。

避免产生液压冲击的基本措施是尽量避免液流速度发生急剧变化，延缓速度变化的时间，具体方法是：

（1）缓慢开关阀门；

（2）限制管路中液流的速度；

（3）系统中设置蓄能器和安全阀；

（4）在液压元件中设置缓冲装置（如节流孔）。

2.6.2　空穴现象

在液压系统中，由于流速突然变大、供油不足等因素，压力迅速下降至低于空气分离压时，溶解于油液中的空气游离出来形成气泡，这些气泡夹杂在油液中形成气穴，这种现象称为空穴现象。

当液压系统中出现空穴现象时，大量的气泡破坏了液流的连续性，造成流量和压力脉动。当气泡随液流进入高压区时又急剧破灭，引起局部液压冲击，使系统产生强烈的噪声和振动。当附着在金属表面上的气泡破灭时，它所产生的局部高温和高压作用，以及油液中逸出的气体的氧化作用，会使金属表面剥蚀或出现海绵状的小洞穴。这种因空穴造成的腐蚀作用称为气蚀，会导致元件寿命的缩短。

空穴多发生在阀口和液压泵的进口处，由于阀口的通道狭窄，流速增大，压力大幅度下降，以致产生气穴。当泵的安装高度过大或油面不足，吸油管直径太小，吸油阻力大，滤油器阻塞，造成进口处真空度过大，亦会产生空穴。为减少空穴和气蚀的危害，一般采取下列措施：

（1）减少液流在阀口处的压力降，一般希望阀口前后的压力比为 $p_1 : p_2 < 3.5$；

（2）降低吸油高度（一般 $H < 0.5$ m），适当加大吸油管内径，限制吸油管的流速（一般 $v < 1$ m/s），及时清洗吸油过滤器，对高压泵可采用辅助泵供油；

（3）吸油管路要有良好密封，防止空气进入。

2.7 小　　结

1．液压油的性质

（1）液体的密度　液体单位体积内的质量称为密度，$\rho=\frac{m}{V}$（kg/m^3）。

（2）黏性　黏性用黏度表示，有动力黏度和运动黏度。$F=\mu A\,{du}/{dy}$，式中，μ 为比例常数，称为动力黏度；运动黏度 $v=\mu/\rho$。油的牌号为 40℃时运动黏度，如某一种牌号 L—HL22 普通液压油在 40℃时运动黏度的中心值为 22 mm^2/s。液体的黏度随液体的压力和温度而变的性质为黏温特性。

2．有关压力的概念

（1）压力 $p=\frac{F}{A}$，单位为 N/m^2（Pa），液压技术中常采用兆帕（MPa）。

（2）静压力基本方程　在应用静压力基本方程时常可利用：等压面的概念；压力传递的概念，即帕斯卡原理。

（3）绝对压力、相对（表）压力和真空度的关系：绝对压力=相对压力+大气压力。

3．流动液体的几个基本方程

（1）根据质量守恒定律推导出的连续性方程：$v_1A_1=v_2A=q$。

（2）根据能量守恒定律推导出的伯努利方程：

$$\frac{p_1}{\rho}+gh_1+\frac{\alpha_1 v_1^2}{2}=\frac{p_2}{\rho}+gh_2+\frac{\alpha_2 v_2^2}{2}+gh_\omega$$

要深入理解方程中每一项的物理意义以及理想液体和实际液体伯努利方程的差别等。在应用伯努利方程进行计算时，应正确地选择两个计算截面，并根据具体情况可忽略影响较小的因素，以简化计算。

4．压力损失的概念

液体在管道中流动时存在着压力损失，压力损失有两类：沿程压力损失和局部压力损失。沿程压力损失 $\Delta p_\lambda=\lambda\frac{l}{d}\frac{\rho v^2}{2}$，沿程阻力系数 λ 与流态即层流和紊流有关；局部压力损失 $\Delta p_f=\Delta p_n\left(\frac{q}{q_n}\right)^2$。

5. 流经孔口及间隙的流量

孔口的流动特性及其在液压传动中的应用主要表现为液阻。液阻的表达式为 $q = KA(\Delta p)^m$ 以作液压阀孔口的流量—压力特性之用。通过间隙的流量为 $q = \dfrac{bh^3}{12\mu l}\Delta p$，液体流经固定平行板间隙的流量 q 与间隙 h 的三次方成正比，流经环状间隙的流量为 $q = \dfrac{\pi dh^3}{12\mu l}\Delta p(1+1.5\varepsilon) \pm \dfrac{\pi dh}{2}v_0$。必须严格控制间隙量，以减少泄漏及液压卡紧。

6. 液压冲击和空穴现象

液压冲击和空穴现象对液压系统产生危害。液压冲击的产生机理是压力突变；空穴现象产生机理是供油不足、形成气泡。采取措施减少液压冲击和空穴现象。

2.8　复习思考题

2-1　什么是液体的黏性？常用的黏度表示方法有哪几种？

2-2　压力的定义是什么？静压力有哪些特性？压力是如何传递的？

2-3　试解释层流与紊流的物理区别。

2-4　流量连续性方程的本质是什么？其物理意义是什么？

2-5　伯努利方程的物理意义是什么？该方程的理论式与实际式有什么区别？

2-6　管路中的压力损失有哪几种？分别受哪些因素影响？

2-7　研究孔口及间隙的流量—压力特性有何意义？

2-8　什么是液压冲击？液压冲击是如何产生的？如何减小液压冲击的危害？

2-9　什么是气穴现象？气穴现象是如何产生的？如何减小气穴现象的危害？

2-10　如图 2-19 所示的液压千斤顶，已知活塞 1、2 的直径分别为 d =10 mm、D =35 mm，杠杆比 $AB:AC=1:5$，作用在活塞 2 上的重物 G =19.6 kN，要求重物提升高度 h=0.2 m，活塞 1 的移动速度 v_1=0.5 m/s。不计管路的压力损失、活塞与缸体之间的摩擦阻力和泄漏。试求：

（1）在杠杆作用点 C 需施加的力 F；

（2）力 F 需要作用的时间；

（3）活塞 2 输出的功率。

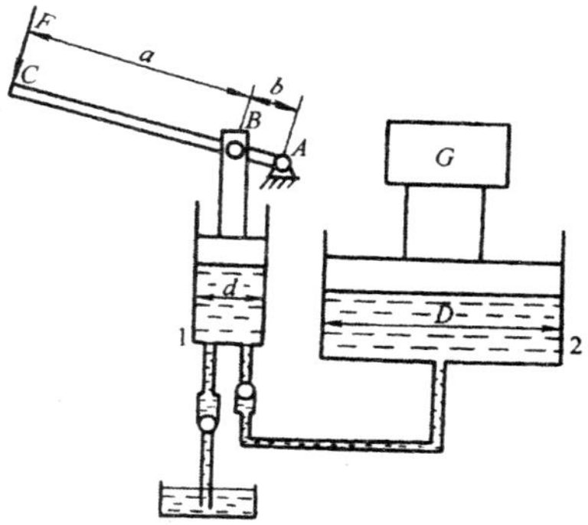

图 2-19

2-11　如图 2-20 所示，一流量计在截面 1—1、2—2 处的过流截面面积分别为 A_1、A_2，测压管读数差为 Δh，求通过管路的流量为多少？

2-12　如图 2-21 所示，油管水平放置，截面 1—1、2—2 处的直径分别为 d_1、d_2，液体在管路内做连续流动，若不考虑管路内能量损失，则：

（1）截面 1—1、2—2 处哪一点压力高？为什么？

（2）若管路内通过的流量为 q，试求截面 1—1 和 2—2 两处的压力差 Δp 为多少？

2-13　试计算例题图 2-9 所示液压泵的最大安装高度为多少。已知：液压泵从油箱吸油，吸油管直径 d =960 mm，泵输出流量为 q =150 L/min，液压泵入口允许的最大真空度为 0.02 MPa，采用 40 号液压油，其密度 ρ =900 kg/m^3。（不计任何损失）

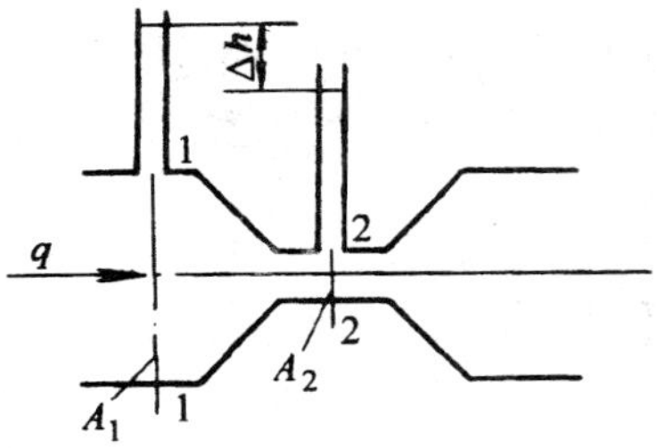

图 2-20

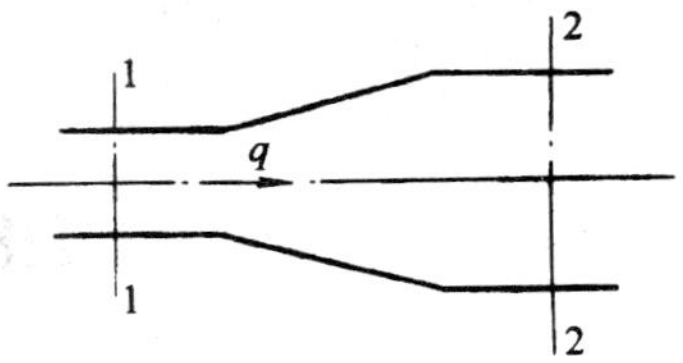

图 2-21

第 3 章　液压动力元件

动力元件起着向系统提供动力源的作用，是系统不可缺少的核心元件。液压系统通过液压泵向系统提供足够的压力油以驱动系统工作，因此液压泵的输入参量为电机的转矩和转速；输出参量为压力和流量。动力元件是机械能转换液压能的能量转换装置。

3.1　液压泵概述

液压泵是液压传动系统中的能量转换装置。它由原动机（电机）驱动，把输入的机械能转换成油液的压力能再输入到系统中去，提供动力。

3.1.1　液压泵的工作原理和类型

如图 3-1 所示为单柱塞泵工作原理图。柱塞 2 安装在缸体 3 中形成一个密封容积 a。柱塞在弹簧的作用下和偏心轮 1 保持接触，当偏心轮旋转时，柱塞在偏心弹簧的作用下在缸体 3 中移动，使密封腔 a 容积发生变化。柱塞右移时，密封腔 a 容积逐渐增大，形成局部真空，油箱 6 中的油液在大气压作用下顶开单向阀 4 中的钢球进入油腔 a 中，实现吸油。此时，单向阀 5 封闭出油口，防止系统压力油液回流。柱塞左移时，密封腔 a 减小，已吸入的油液受到油液受挤压而产生压力，使单向阀 4 关闭，油液打开单向阀 5 而输入系统，实现排油。若偏心轮不停地转动，泵就不停地吸油和排油。

由此可见，液压泵是通过密封容积的变化来完成吸油和排油的，其排油量的多少取决于柱塞往复运动的次数和密封容积变化的大小，故称为容积式液压泵。单向阀 4、5 是保证密封容腔容积变化交替过程中分别接进、出口所必备的，即使吸、压油腔不相通，起配油作用，因而称为阀式配流。液压泵的结构原理不同，其配流机构也不相同。为了保证液压泵吸油充分，油箱必须和大气相通或采用封闭的充压油箱，这是容积式液压泵能够吸入油液的外部条件。

通过以上分析可以得出液压泵工作的基本条件。

（1）在结构上能形成密封的工作容积。密封的工作容积能实现周期性的变化，密封工作容积由小变大时与吸油腔相通，由大变小时与排油腔相通。

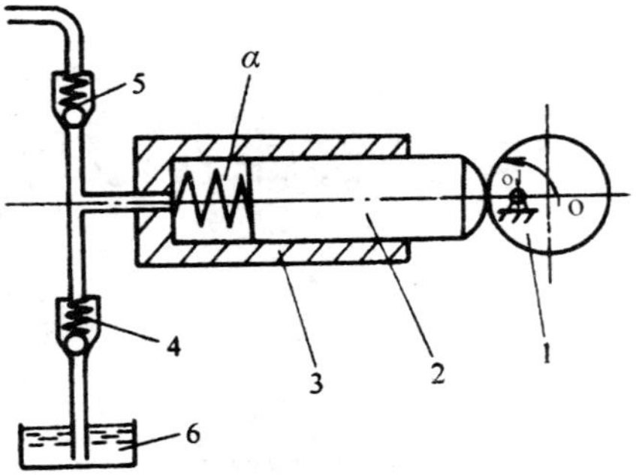

图 3-1 液压泵的工作原理

1—偏心轮 2—柱塞 3—缸体 4、5—单向阀 6—油箱

（2）吸油腔与排油腔必须相互隔开。

（3）油箱内液体的绝对压力必须恒等于或大于大气压力。

液压泵按其排出油液体积是否可以调节，可分为定量泵、变量泵；按输油方式可分为单向、双向泵；按结构形式的不同，可分为齿轮泵、叶片泵、柱塞泵等类型。

液压泵的图形符号如图 3-2 所示。

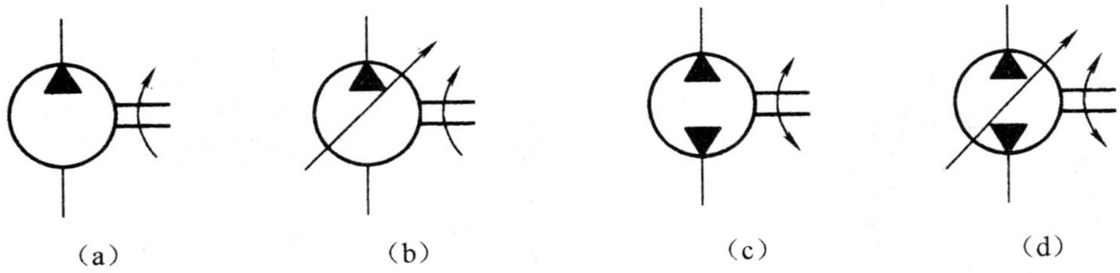

图 3-2 液压泵的图形符号

（a）单向定量液压泵 （b）单向变量液压泵 （c）双向定量液压泵 （d）双向变量液压泵

3.1.2 液压泵的主要工作参数

液压泵的主要性能参数有压力、排量、流量、功率和效率。

1. 液压泵的压力

（1）工作压力 液压泵的工作压力是指泵实际工作时的压力。工作压力是指输出油液压力，由系统负载决定。负载增加，泵的工作压力升高；负载减小，泵的工作压力降低。

（2）额定压力　液压泵的额定压力是指在正常工作条件下，液压泵按试验标准规定连续运转的最高压力。超过此值就是过载。额定压力受泵自身的结构强度和泄漏的制约。

由于液压传动的用途不同，系统所需压力也不相同。为了便于进行液压元件的设计、生产和使用，将压力分成几个等级，见表 3-1。

表 3-1　压力等级

压力等级	低压	中压	中高压	高压	超高压
压力/MPa	≤2.5	＞2.5～8	＞8～16	＞16～31.5	＞31.5

2．液压泵的排量和流量

（1）排量　指泵轴每转一转，由其密封容积几何尺寸变化计算得到的排出液体的体积，用 V_p 表示，单位 mL/r。

（2）理论流量　指不考虑泄漏的情况下，泵在单位时间内排出的液体体积，用 q_{pt} 表示。泵的理论流量等于泵的排量 V_p 与其输入转速 n_p 的乘积，

$$q_{pt} = V_p n_p \tag{3-1}$$

（3）实际流量　指泵实际工作时，在单位时间内所排出的液体体积。用 q_p 表示。

这里需要指出的是，泵的排量和理论流量都是在不考虑泄漏的情况下由计算所得的量，其值与压力无关。实际上，因为泵存在着泄漏，泵的实际流量 q_p 总是小于理论流量 q_{pt}，即

$$q_{pt} - q_p = \Delta q_p \tag{3-2}$$

式中　Δq_p——泵的泄漏量。

泵的泄漏量与压力有关，它随泵的工作压力 p 的增高而增大，泵的流量与压力的关系如图 3-3 所示。

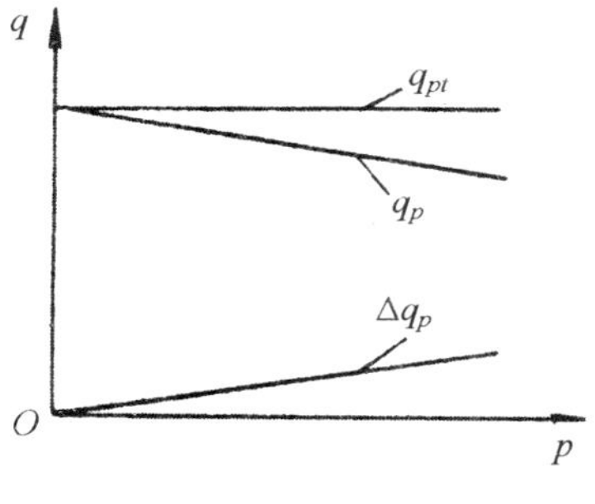

图 3-3　液压泵的流量和压力的关系

3．液压泵的功率与效率

（1）液压泵的功率　液压泵输入的功率是机械功率，表现为泵轴上的转矩 T_{pt} 和转速

n_p，输出的是油液的压力 p 和流量 q_p。输出功率 P_{po} 和输入功率 P_{pi} 分别为

$$P_{po} = pq_p \tag{3-3}$$

$$P_{pi} = \omega_p T_{pi} = 2\pi n_p T_{pt} \tag{3-4}$$

式中 p ——泵的工作压力；

n_p ——泵的输入转速；

T_{pi} ——泵的实际输入转矩。

若忽略泵在能量转换过程中的损失，则输出功率等于输入功率，即泵的理论功率

$$P_{pt} = pq_{pt} = 2\pi n_p T_{pt} \tag{3-5}$$

式中 T_{pt} ——泵的理论输入转矩。

将式（3-1）带入式（3-5），整理得

$$T_{pt} = \frac{pV_p}{2\pi} \tag{3-6}$$

（2）液压泵的效率　实际上，液压泵在能量转换过程中是有损失的，输出功率总小于输入功率。两者之间的差值为功率损失，它分为容积损失和机械损失两部分。

① 容积效率　容积损失是因为泄漏、气穴和油液在高压下的压缩而造成的流量上的损失。流量损失主要是内泄漏，与工作压力有关，随工作压力的增高而加大。所以泵的实际流量随工作压力的增高而减少，它总是小于理论流量。衡量容积损失的指标是容积效率，它是泵的实际输出流量与理论流量的比值，用 η_{pv} 表示

$$\eta_{pv} = \frac{q_p}{q_{pt}} = \frac{q_{pt} - \Delta q_p}{q_{pt}} = 1 - \frac{\Delta q_p}{q_{pt}} \tag{3-7}$$

② 机械效率　机械损失是因摩擦而造成的转矩上的损失。驱动液压泵的转矩总是大于其理论上所需的转矩。衡量机械损失的指标是机械效率，它是泵的理论扭矩 T_{pt} 与实际输入扭矩 T_{pi} 的比值，用 η_{pm} 表示

$$\eta_{pm} = \frac{T_{pt}}{T_{pi}} \tag{3-8}$$

将式（3-6）带入式（3-8）得

$$\eta_{pm} = \frac{pV_p}{2\pi T_{pi}} \tag{3-9}$$

（3）总效率　衡量功率损失的指标是总效率，它是泵的输出功率与输入功率的比值，用 η_p 表示

$$\eta_p = \frac{P_{po}}{P_{pi}} = \frac{pq_p}{2\pi n_p T_{pi}} = \frac{q_p}{V_p n_p} \cdot \frac{pV_p}{2\pi T_{pi}} = \eta_{pv}\eta_{pm} \tag{3-10}$$

式（3-10）说明，泵的总效率等于容积效率和机械效率的乘积。泵的容积效率、机械效率和总效率的关系曲线如图 3-4 所示。可利用这个曲线来评定液压泵的性能质量，并确定其合理的使用范围。

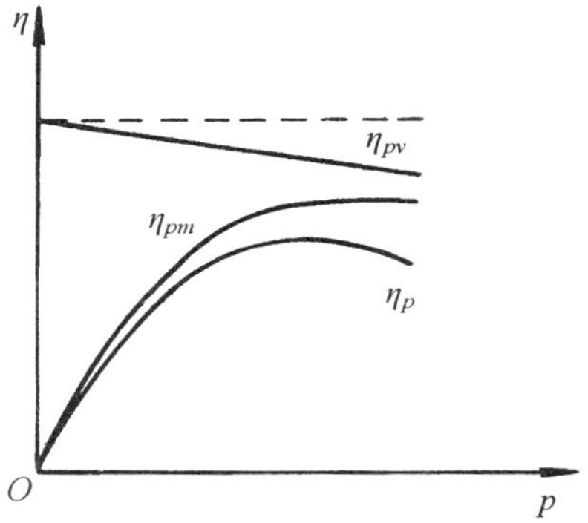

图 3-4　液压泵的容积效率、机械效率和总效率的关系曲线

3.2 齿 轮 泵

齿轮泵是液压系统中常用的液压泵，它具有结构简单，体积小，重量轻，工作可靠，成本低，对油的污染不敏感，便于维修等优点，但其缺点是流量脉动大，噪声大，排量不可调。

按结构形式齿轮泵可分为外啮合和内啮合两种。

3.2.1　外啮合齿轮泵

1. 外啮合齿轮泵工作原理

如图 3-5 所示为齿轮泵的工作原理图，在泵体内有一对大小一样、齿数相同、模数相等的外啮合齿轮，齿轮的两端有端盖罩住（图中未画出），泵体、两个齿轮和前后端盖组成一密封容腔，并由齿轮的齿面接触线将其分成左、右互不相通的两部分，即吸油腔和压油腔。当齿轮按图示方向转动时，泵左侧吸油腔内的轮齿相继脱开啮合，轮齿退出齿间，使密封容积增大，形成局部真空，油箱中的油液在大气压力的作用下，进入吸油口，填满吸油腔齿间槽，并被转动的齿轮带入右侧压油腔；而压油腔的轮齿则相继进入啮合，使密封容积减小，齿间中的油液被挤出来，通过压油口排出。齿轮不断地转动，吸油腔就不断地吸油，而压油腔则不断地排油，于是泵就连续不断地吸入油液和压出油液。

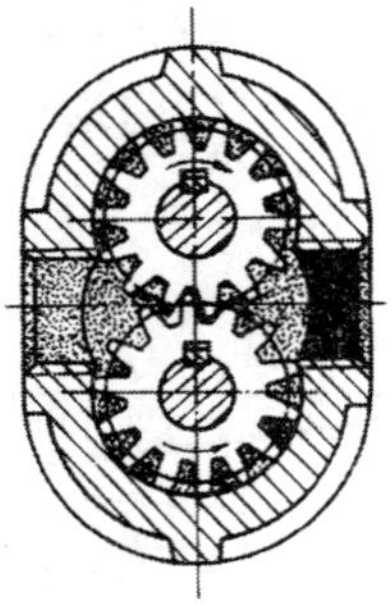

图 3-5　齿轮泵的工作原理图

2. 外啮合齿轮泵的排量和流量

经理论推导，齿轮泵的实际排量V_p

$$V_p = 2\pi z m^2 b \tag{3-11}$$

式中　z ——齿数；

m ——齿轮模数；

b ——齿宽。

考虑到实际齿槽容积比轮齿体积稍大，故常用 3.33 代替上式中的π，即

$$V_p = 6.66 z m^2 b \tag{3-12}$$

泵的实际流量为q_p

$$q_p = 6.66 z m^2 n_p \eta_{pv} \tag{3-13}$$

式中　n_p ——泵的转速；

η_{pv} ——泵的容积效率。

式（3-13）所表示的是泵的平均流量。当泵的结构参数z、m确定后，转速n一定时，泵的实际输出流量为一定值，故齿轮泵为定量泵。又因齿轮啮合过程中压油腔的容积变化率是不均匀的，因此齿轮泵的瞬时流量是脉动的。

3. 外啮合齿轮泵结构特点

如图 3-6 所示为外啮合齿轮泵结构图，它由后盖 14、前盖 10 和泵体 11 构成三片式结构，用两个圆柱销 1 定位，用 6 个螺钉 9 紧固。泵体内有一对几何参数完全相同的齿轮 12，这对齿轮与泵体和前后盖板形成的密闭容积被两啮合的轮齿分成两部分，即吸油腔和压油腔。两齿轮分别用键 5 和键 13 固定在由滚针轴承 15 支撑的主动轴（长轴）6 和从动轴（短轴）3 上，主动轴由电动机带动旋转，泵的吸油口、压油口开在后盖上。

外啮合齿轮泵的结构特点如下所述。

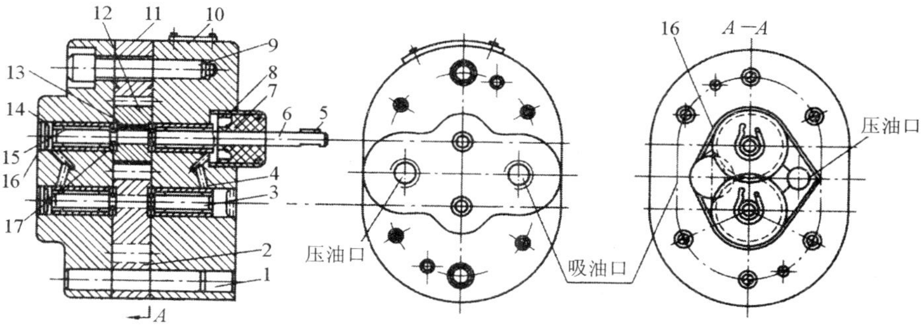

图 3-6　齿轮泵结构图

1—圆柱销　2—泄油槽　3—短轴　4—泄油通道　5—键　6—长轴　7—密封环
8—密封座　9—螺钉　10—前盖　11—泵体　12—齿轮　13—齿轮上的键
14—后盖　15—滚针轴承　16—压盖　17—弹簧挡圈

(1) 困油现象及消除措施　齿轮泵要平稳正常工作，齿轮啮合的重合度必须大于 1，这就意味着当一对轮齿尚未脱离啮合时，另一对轮齿已进入啮合状态，这时，会有两对轮齿同时啮合。因此，就有一部分油液被围困在两对啮合轮齿所形成的封闭容积之中，称为困油区，如图 3-7 所示。这个封闭容积先随齿轮转动逐渐减小，后又逐渐增大。封闭容积减少时，被困油液受到挤压，产生高压，迫使被围油液从缝隙中强行挤出，导致油液发热，给轴承附加很大的不平衡负载。封闭容积增大时，由于困油区内的油已被挤出一部分并得不到补充，便造成局部真空，使溶解于油中的空气分离出来，产生空穴，引起噪声、振动和气蚀，这就是齿轮泵的困油现象。

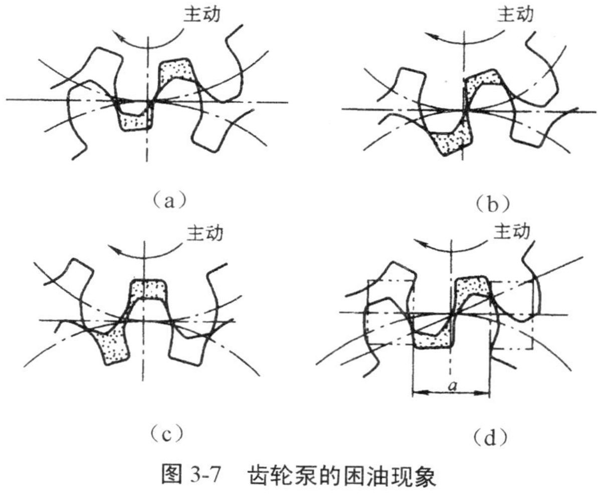

图 3-7　齿轮泵的困油现象

消除困油的方法是在齿轮的两侧端盖上开卸荷槽（如图 3-7d 中双点划线所示）。卸荷槽的位置和尺寸能使封闭容积减小时，通过右边的卸荷槽与压油腔相通，封闭容积增大时，通过左边的卸荷槽与吸油腔相通，并保证在任何时候都不能使压油腔与吸油腔相通。在很多齿轮泵中，两卸荷槽并不对称于齿轮中心线分布，而是整个向吸油腔侧平移一段距离，这样能取得更好的效果。卸荷槽是任何齿轮泵必须具备的结构，否则齿轮泵不能正常工作。

（2）泄漏及改善措施　理论分析证明，泄漏的大小与间隙的三次方成正比，与压差成正比，压力越高，泄漏越严重。齿轮泵压油腔的压力油可通过三条途径泄漏到低压腔中去：一是通过轮齿啮合处的间隙；二是通过泵体内孔和齿顶圆间的径向间隙；三是通过齿轮两端侧面和盖板间的端面间隙。其中通过端面间隙的泄漏量最大，占总泄漏量的 75%～80%，因此，如果不采取措施，减小端面泄漏，齿轮泵的容积效率将是很低的，只能用于低压。为了减小泄漏，提高容积效率，用设计较小间隙的方法并不能取得好的效果，因为泵工作一段时间后，由于磨损而使间隙变大，泄漏又会增加。所以通常采用浮动轴套或弹性侧板对端面间隙进行自动补偿的办法减小泄漏。如图 3-8 所示为采用浮动轴套的一种典型的结构。图中轴套 1 和 2 是浮动安装的，轴套的左侧容腔用特制的通道与泵的压油腔相通。当泵工作时，轴套 1 和 2 受左侧油压的作用右移，贴靠在齿轮的端面上，压力越高，贴得越紧，从而可以减小间隙并自动补偿端面磨损量。实践证明，这样能取得较好的效果。

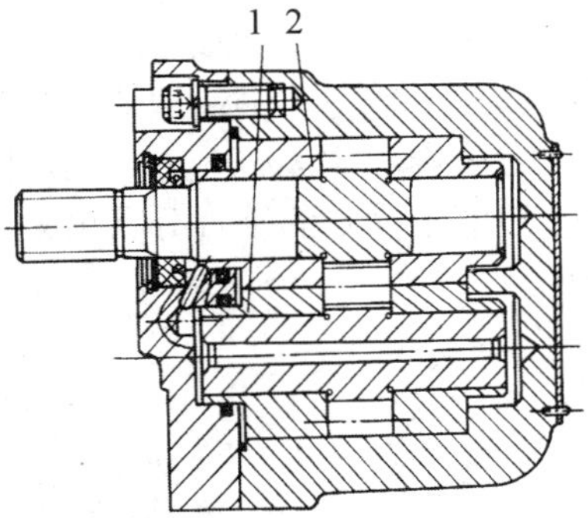

图 3-8　采用浮动轴套的齿轮泵结构

（3）径向力不平衡　在齿轮泵中，处于压油腔中的齿轮外圆和齿廓表面承受着工作压力，处于吸油腔中的齿轮外圆和齿廓表面承受着吸油腔压力，因此作用在整个齿轮外圆上的压力是不均匀的。压力沿齿轮旋转方向由低到高逐渐递增。综合作用的结果，使齿轮和轴受到径向不平衡力，工作压力越高，径向不平衡力也就越大。当径向不平衡力过大时，会使齿轮轴弯曲，造成齿顶接触泵体产生摩擦，同时加速轴承磨损。实践证明，轴承的磨损是影响齿轮泵寿命的主要原因。为了减小径向不平衡力，常采取缩小压油口的办法，使压力油仅作用在一个齿到两个齿的范围内，以减小压力对齿顶的作用面积从而减小径向不平衡力，同时适当增加径向间隙，使齿轮在压力作用下，齿顶不与泵体接触。因此，泵的压油口径比吸油口径要小。也常有采用扩大压油区，只保留 1～2 齿密封的方法，实现大范围内径向力的平衡，但会增大泵体的径向载荷以及端盖的轴向载荷。

3.2.2　内啮合齿轮泵

内啮合齿轮泵有渐开线齿形和摆线齿形两种结构类型，如图 3-9 所示，其工作原理和主要特点与外啮合齿轮泵相同，只是两个齿轮的大小不一样，且相互偏置，小齿轮是主动轮，小齿轮带动内齿轮以各自的中心同方向旋转。

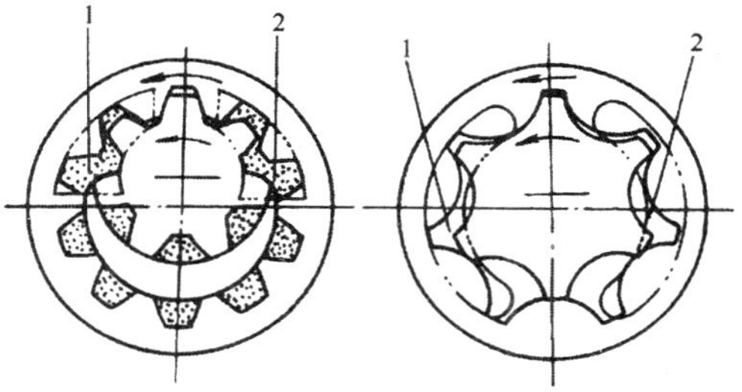

（a）　　（b）

图 3-9　内啮合齿轮泵

（a）渐开线齿形　（b）摆线齿形

1—吸油腔　2—压油腔

在渐开线内啮合齿轮泵中，小齿轮和内齿轮之间要装一块月牙板，以便把吸油腔和压油腔隔开。当小齿轮带动内齿轮转动时，左半部轮齿退出啮合，形成真空，进行吸油。进入齿槽的油液被带到压油腔，右半部轮齿进入啮合将油挤出从压油口排油。

在摆线形内啮合齿轮泵（又称摆线转子泵）中，小齿轮（内转子）与内齿轮（外转子）相差一个齿，当内转子带动外转子转动时，所有内转子的轮齿都进入啮合，形成几个独立的密封腔，不需要设置月牙板。随着内外转子的啮合旋转，各密封腔的容积发生变化，从而进行吸油和压油。

内啮合齿轮泵结构紧凑、体积小、重量轻，由于啮合的重合度大，所以运动平稳、噪声小、流量脉动小，但齿形加工复杂，价格较高。

3.3　叶 片 泵

叶片泵具有体积小、重量轻、运转平稳、输出流量均匀、噪声小等优点，在中高压系统中得到了广泛使用，但它也存在结构较复杂、对油液污染较敏感、吸入特性不好等缺点。

叶片泵按工作原理可分为单作用和双作用两类。单作用叶片泵往往做成变量的，而双作用叶片泵是定量的。

3.3.1 单作用叶片泵

1. 单作用叶片泵工作原理

如图 3-10 所示为单作用叶片泵的工作原理。

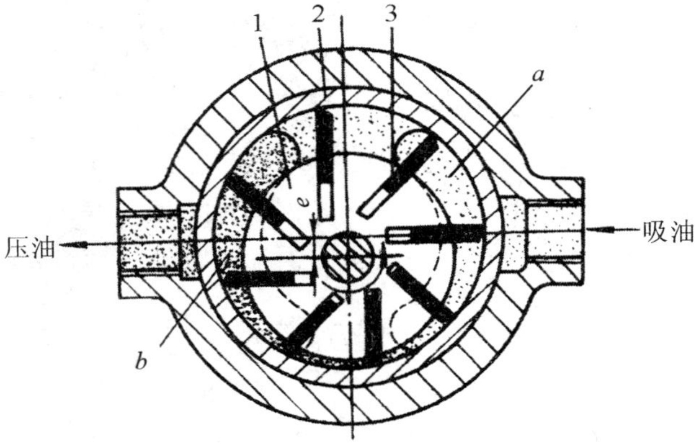

图 3-10 单作用叶片泵工作原理

1—转子 2—定子 3—叶片

泵由定子 2、转子 1、叶片 3、配油盘和端盖（图中未画出）等零件所组成。定子的内表面是一个圆柱形孔，转子和定子有偏心距 e。在配流盘上开有两个腰形的配流窗口，其中一个与吸油口相通，为吸油窗口 a；另一个与压油口相通，为压油窗口 b。叶片在转子的槽内可灵活滑动。当转子由轴带动按图示方向旋转时，叶片在离心力的作用下，随转子转动的同时，向外伸出，叶片顶部紧贴在定子内表面上，于是两相邻叶片、配油盘、定子和转子间便形成了一个个密封的工作腔。图右侧的叶片向外伸出，密封工作腔容积逐渐增大，产生真空，于是通过吸油口和配油盘上窗口 a 将油吸入。而在图的左侧叶片往里缩进，密封工作腔容积逐渐缩小，密封腔中的油液经配油盘另一窗口 b 和压油口 1 被压出而输出到系统中去。这种泵在转子转一转过程中吸、压油各一次，故称单作用式叶片泵。因这种泵的转子受有单向的径向不平衡力，故又称非平衡式叶片泵。如改变定子和转子之间的偏心距，便可改变泵的排量而成为变量泵。

2. 单作用叶片泵的排量和流量

经理论推导，单作用叶片泵的排量V_p

$$V_p = 2\pi beD \tag{3-14}$$

实际流量为q_p，

$$q_p = 2\pi beDn_p\eta_{pv} \tag{3-15}$$

式中　b ——叶片宽度；

e ——定子与转子偏心距；

D ——定子内径；

n_p ——泵的转速；

η_{pv} ——泵的容积效率。

上式所表示的是泵的平均流量。显然，改变偏心量，可以改变单作用叶片泵的排量和流量，因此单作用叶片泵主要用作变量泵。由于定子和转子偏心安置，单作用叶片泵的容积变化是不均匀的，因此有流量脉动。理论计算可以证明，叶片数为奇数时流量脉动较小，故单作用叶片泵的叶片数常取奇数，一般为 13 片或 15 片。

3. 单作用叶片泵结构特点

（1）定子和转子相互偏置　改变定子和转子之间的偏心距，可以调节泵的流量。

（2）径向液压力不平衡　由于单作用叶片泵的这一特点，使泵的工作压力受到限制，所以这种泵不适于高压。

（3）叶片后倾　根据力学分析，叶片后倾一个角度有利于叶片在惯性力的作用下向外甩出。通常，后倾角为 24°。

3.3.2　双作用叶片泵

1. 双作用叶片泵工作原理

如图 3-11 所示为双作用叶片泵的工作原理，它的工作原理与单作用叶片泵相似，不同的地方是双作用叶片泵的定子内表面似椭圆，由两个大半径R圆弧、两个小半径r圆弧和四段过渡曲线组成，且定子和转子同心。配流盘上对称于转轴分布两个吸油窗口和压油窗口。当转子按图示方向转动，由小半径r处向大半径R处移动时，叶片伸出，两叶片间容积增大，通过吸油窗口a吸油；叶片由大半径R处向小半径r处移动时，叶片缩回，两叶片间容积减小，通过压油窗口b压油。转子每转一周，每个叶片往复运动两次，吸油、压油各两次，故这种泵称为双作用叶片泵。双作用叶片泵的排量不可调，是定量泵。

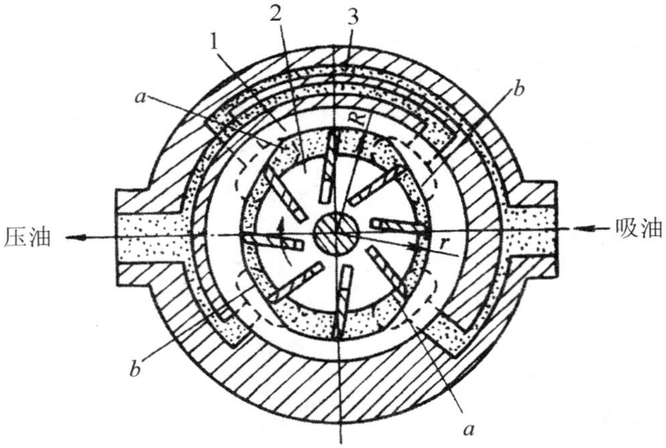

图 3-11 双作用叶片泵的工作原理

1—定子 2—转子 3—叶片

2. 双作用叶片泵排量和流量

经理论推导，双作用叶片泵排量 V_p

$$V_p = 2\pi(R^2 - r^2)b \tag{3-16}$$

实际流量 q_p

$$q_p = 2\pi(R^2 - r^2)bn_p\eta_{pv} \tag{3-17}$$

式中 R ——定子的长半径；

r ——定子的短半径；

b ——叶片宽度；

n_p ——泵的转速；

η_{pv} ——泵的容积效率。

双作用叶片泵的瞬时流量理论上是均匀的，但由于叶片厚度等原因实际瞬时流量是脉动的。当叶片数为 4 的倍数时脉动率小。因此，双作用叶片泵的叶片数一般都取 12 或 16。

3. 双作用叶片泵结构特点

如图 3-12 所示为双作用叶片泵的典型结构，它由左右泵体、主轴、转子、叶片、左右配流盘、泵盖等零件组成。泵的左右配流盘、定子、转子和叶片可先组装成一个部件后整体装入左泵体。

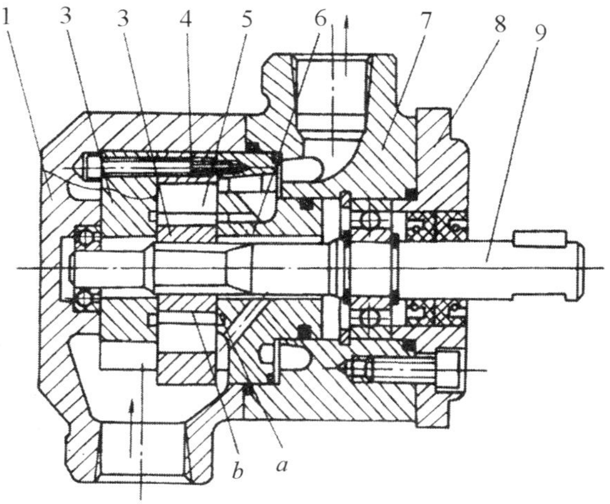

图 3-12　双作用叶片泵的典型结构

1—左泵体　2—左配流盘　3—转子　4—定子　5—叶片　6—右配流盘　7—右泵体　8—泵盖　9—轴

双作用叶片泵的结构特点如下所述。

（1）定子过渡曲线　定子工作表面曲线是由四段圆弧和四段过渡曲线组成的，定子所采用的过渡曲线要保证叶片在转槽子中滑动时的速度和加速度均匀变化，以减小叶片对定子内表面的冲击和噪音。目前双作用叶片泵定于过渡曲线广泛采用性能良好的等加速-等减速曲线，但还会产生一些柔性冲击。为了更好地改善这种情况，有些叶片泵定子过渡曲线采用了 3 次以上的高次曲线。

（2）径向液压力平衡　由于吸、压油口是径向对称分布，转子和轴承所受到的径向压力平衡，所以这种泵又称为平衡式叶片泵。

（3）端面间隙自动补偿　为了减小端面泄漏，采取的间隙自动补偿措施是将右配流盘的右侧与压油腔相通，使配流盘在液压推力作用下压向定子。泵的工作压力越高，配流盘就会越加贴紧定子，因此使容积效率得到一定的提高。

4. 提高双作用叶片泵工作压力的措施

一般双作用叶片泵输出压力较低，因为在双作用叶片泵中，叶片以很大的压力压向定子内表面，加速了吸油区内的定子内表面磨损，泵的工作压力越高磨损越严重，这就影响了它的工作压力的提高。因此，要提高泵的工作压力，减小吸油区叶片压向定子内表面的作用力。常用的方法有双叶片结构和子母叶片（又称复合叶片）结构。如图 3-13 所示为双叶片结构，在转子的每一叶片槽内装有两个可相互滑动的叶片，每个叶片的内侧均倒角，两个叶片之间便构成了侧面的 V 形通道，使叶片顶部和根部的油压相等。合理设计叶片顶部的形状，使叶片顶部的有效承压面积略小于叶片根部的承压面积，既可以保证叶片与定子的紧密接触，又不产生过大的接触应力。如图 3-14 所示为子母叶片结构，母叶片 1 的根部 L 腔经转子 2 上虚线所示的油孔始终与顶部油腔相通，而子叶片 4 和母叶片 1 之间的小腔 C 通过配流盘经 K 槽始终和压力油相通。这样在吸油区，叶片压向定子内表面的力只是小腔 C 的液压力，从而避免产生过大的压紧力。采取以上措施后，工作压力可达 16～20 MPa。

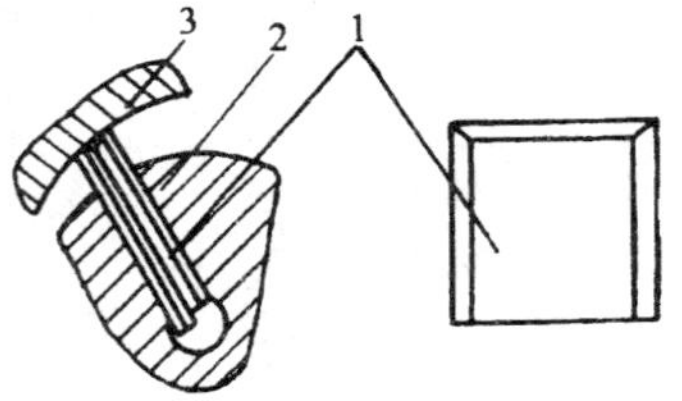

图 3-13 双叶片结构

1—叶片 2—转子 3—定子

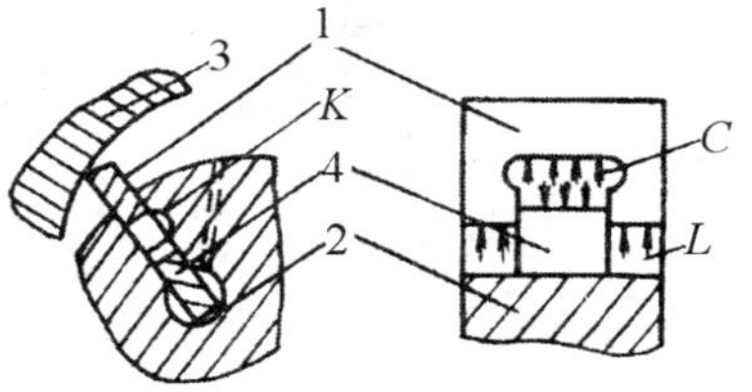

图 3-14 子母叶片结构

1—母叶片 2—转子 3—定子 4—子叶片

3.3.3 限压式变量叶片泵

限压式变量叶片泵是利用负载压力的变化来实现自动变量的，根据控制方式有内反馈限压式变量叶片泵和外反馈限压式变量叶片泵两种，下面以外反馈限压式变量叶片泵为例，说明它们的工作原理和特性。

外反馈限压式变量叶片泵是单作用叶片泵，根据前面介绍的单作用叶片泵的工作原理，改变定子转子间的偏心距 e，就能改变泵的输出流量，外反馈限压式变量叶片泵能借助输出压力的大小自动改变偏心距 e 的大小来改变输出流量。当压力低于某一可调节的限定压力时，泵的输出流量最大；当压力高于限定压力时，随着压力的增加，泵的输出流量线性地减少，利用排油压力的反馈作用来实现流量自动调节。其工作原理如图 3-15 所示。转子 3 的中心 O_1 是固定的，定子 4 可以左右移动，在限压弹簧的作用下，定子被推向左侧，使定子中心 O_2 和转子中心 O_1 之间有一初始偏心距 e，它决定了泵的最大流量（e 的大小可由螺钉 5 调节）。定子右侧有一反馈液压缸，它的油腔与泵的压油腔相通。设活塞 6 的有效面积为 A，泵的压力为 p，则活塞对定子施向左侧的反馈力为 pA，当 $pA < F_0$（弹簧预压缩力）时，定子不动，仍保持最大的偏心距 e，泵的流量也保持最大值；当泵的压力升高到某一值 p_B 时，使得 $p_B A = F_0$，p_B 称为泵的限定压力（可通过调节螺钉 1 设定），这也是泵保持最大流量的量高压力；当泵的压力升高到 $pA > F_0$ 时，反馈力克服弹簧力把定子推向左侧，偏心距减小，泵的流量也随之减小。压力越高，偏心距越小，泵的流量也越小。当泵的压力达到某一值时，反馈力把弹簧压缩到最短，定子移动到最左端位置，偏心距减到最小，泵的实际输出流量为零，泵的压力便不再升高。

外反馈限压变量式叶片泵的压力—流量特性曲线如图 3-16 所示，泵的最大流量，即定子的最大偏心 e_{max}，由流量调节螺钉调定。当调节流量调节螺钉时，曲线中的 *AB* 段垂直上下平行移动。泵的限定压力由压力调节螺钉调节弹簧预压缩量进行调节。弹簧预压缩量改变时，曲线中的 *BC* 段将沿水平方向平行移动，*BC* 段的斜率与弹簧的刚度有关，弹簧的刚度越大，*BC* 段的斜率越小。

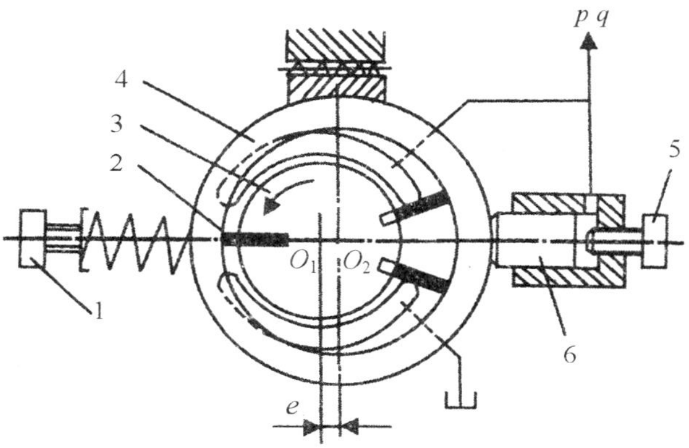

图 3-15　外反馈限压式变量叶片泵工作原理图

1—压力调节螺钉　2—叶片　3—转子
4—定子　5—流量调节螺钉　6—反馈柱塞

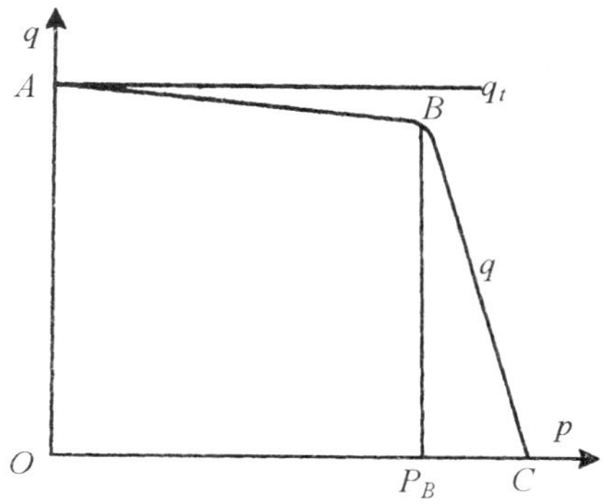

图 3-16　压力-流量特性曲线

3.4　柱 塞 泵

柱塞泵是依靠柱塞在缸体内往复运动，使密封容积发生变化来实现吸油和压油的（见图 3-1）。由于柱塞和缸体都是圆柱表面，因此加工方便，配合精度高，密封性能好，故柱塞泵的优点是效率高，工作压力高，结构紧凑，且在结构上易于实现流量调节等。其缺点是结构复杂，价格高，加工精度和日常维护要求高，对油液的污染较敏感。

柱塞泵按柱塞排列的方向不同，可分为轴向柱塞泵和径向柱塞泵；按配流方式的不同，可分为阀配流（缸体不动）、端面配流和轴配流（缸体转动）。

轴向柱塞泵又可分为斜盘式（直轴）和斜轴式（斜盘）两类，其中斜盘式应用较广。

3.4.1 斜盘式轴向柱塞泵

1. 斜盘式轴向柱塞泵工作原理

斜盘式轴向柱塞泵工作原理如图 3-17 所示，它由斜盘 1、柱塞 2、缸体 3 和配流盘 4 等主要零件组成，斜盘与缸体间有一倾斜角γ。斜盘和配流盘固定不动，在缸体上开有若干个圆周均布的轴向柱塞孔，孔内装有柱塞，柱塞在底部弹簧和油压力的作用下，其头部始终保持与斜盘紧密接触。当缸体由传动轴带动旋转时，在斜盘、弹簧和油压力的共同作用下，迫使柱塞在缸体内做往复运动，这样各柱塞与缸体间的密封容积便发生增大或缩小的变化。密封容积增大时，形成真空，通过配流窗口 a 吸油；密封容积减小时，通过配流窗口 b 压油。缸体每转一转，每个柱塞各完成一次吸油和压油，缸体连续旋转，柱塞则不断地吸油和压油。

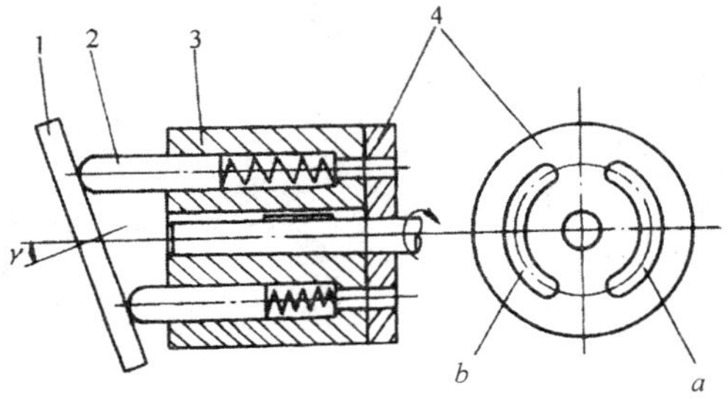

图 3-17 斜盘式轴向柱塞泵的工作原理

1—斜盘 2—柱塞 3—缸体 4—配流盘

如果改变斜盘倾角γ的大小，就改变了柱塞的行程，也就改变了泵的排量；如果改变斜盘倾角的方向，就能改变吸油、压油的方向，这就成为双向变量泵。

2. 斜盘式轴向柱塞泵的排量和流量

经理论推导，柱塞泵每转的排量为

$$V_P=\frac{\pi}{4}d^2Lz=\frac{\pi}{4}d^2D(\tan\gamma)z \tag{3-18}$$

流量为

$$q_P=\frac{\pi}{4}d^2D(\tan\gamma)zn_P\eta_{Pv} \tag{3-19}$$

式中 d——柱塞直径；

L——柱塞行程；

D——缸体上柱塞分布圆直径；

γ ——斜盘倾角；

z ——柱塞数；

n_P ——泵的转速；

η_{Pv} ——泵的容积效率。

实际上，由于柱塞在缸体孔中运动的速度不是恒速的，因而轴向柱塞泵的瞬时流量也是脉动的。通过理论计算分析可以知道，当柱塞数为奇数时，脉动较小，故轴向柱塞泵的柱塞数一般为 7 或 9 个。

3. 斜盘式轴向柱塞泵结构特点

如图 3-18 所示为常用的一种斜盘式轴向柱塞泵的结构，它由两部分组成：右边的主体部分和左边的变量机构。同一规格不同变量形式的变量泵，其主体部分是相同的，仅是变量机构不同而已。

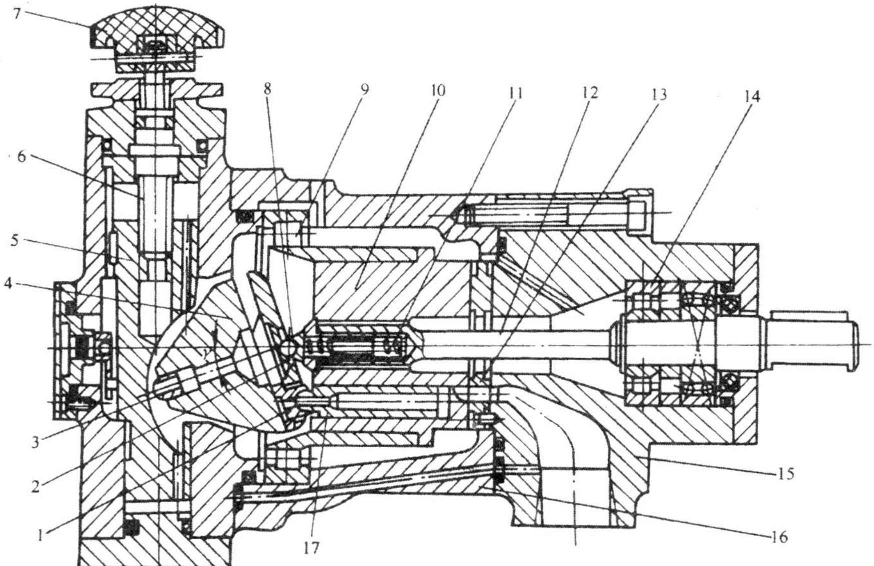

图 3-18　斜盘式轴向柱塞泵的结构

1—滑履　2—回程盘　3—销轴　4—斜盘　5—变量活塞　6—螺杆　7—手轮　8—钢球　9—大轴承　10—缸体　11—中心弹簧　12—传动轴　13—配流盘　14—前轴承　15—前泵体　16—中间泵体　17—柱塞

主体部分是由装在中间的泵体 16、前泵体 15、中心弹簧 11、缸体 10、传动轴 12 和配流盘 13 等组成，缸体 10 与传动轴 12 通过花键连接，由传动轴带动旋转。在缸体的轴向柱塞孔内各装有柱塞 17。为了避免柱塞头部与斜盘直接接触而产生的易磨损现象，在柱塞的头部装滑履 1，用滑履的底平面与斜盘 4 接触，而柱塞头部与滑履则用球面配合，外面加以铆合，使柱塞和滑履既不会脱落，又使配合球面间能相对运动。柱塞中心和滑履中心均加工有小孔，压力油经小孔引到滑履底部油室，起到液体静压支承作用，极大地减小了滑履与斜盘的接触应力，并实现可靠的润滑，这样大大降低了相对运动零件表面的磨损，有利于泵在高压下工作。中心弹簧 11 一方面通过钢球 8 和回程盘 2 将各个滑履压向斜盘，使滑履始终紧贴斜盘并带动柱塞回程，使柱塞在吸油区正常外伸实现吸油；另一方面，它将缸体压在配流盘上，以保证泵启动时的密封性。缸体通过大轴承 9 支承在中间泵体上，这样斜盘通过柱塞作用在缸体上的径向分力由大轴承承受，使轴不受弯矩，并改善了缸体的受力状态，从而保证缸体端面与配流盘更好地接触。在变量轴向柱塞泵中专门设置变量机构，用来改变斜盘倾角 γ 的大小，以调节泵的流量。轴向柱塞泵的变量形式有多种，其变量的结构形式亦多种多样。如图 3-18 所示为手动变量机构，其改变排量的方法是转动手轮 7，使螺杆 6 转动，因导向键的作用，变量活塞 5 不能转动，只能上下移动，通过销轴 3 使支承在变量壳体上的斜盘 4 绕其中心转动，从而改变斜盘倾角，也就改变了泵的排量。除了手动变量机构，还有手动伺服变量、液控变量、恒压变量和恒功率变量机构等。

3.4.2 径向柱塞泵

1. 径向柱塞泵工作原理

径向柱塞泵的工作原理如图 3-19 所示。

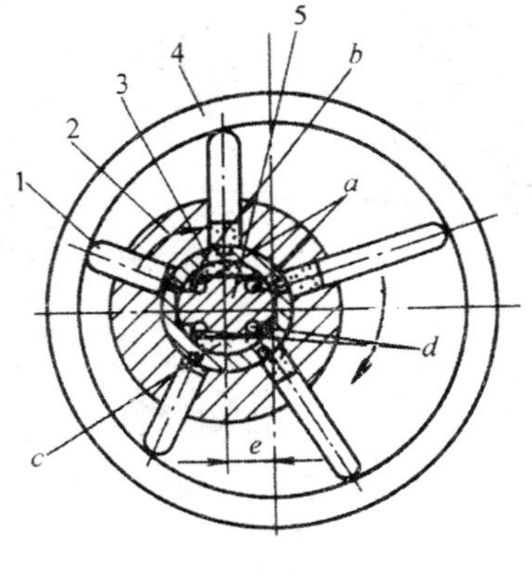

图 3-19 径向柱塞泵工作原理图

1—柱塞 2—转子（缸体） 3—衬套 4—定子 5—配流轴

径向柱塞泵主要由柱塞 1、转子（缸体）2、衬套 3、定子 4 和配流轴 5 等组成，柱塞径向均匀布置在转子中，转子和定子之间有一偏心距 e，配流轴固定不动，在轴的上部和下部各有一缺口，此两缺口又分别通过所在部位的两个轴孔与泵的吸、压油口连通。当转子按图示方向旋转时，上半部的柱塞在离心力的作用下向外伸出，径向孔内的密封工作腔容积逐渐增大，通过配流轴吸油腔吸油；下半部的柱塞因受定子内表面的推压作用而缩回，密封工作腔容积逐渐减小，通过配流轴压油腔压油。移动定子改变偏心距的大小，就可改变柱塞的行程，从而改变排量。如果改变偏心距的方向，则可改变吸、压油的方向。故径向柱塞泵可以做成单向或双向变量泵。

2. 径向柱塞泵的排量和流量

经理论推导，柱塞的行程为两倍偏心距 e，泵的排量 V_p

$$V_p = \frac{\pi}{4} d^2 2ez = \frac{\pi}{2} d^2 ez \tag{3-20}$$

泵的实际输出流量为

$$q_p = \frac{\pi}{2} d^2 ezn_p \eta_{pv} \tag{3-21}$$

式中 d ——柱塞直径；
e ——偏心距；
z ——柱塞数；
n_p ——泵的转速；
η_{pv} ——泵的容积效率。

径向柱塞泵的瞬时流量也是脉动的，与轴向柱塞泵相同，为了减少脉动，柱塞数通常也取奇数。

径向柱塞泵的优点是制造工艺性好（主要配合面为圆柱面），变量容易，工作压力较高，轴向尺寸小，便于做成多排柱塞的形式。其缺点是径向尺寸大，配流轴受有径向不平衡液压力的作用，易磨损，泄漏间隙不能补偿。配流轴中的吸、排油流道的尺寸受到配流轴尺寸的限制不能做大，从而影响泵的吸入性能。

3.5 液压泵的主要性能和选用

合理地选择液压泵对于降低液压系统的能耗、提高系统的效率、降低噪声、改善工作性能和保证系统的可靠工作都十分重要。

3.5.1 液压泵的主要性能和选用

表 3-2、表 3-3 列出了常用液压泵的技术性能。选择液压泵的原则是：根据主机工况、功率大小和液压系统对工作性能的要求，首先应决定选用变量泵还是定量泵。变量泵的价格高，但能达到提高工作效率、节能及压力恒定等要求。然后，再根据各类泵的性能、特点及成本等确定选用何种结构类型的液压泵。最后，按系统所要求的压力、流量大小确定其规格型号。选用时可根据表 3-2 和表 3-3 进行综合比较，合理地选用液压泵。

表 3-2 各类液压泵的主要技术性能

类型 / 性能	齿轮泵			叶片泵		柱塞泵			螺旋泵
	外啮合	内啮合		单作用	双作用	轴向式		径向式	
		渐开线	摆线			斜盘式	斜轴式		
压力范围/MPa	2.5～25	10	6	6.3～10	6.3～28	7～40	16～40	100	2.5～10
排量范围/(mL/r)	2.5～210	1.76～63.6	16	10～125	2.5～237	2.5～237	9.4～915	0.25～188	0.16～1463
转速范围/(r/min)	1450～4000	2000～3000	1500～2000	600～1800	600～2800	1000～3600	970～3750	1500	100～1800
最大功率/kW	187.2	16.8	4	53	49	148	583	46	290
容积效率/%	70～95	90	90	60～90	85～95	90～97	90～97	95	70～95
功率质量比	中	中	中	小	中	大	中	小	小
流量脉动/%	11～27	1～3	≤3	—	—	1～5	<14	<2	<1
对污染敏感性	小	小	小	中	中	大	大	中	小
最高自吸能力/kPa	50	—	—	33.5	33.5	16.5	16.5	16.5	63.5
价格	最低	低	低	中	中低	高	高	高	高

表 3-3 液压泵的应用范围及选用

类型			适用工况	应用举例
齿轮泵	外啮合		一般适合于中低压（8 MPa 以下）的工况，在高压（25 MPa 以下）时要选用高压齿轮泵。自吸能力好，抗污染能力强，但噪声大，流量脉动大	用于机床、工程机械、农业机械、航空、航船以及一般机械的润滑系统中。外啮合齿轮泵还用于矿山机械、起重运输机械等设备的液压系统中。内啮合齿轮泵还用于高压作用设备的液压系统中。摆线转子泵还用于大、中型车辆的液压转向系统、柴油机润滑系统
	内啮合	渐开线式	适合于中低工况，转速较高，流量脉动相对较小，抗污染能力强，噪声较小	

（续表）

类　　型			适 用 工 况	应 用 举 例
齿轮泵	内啮合	摆线转子式	使用压力一般不超过 6 MPa，排量范围较小，流量脉动相对较小，抗污染能力强，噪声较小	
叶片式	单作用		使用压力不超过 10 MPa，可以变量，自吸能力一般，噪声较低，对油液污染较敏感，寿命较低	用于机床、注塑机、液压机、起重机、工程机械、飞机、船舶、压铸机、冶金机械等设备的液压系统
叶片式	双作用		一般适合于中低压（8 MPa）以下，在中高压（8～16 MPa）时要选用高压叶片泵；自吸能力一般，噪声较低，对油液污染较敏感	用于机床、注塑机、液压机、起重机、工程机械、飞机、船舶、压铸机、冶金机械等设备的液压系统
螺杆泵			适合于中低压的工况，排量范围大，流量脉动小，抗污染能力强，噪声低，自吸能力好	用于精密机床、精密机械、食品、化工、石油、纺织等机械，还可以用于潜艇、液压电梯、汽轮机、水电站调速系统
柱塞泵	轴向	斜盘端面配流	适合于中高压（8～32 MPa）的工况，容积效率高，有多种变量形式，自吸能力差，对油液污染敏感，噪声较大	多用于农业机械、工程机械、船舶、冶金机械飞机、火炮及空间技术，尤其适用于闭式回路或需要经常改变泵排量的系统
柱塞泵	轴向	斜轴端面配流	适合于中高压的工况，最低转速不低于 50 r/min，其定量泵自吸能力好，效率高。作变量泵时相应慢，对油液污染敏感，噪声较大	多用于农业机械、工程机械、船舶、冶金机械飞机、火炮及空间技术，尤其适用于闭式回路或需要经常改变泵排量的系统
柱塞泵	径向轴配流		适合于超高压（32～100 MPa）工况，效率高，抗污染能力差，自吸能力强，径向尺寸较大	适用于锻压机械、工程机械、运输机械、矿山机械、轧钢机械等设备的液压系统

3.5.2 液压泵常见故障的分析和排除方法

液压泵是液压系统的心脏，一旦发生故障就会立即影响系统的正常工作。液压泵常见故障的分析和排除方法见表 3-4。

表 3-4 液压泵常见故障的分析和排除方法

序号	故障现象	故 障 原 因	排 除 方 法
1	轴不转动	电气或电动机故障	检查电气或电动机故障原因并排除
		溢流阀或单向阀故障而闷轴	检修溢流阀和单向阀，合理调节溢流阀压力值
		泵轴上的连接键漏装或折断	补装新键或更换键
		泵内部滑动副因配合间隙过小而卡死	拆开检修，按要求选配间隙，使配合间隙达到要求
		油液太脏，泵的吸油腔进入脏物而卡死	过滤或更换油液，拆开清洗并在吸油口安装吸油过滤器
		油温过高使零件热变形	检查冷却器的冷却效果和油箱油量

（续表）

序号	故障现象	故障原因	排除方法
2	噪声大	吸油位置太高或油箱油位太低 过滤器或吸油管部分被堵或通过面积小 泵或吸油管密封不严 泵吸入不敷出腔通道不畅 油的黏度过高 油箱气孔被堵 泵的轴承或内部零件磨损严重 泵的结构设计不佳，困油严重 吸入不敷出气泡 泵安装不良，泵与电动机同轴度差	降低泵的安装高度或加油至油位线 清洗滤芯或吸油管，更换合适的过滤器或吸油管 检查连接处和结合面的密封性，并紧固 拆泵清洗检查 检查油质，按要求选用油的黏度 清洗通气孔 拆开修复或更换 改进设计，提高卸荷能力 进行空载运转，排除空气；吸油管与回油管隔开一定距离，使回油管口插入油面下一定的深度 重新安装，达到技术要求
3	不吸油	泵轴反转 见本表序号 2 中 1～5 泵的转速太低 变量机构失灵 叶片未伸出，卡死在转子的槽内	纠正转向 见本表序号 2 中 1～5 控制在规定的最低转速以上 拆开检查，调整、修配或更换 拆开清洗；合理选配间隙，检查油质，过滤或更换油液
4	输油不足或压力升不高	泵滑动零件严重磨损 装配间隙过大，叶片和转子反装等造成的装配不良 用错油或油温过高造成油的黏度过低 电动机有故障或驱动功率过小 泵排量选得过大或压力调得过高造成驱动功率不足	拆开清洗、修理或更换 重新装配，达到技术要求 更换油液，找出油温过高的原因，提出降温措施 检查电动机并排除故障，核算驱动功率 重新计算匹配压力、流量和功率，使之合理
5	压力和流量不稳定	吸油过滤器部分堵塞 吸油管伸入不敷出油面较浅 油液过脏，个别叶片被卡住或伸出困难 泵的装配不良（个别叶片在转子槽内间隙过大或过小，或个别柱塞与缸体孔配合间隙过大） 泵结构不佳，困油严重 变量机构工作不良	清洗或更换过滤器 适当加长吸油管长度 过滤或更换油液 修配后使间隙达到要求 改进设计，提高卸荷能力 拆开清洗、修理，过滤或更换油液

3.6 小　　结

1．液压泵在液压系统中作为动力元件，将原动机输入的机械能转变为液压能，以压力与流量的形式输出。按其结构液压泵可分为柱塞泵、叶片泵和齿轮泵。液压泵必须具有变化的密闭容腔和配油装置。

2．排量只与密封容腔容积变化量有关，与转速无关。由于液压泵的理论流量等于排量乘转速，因此在尽可能提高泵转速的同时，应通过合理设计，在结构紧凑的前提下得到最大的排量。

3．额定压力是泵在连续运转时的可耐受压力和可实现压力；实际压力随外负载变化。

4．容积效率反映了泄漏，机械效率反映机械摩擦，总效率为 $\eta = \eta_V \cdot \eta_T$ 。

5．齿轮式、叶片式和柱塞式三类泵的密闭容腔构成、容积变化方式和配油方式各具特点，性能和应用范围各不相同。外啮合齿轮泵的密闭容积由泵体、前后盖板与齿轮组成；叶片泵的密闭容积由定子、转子、叶片、配流盘等组成；柱塞泵的密闭容积为柱塞与缸体孔组成。

6．齿轮泵产生困油现象的充分必要条件是：在吸油与压油腔之间存在一个闭合容积，且容积大小发生变化。外啮合齿轮泵中主要的间隙是齿轮端面与前后泵盖或左右侧板之间的端面间隙，其次还有齿顶与泵体内圆之间的径向间隙、两啮合轮齿间的啮合间隙。中高压齿轮泵的端面间隙均有自动浮动补偿机构。

7. 双作用叶片泵定子工作表面曲线由四段圆弧和四段过渡曲线组成的。径向液压力平衡，端面间隙自动补偿。单作用变量叶片泵的叶片倾向、定子内表面曲线与定量泵不同。限压式变量叶片泵是利用负载压力的变化来实现自动变量的，有内反馈限压式变量叶片泵和外反馈限压式变量叶片泵两种。

8. 轴向柱塞泵改变斜盘倾角可以改变排量。变量方式可有手动变量（含手动伺服变量）和自动变量两种。

9. 提高各类液压泵的额定压力和容积效率，高压齿轮泵结构上从泄漏和径向力不平衡问题入手，采取相应措施；高压叶片泵结构上从叶片底部和顶部压力差问题入手，采取相应措施。柱塞泵中孔与柱塞构成变化的密闭容腔，工艺性好，容积效率高。

10．液压泵主要根据系统工作压力、流量、工作性能、环境要求进行选择。

3.7　复习思考题

3-1　液压泵要完成吸油和压油的工作过程，须具备什么条件？

3-2　液压泵的工作压力取决于什么？泵的工作压力和额定压力有何区别？

3-3　什么是齿轮泵的困油现象？有何危害？如何解决？

3-4　齿轮泵为什么有较大的流量脉动？流量脉动大有什么危害？

3-5　说明叶片泵的工作原理。试述单作用叶片泵和双作用叶片泵各有什么优缺点？

3-6　齿轮泵和叶片泵的压力提高主要受那些因素的影响？说明提高齿轮泵和叶片泵压力的方法。

3-7　限压式变量叶片泵的限定压力、最大流量如何调节？

3-8 为什么轴向柱塞泵适用于高压？

3-9 手动轴向柱塞泵如何能实现双向变量？

3-10 已知液压泵的额定压力 p =21 MPa；额定流量 q_n =200 L/min，总效率 η = 0.9，机械效率 η_m =0.93。

试求：（1）驱动泵所需的额定功率 P；

（2）泵的泄漏量 Δq 。

第 4 章　液压执行元件

液压执行元件的功能是将液压系统中的压力能转化为机械能，以驱动外部工作部件。常用的液压执行元件有液压缸和液压马达。液压缸输出推力或拉力与直线运动速度；液压马达输出转矩和转速。液压缸是应用最广泛的一种执行元件，有时需要根据具体工作部件的要求专门设计，这点与液压阀等元件有所不同。

4.1　液压缸概述

液压缸是一种把液体的压力能转变为往复直线运动机械能的执行装置，它可以很方便地获得直线往复运动和很大的输出力。

4.1.1　常用液压缸及其特点

液压缸按其作用方式可分为单作用液压缸和双作用液压缸两大类，单作用液压缸利用液压力推动活塞向一个方向运动，而反向运动则靠外力实现。双作用液压缸则是利用液压力推动活塞做正反两方向的运动，这种形式的液压缸应用最多。双作用液压缸可分为单活塞杆和双活塞杆两种形式，双活塞杆液压缸在机床液压系统中采用较多，单活塞杆液压缸广泛应用于各种工程机械中。液压缸按结构特点的不同可分为活塞缸、柱塞缸和摆动缸三类。活塞缸和柱塞缸用以实现直线运动，输出推力和速度；摆动缸（或称摆动马达）用以实现小于 360° 的转动，输出转矩和角速度。常用液压缸的类型、图形符号和工作特点见表 4-1。

表 4-1　液压缸的类型、图形符号和工作特点

名　　称		图 形 符 号	工 作 特 点
单作用液压缸	单活塞杆液压缸	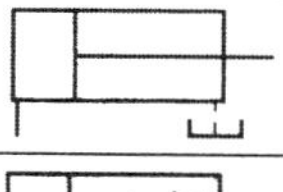	活塞单向运动，由外力使活塞反向运动
		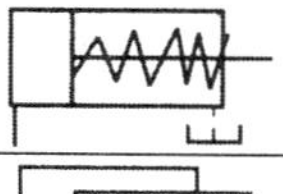	活塞单向运动，由弹簧使活塞复位
	柱塞液压缸	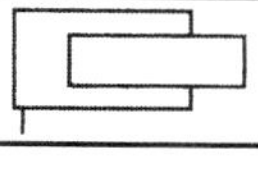	柱塞仅单向运动，由外力使柱塞反向运动

（续表）

名称			图形符号	工作特点
		伸缩液压缸	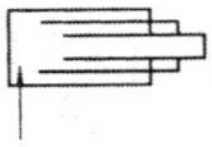	有多个互相联动的套筒，其行程比较长，由外力使套筒返回
双作用液压缸	单活塞杆	单活塞杆液压缸	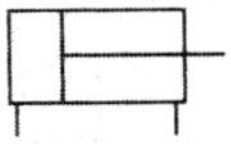	活塞双向运动，使行程终止时不减速，活塞往复的作用力和速度皆差别较大
		不可调单向缓冲式液压缸	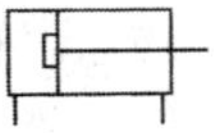	活塞终止时，减速运动减速值不变
		可调单向液压缸	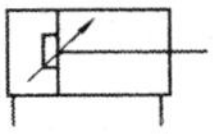	活塞终止时，减速运动减速值可调节
		差动液压缸	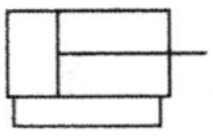	液压缸有杆腔的回油与液压泵输出液一起进入无杆腔，能提高运动速度
	双活塞杆	双活塞杆液压缸	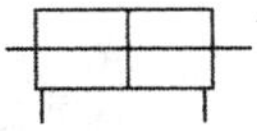	活塞往复移动速度和行程都相等
		双向液压缸	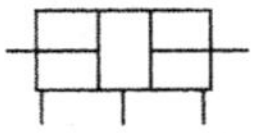	两个活塞同时向相反方向运动
组合液压缸		伸缩液压缸	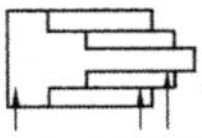	有多个互相联动的套筒，套筒可双向运动，缸的行程可变
		串联液压缸	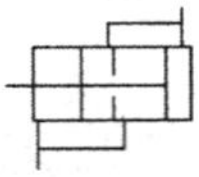	液压缸直径受限制，而长度不受限制时，可获得较大的推力
		增压液压缸（增压器）		由两个不同的压力室 X 和 Y 组成，可提高 Y 室中油液的压力
		多位液压缸	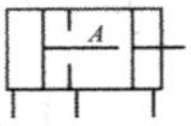	活塞 A 有三个位置
		齿条活塞液压缸	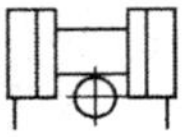	活塞经齿条带动小齿轮，产生回转运动
		齿条柱塞液压缸	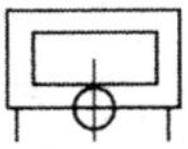	柱塞经齿条带动小齿轮，产生回转运动
摆动马达		单叶片摆动马达	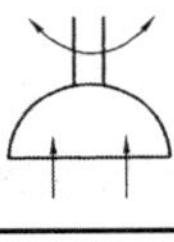	输出轴只能做小于 360° 的摆动
		双叶片摆动马达		输出轴只能做小于 180° 的摆动

4.1.2　活塞缸

活塞缸可分为双活塞杆式和单活塞杆式两种结构，其固定方式有缸体固定和活塞杆固定两种。

1. 双杆活塞缸

如图 4-1 所示为双杆活塞缸的结构原理图，其活塞的两侧都有伸出杆，当两活塞杆直径相同，缸两腔的供油压力和流量都相等时，活塞（或缸体）两个方向的运动速度和推力也都相等。

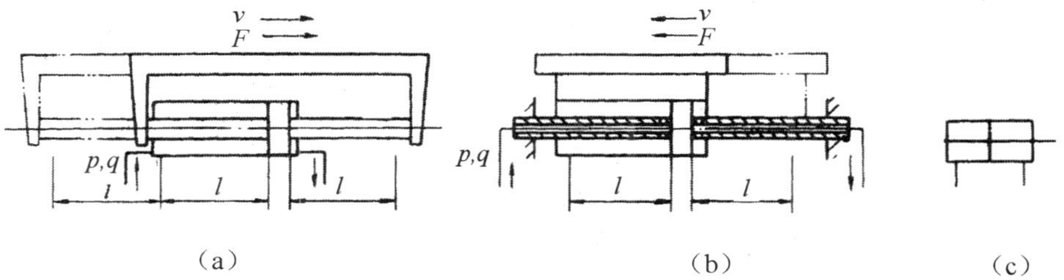

图 4-1　双杆活塞缸

（a）缸体固定，活塞杆运动　（b）活塞杆固定，缸体运动　（c）图形符号

因此，这种液压缸常用于要求往复运动速度和负载都相同的场合。

如图 **4-la** 所示为缸体固定的结构原理图。当缸的左腔进压力油，右腔回油时，活塞带动工作台向右移动；反之，右腔进压力油，左腔回油时，活塞带动工作台向左移动。当活塞的有效行程为 l 时，整个工作台的运动范围略大于缸有效行程的 3 倍（$3l$）。所以机床占地面积大。

如图 **4-lb** 所示为活塞杆固定的结构原理图。液压油经空心活塞杆的中心孔及靠近活塞处的径向孔进、出液压缸。当缸的左腔进压力油，右腔回油时，缸体带动工作台向左移动；反之，右腔进压力油，左腔回抽时，缸体带动工作台向右移动。工作台的运动范围略大于缸有效行程的 2 倍（$2l$）。在有效行程相同的情况下，其所占空间比缸体固定的要小，一般适用于小型机床。

双杆活塞缸的推力 F 和速度 v 为（设回油压力为零）

$$F = Ap = \frac{\pi}{4}(D^2 - d^2)p \tag{4-1}$$

$$v = \frac{q}{A} = \frac{4q}{\pi(D^2 - d^2)} \tag{4-2}$$

式中　A ——液压缸有效工作面积；

　　　F ——液压缸的推力；

v ——活塞（或缸体）的运动速度；
p ——进油压力；
q ——进入液压缸的流量；
D ——液压缸内径；
d ——活塞杆直径。

2. 单杆活塞缸

如图 4-2 所示为单杆活塞缸原理图。其活塞的一侧有伸出杆，两腔有效工作面积不相等。

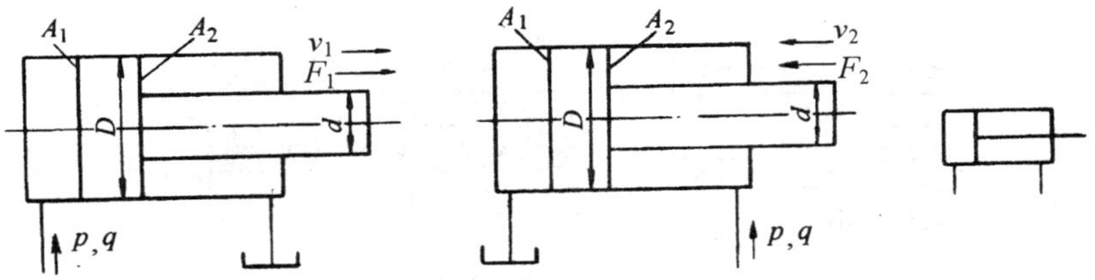

（a）（b）（c）

图 4-2 单杆活塞缸

（a）无杆腔进油 （b）有杆腔进油 （c）图形符号

当无杆腔进压力油，有杆腔回油（见图 4-2a）时，不计回油压力，活塞推力 F_1 和运动速度 v_1 为

$$F_1 = A_1 p = \frac{\pi}{4} D^2 p \tag{4-3}$$

$$v_1 = \frac{q}{A_1} = \frac{4q}{\pi D^2} \tag{4-4}$$

当有杆腔进压力油，无杆腔回油（见图 4-2b）时，不计回油压力，活塞推力 F_2 和运动速度 v_2 为

$$F_2 = A_2 p = \frac{\pi}{4}(D^2 - d^2)p \tag{4-5}$$

$$v_2 = \frac{q}{A_2} = \frac{4q}{\pi(D^2 - d^2)} \tag{4-6}$$

式中 A_1 ——无杆腔有效工作面积；
A_2 ——有杆腔有效工作面积。

比较上面公式可知：$v_1 < v_2$；$F_1 > F_2$。即无杆腔进压力油工作时，推力大，速度低；

有杆腔进压力油工作时，推力小，速度高。因此，单杆活塞缸常用于一个方向有较大负载但运行速度较低，另一个方向为空载快速退回运动的设备。如各种金属切削机床、压力机、注塑机、起重机的液压系统常用单杆活塞缸。

单杆活塞缸两腔同时通入压力油时，如图 4-3 所示，由于无杆腔工作面积比有杆腔工作面积大，活塞向右的推力大于向左的推力，故其向右移动。液压缸的这种连接方式称为差动连接。

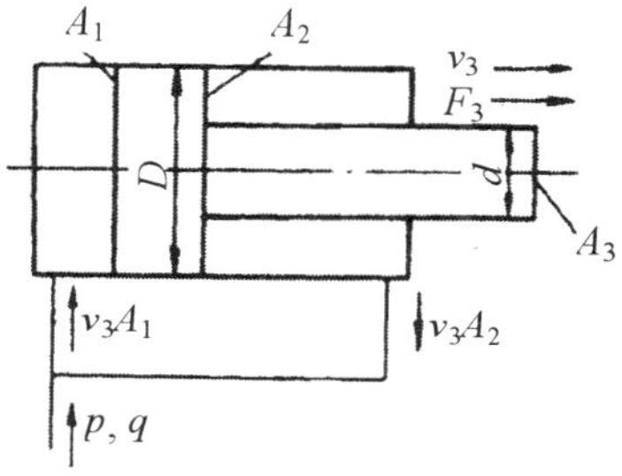

图 4-3　单杆活塞缸的差动连接

差动连接时，活塞的推力 F_3 为

$$F_3 = A_1 p - A_2 p = A_3 p = \frac{\pi d^2}{4} p \tag{4-7}$$

设活塞的速度为 v_3，则无杆腔的进油量为 v_3A_1，有杆腔的出油量为 v_3A_2，因而有 $v_3A_1 = q + v_3A_2$，故

$$v_3 = \frac{q}{A_1 - A_2} = \frac{q}{A_3} = \frac{4q}{\pi d^2} \tag{4-8}$$

式中　A_3——活塞杆的截面积。

比较式（4-4）、式（4-8）可知，$v_3 > v_1$；比较式（4-3）、（4-7）可知，$F_3 < F_1$。这说明在输入流量和工作压力相同的情况下，单杆活塞缸差动连接时能使其速度提高，同时其推力下降。如果要求往复运动速度相等，即 $v_3 = v_2$，由式（4-8）、（4-6）知，$A_3 = A_2$，即

$$D = \sqrt{2} d \tag{4-9}$$

单杆活塞缸不论是缸体固定，还是活塞杆固定，它所驱动的工作台的运动范围都略大于缸有效行程的 2 倍。

4.1.3　柱塞缸

1. 柱塞缸

上述活塞式液压缸中，缸的内孔与活塞有配合要求，所以要有较高的精度，当缸体较

长时，加工就很困难，为了解决这个矛盾，可采用柱塞式液压缸。柱塞缸是单作用缸，即靠液压力作用只能实现单方向运动，回程需借助其他外力来实现。如图 **4-4a** 所示为单作用柱塞缸结构原理图，柱塞由缸盖处的导向套导向，与缸体内壁不接触，因而缸体内孔不需要精加工，工艺性好，制造成本低，特别适用于行程长的场合。

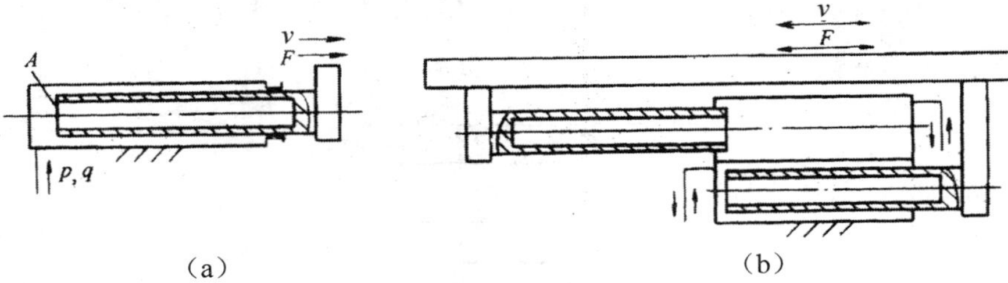

图 4-4 柱塞缸

（a）单作用柱塞缸 （b）双作用柱塞缸

当柱塞缸竖直安放时，可利用负载的重力实现回程。当柱塞直径大、行程长且水平安装时，为防止柱塞因自重而下垂，常制成空心柱塞并设置支承套和托架。

在龙门刨床、导轨磨床、大型拉床等大行程设备的液压系统中，为了使工作台得到双向运动，柱塞缸常成对使用，如图 **4-4b** 所示为双作用柱塞缸结构原理图。

2. 伸缩缸

伸缩缸又称多级缸，如图 **4-5** 所示为伸缩缸的结构原理。如图 **4-5a** 所示为单作用伸缩缸，如图 **4-5b** 所示为双作用伸缩缸。

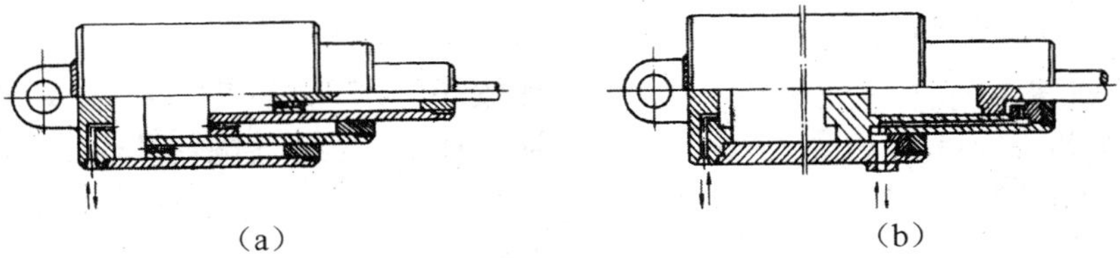

图 4-5 伸缩缸

（a）单作用伸缩缸 （b）双作用伸缩缸

它们由两级或多级缸套装而成，前一级缸的柱塞（或活塞）是后一级缸的缸筒，柱塞（或活塞）伸出后可获得很长的行程，缩回后可保持很小的安装尺寸。通入压力油时，各级柱塞（或活塞）的伸出按有效工作面积的大小依次先后动作；在插入流量不变的情况下，输出速度逐级增大。

当安装空间受到限制，且行程又比较长时，可采用伸缩缸。

4.1.4　摆动缸

摆动缸（亦称摆动马达）是一种输出转矩并实现往复摆动的液压执行元件，主要用来驱动做间歇回转运动的工作机构。它有单叶片和双叶片两种结构形式，如图 4-6 所示为它们的工作原理图。它们由定子块 1、叶片 2、摆动轴 3、缸体 4、两端支承盘及端盖（图中未画出）等零件组成。定子块固定在缸体上，叶片与输出轴连为一体。当两油口交替通入压力油时，叶片即带动输出轴做往复摆动。

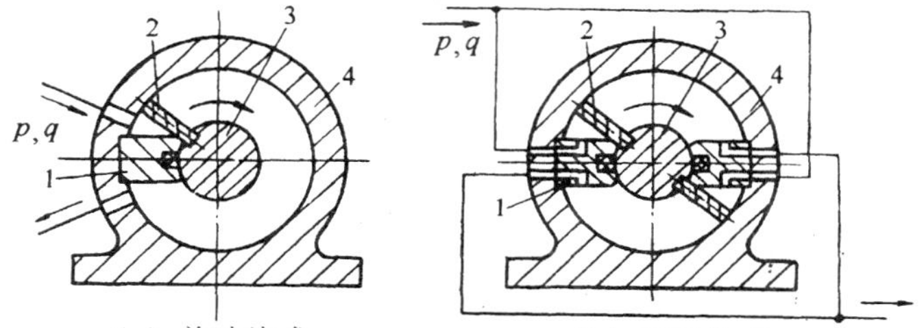

（a）单叶片式　　（b）双叶片式

图 4-6　摆动缸

1—定子块　2—叶片　3—摆动轴　4—缸体

若叶片的宽度为 b，缸的内径为 D，摆动轴直径为 d，叶片数为 z，在进油压力为 p，流量为 q，且不计回油腔压力时，摆动缸输出的转矩 T 和回转角速度 ω 为

$$T = zpb\frac{(D-d)}{2}\cdot\frac{(D+d)}{4} = \frac{zpb(D^2-d^2)}{8} \tag{4-10}$$

$$\omega = \frac{pq}{T} = \frac{8q}{zb(D^2-d^2)} \tag{4-11}$$

单片缸的摆动角一般不超过 310°，双叶片缸当其他结构尺寸相同时，其输出转矩是单叶片缸的 2 倍，而摆动角度为单叶片缸的一半（一般不超过 150°）。

摆动液压缸紧凑，输出转矩大，但密封性较差，常用于机床的送料装置、间歇进给机构、回转夹具、工业机器人手臂和手腕的回转装置及工程机械回转机构等的液压系统中。

4.2　液压缸的结构分析

4.2.1　液压缸的典型结构形式

如图 4-7 所示为单活塞杆液压缸的结构图。它由缸筒 7、活塞 21、活塞杆 8、缸底 1、缸盖 14、缸头 18，以及密封装置、排气装置、缓冲装置等组成。缸筒 7 与法兰 3、10 焊接成一个整体，然后由螺钉 25 与缸底、缸头、缸盖连接。图中用半剖的方法表示了活塞与缸筒、活塞杆与缸盖之前的两种密封形式：一种为上部所示的橡塑组合密封；另一种为下部所示的唇形密封。该种液压缸具有双向缓冲功能，工作时压力油经进油口、单向阀 2 进入工作腔，推动活塞向右运动，当活塞运动到终点前，缓冲套 6 切断油路，油液只能经缓冲节流阀 11 排出，起到了节流缓冲作用；活塞向左运动亦然（图中一端只画了单向阀，另一端只画了节流阀）。为了使液压缸中残留的空气及时排出，在缸底和缸头上分别设置了带放气孔的单向阀。从上面的例子可以看出，液压缸的结构可分为缸体组件、活塞组件、密封装置以及缓冲装置、排气装置等五个主要部分。

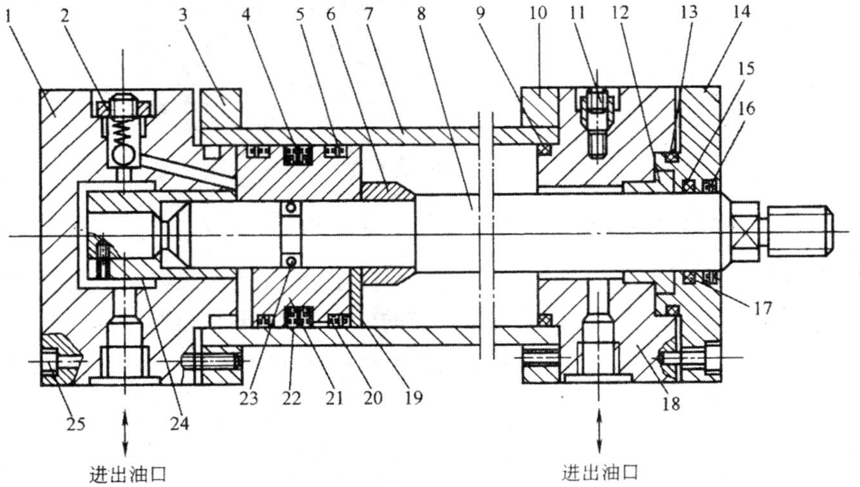

图 4-7 单活塞杆液压缸结构图

1—缸底 2—带放气孔的单向阀 3、10—法兰 4—方型断面组合圈密封 5—导向环 6—缓冲套 7—缸筒 8—活塞杆 9、13、23—O 型密封环 11—缓冲节流阀 12—导向套 14—缸盖 15—阶梯断面组合圈密封 16—防尘圈 17—Y 型密封圈 18—缸头 19—护环 20—Y_X 型密封圈 21—活塞 22—导向环 24—无杆端缓冲套 25—连接螺钉

（1）缸体组件 包括缸筒、前后端盖（缸盖）和导向套等。它与活塞组件构成密封的油腔，承受很大的液压力，因此缸体组件要有足够的强度和刚度，较高的表面质量和可靠的密封性。结构形式与缸筒使用的材料有关。缸筒材料通常采用无缝钢管，亦有用锻钢（特大内径）、铸钢（离心铸造）或铸铁（工作压力低于 10 MPa）等材料制成的缸筒。如图 **4-8** 所示为常见的缸筒与缸盖的连接形式及其结构。其中，如图 **4-8a** 所示为法兰连接，其优点是结构简单，加工和装拆方便；缺点是外形尺寸和重量较大。如图 **4-8b** 所示为半环连接，

其优点是结构简单，易装拆；缺点是缸筒壁部因开有环形槽而削弱了强度，为此要相应加厚缸筒。如图 4-8c 所示为螺纹连接，其优点是重量较轻，外形尺寸较小，缺点是端部结构复杂，装拆需要专用工具。如图 4-8d 所示为拉杆连接，前、后端盖装在缸筒两头，用四根拉杆（螺栓）将其紧固，其优点是缸筒最易加工，装拆方便，结构通用性大；缺点是重量和外形尺寸大。如图 4-8e 所示为焊接连接（仅用于后缸盖），其优点是结构简单，轴向尺寸小，工艺性好；缺点是缸筒易产生焊后变形。

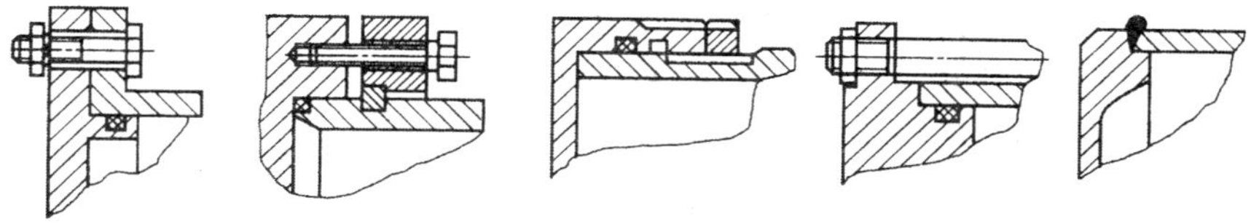

（a）　（b）　（c）　（d）　（e）

图 4-8　缸筒与缸盖的连接

（a）法兰连接　（b）半环连接　（c）螺纹连接　（d）拉杆连接　（e）焊接连接

（2）活塞组件　由活塞、活塞杆和连接件等组成。活塞一般用耐磨铸铁或钢制成，活塞杆常用 35 钢、45 钢或无缝钢管做成实心或空心杆。活塞和活塞杆之间也有多种连接方式，如图 4-9 所示。其中，如图 4-9a 所示为螺纹连接，其优点是结构简单，装拆方便；缺点是在高压大负载下需备有螺母防松装置。如图 4-9b、c 所示为半环连接，其优点是工作较可靠，可承受较大的负载和振动；缺点是结构较复杂，装拆不方便。如图 4-9d 所示为焊接连接，其优点是轴向尺寸小，加工容易；缺点是装卸不便。此外，活塞和活塞杆也有制成整体式结构的，但只适用于尺寸较小的场合。

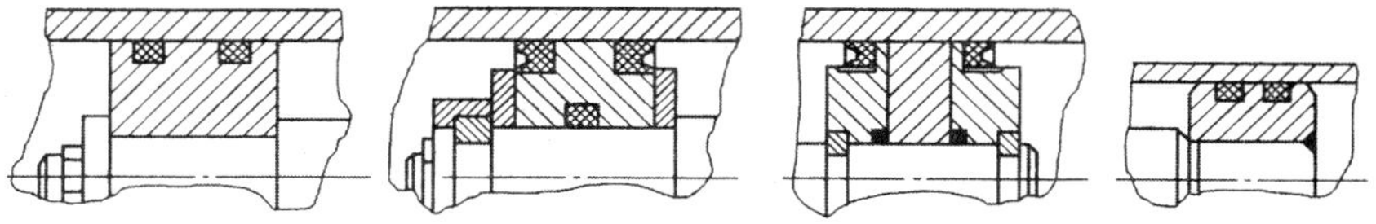

（a）　（b）　（c）　（d）

图 4-9　活塞与活塞杆的连接

（a）螺纹连接　（b）、（c）半环连接　（d）焊接连接

（3）密封装置　缸筒与缸盖、活塞与活塞杆之间的密封均为固定密封（除焊接式外），常采用“O”型密封圈；缸盖与活塞杆、活塞与缸筒之间的密封系滑动密封，常用“O”型、“Y”型、“Yx”型、“V”型及滑环式组合密封等密封圈。为了清除活塞杆外露部分黏附的尘土，避免缸内油液的污染，缸盖上还设有防尘装置，常用专门的防尘圈来实现。以上各种密封圈的结构和特点参见 6.5 节的说明。

（4）缓冲装置　当液压缸所驱动的工作部件质量较大，移动速度较快时，为避免因惯性力大，致使在行程终了时，活塞与端盖发生撞击，造成液压冲击和噪声，甚至严重影响工作精度和引起整个系统及元件的损坏，在大型、高速或要求较高的液压缸中往往要设置缓冲装置，如图 4-10 所示。尽管液压缸中的缓冲装置结构形式很多，但它们的工作原理都是相同的，阻当活塞行程到终点而接近缸盖时，增大液压缸回油阻力，使回油腔中产生足够大的缓冲压力，使活塞减速，从而防止活塞撞击缸盖。

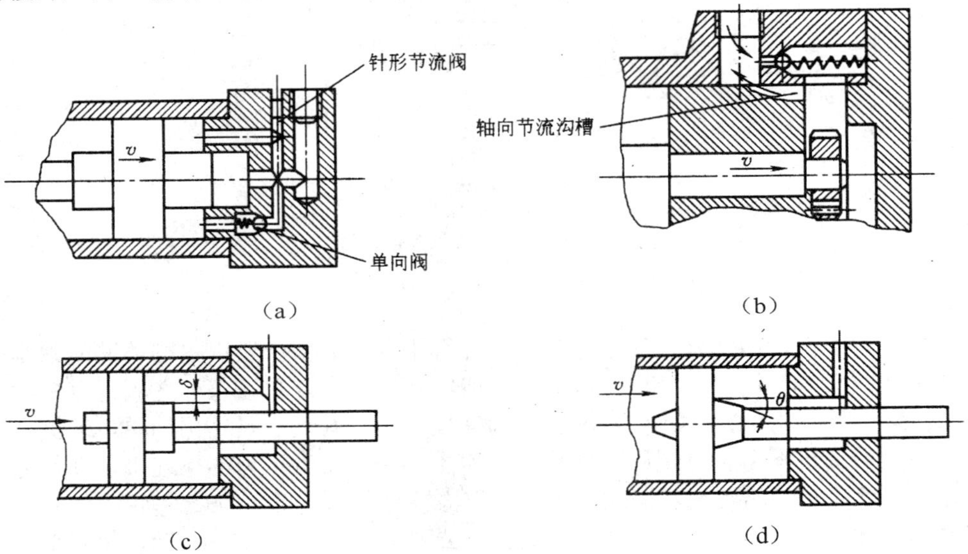

图 4-10　液压缸缓冲装置

（a）可调节缓冲装置　（b）可变节流缓冲装置　（c）间隙缓冲装置　（d）间隙缓冲装置

如图 4-11a 所示为可调节流缓冲装置，调节针形节流阀开口大小可改变缓冲压力。如图 4-10b 所示为可变节流缓冲装置，随着活塞行程的终了，其上的轴向节流沟槽（该沟槽截面为变截面三角形）的通流截面逐渐减小，缓冲压力增大。如图 4-10c、d 所示均为间隙缓冲装置，当活塞运动接近缸盖时，封闭在活塞与盖端间的油液从环状间隙（或锥形间隙）挤压出去，于是形成缓冲压力，使活塞运动速度减慢。

（5）排气装置　当液压系统长时间停止工作，系统中的油液由于本身重量的作用和其他原因而流出，这时易使空气进入系统。如果液压缸中有空气或油液中混入空气，都会使液压缸运动不平稳，因此一般的液压系统在开始工作前都应使系统中的空气排出。为此可在液压缸的最高部位（那里往往是空气聚积地方）设置排气装置。排气装置通常有两种，如图 4-11 所示：一种是在液压缸的最高部位处开排气孔，并用管道连接排气阀进行排气；另一种是在液压缸的最高部位安放排气塞。

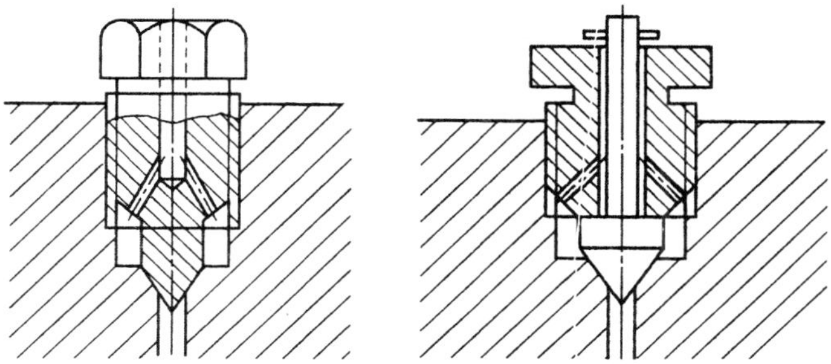

（a） （b）

图 4-11 排气塞

（a）A 型排气塞 （b）B 型排气塞

两种排气装置都是在液压缸排气时打开（让它全行程往复移动数次），排气完毕后关闭。

4.2.2 液压缸结构设计

液压缸的设计是整个液压系统设计的重要内容之一，通常要按机械设备的工况，液压缸需要自行设计。由于液压缸是液压传动的执行元件，它和设备的工作机构有直接的联系。对于不同的设备及其工作机构，液压缸具有不同的用途和要求，因此在设计液压缸之前，应做好充分的调查研究，收集必要的原始资料和设计依据，包括：设备用途、性能和工作条件；工作机构的形式、结构特点、负载情况行程大小和动作要求；液压缸所选定的工作压力和流量；同类型液压缸的技术资料和使用情况以及有关国家标准和技术规范等。

不同的液压缸有不同的设计内容和要求，一般在设计液压缸的结构时应注意下列几个问题：

（1）在保证满足设计要求的前提下，尽量使液压缸的结构简单紧凑，尺寸小，尽量采用推荐的结构形式和标准件，使设计、制造容易，装配、调整、维护方便；

（2）应尽量使活塞杆在受拉力的情况下工作，以免产生纵向弯曲；

（3）正确确定液压缸的安装、固定方式，液压缸只能一端固定；

（4）当液压缸很长时，应防止活塞杆由于自重产生过大的下垂而使局部磨损加剧；

（5）应尽量避免用软管连接；

（6）液压缸结构设计完后，应对液压缸的强度、稳定性进行验算；有关验算校核的方法详见材料力学的有关公式。

4.3 液 压 马 达

液压马达是输出连续回转运动的执行元件，它把输入的液压能（p、q）转换成机械能（T 、ω ）输出的装置。

4.3.1 液压马达的类型与特点

液压马达按其排量是否可以调节，可分成定量马达和变量马达；按其输油方式可分为单向、双向液压马达；按其结构类型可以分为齿轮式、叶片式和柱塞式等；液压马达也可以按其额定转速分为高速和低速两大类。

从能量转换的观点来看，液压泵与液压马达是可逆工作的液压元件，因为它们具有同样的基本结构要素——密封而又可以周期变化的工作容积和相应的配流机构。

但是，由于液压马达和液压泵的工作条件不同，仍存在许多差别。首先，液压马达应能够正、反转，因而要求其内部结构对称，液压马达的转速范围需要足够大，特别对它的最低稳定转速有一定的要求；其次，液压马达由于在输入压力油条件下工作，因而不必具备自吸能力，但需要一定的初始密封性，才能提供必要的启动转矩。由于存在着这些差别，使得许多同类型的液压马达和液压泵虽然在结构上相似，但不能可逆工作。

液压马达的图形符号见图 4-12。

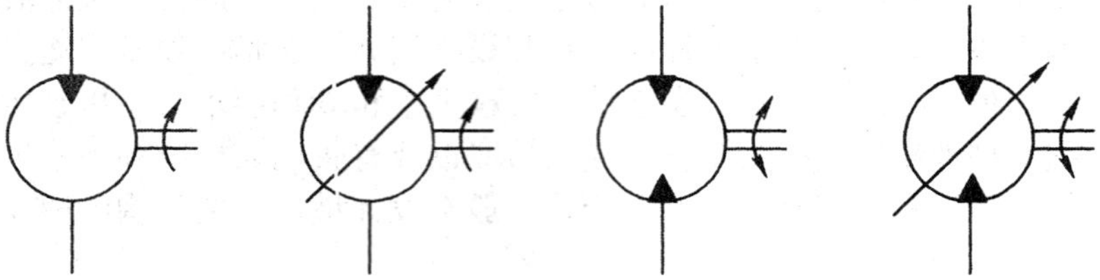

（a）　（b）　（c）　（d）

图 4-12　液压马达的职能符号

（a）单向定量液压马达　（b）单向变量液压马达　（c）双向定量液压马达　（d）双向变量液压马达

4.3.2 液压马达的工作原理

常用的液压马达的结构与同类型的液压泵很相似，下面以叶片式和径向柱塞式液压马达为例对其工作原理作简单介绍。

1. 叶片式液压马达

如图 4-13 所示为叶片式液压马达工作原理图，当压力油通入压油腔后，在叶片 1、3 或 5、7 上，一面作用有压力油，另一面为低压油。由于叶片 1、5 受力面积大于叶片 3、7，从而由叶片所受压力差构成的转矩推动转子做顺时针方向旋转。改变压力油的输入方向，马达反向旋转。

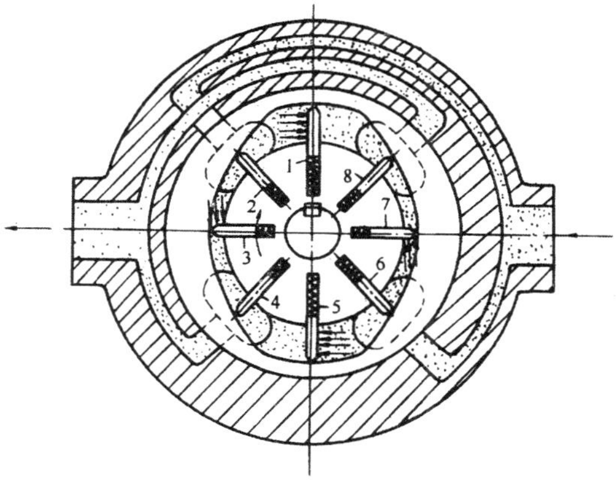

图 4-13 叶片马达的工作原理

为使叶片马达正常工作，其结构与叶片泵有一些重要区别。根据液压马达有双向旋转的要求，马达的叶片需要径向放置叶片应始终紧贴定子内表面，以保证正常启动。因此，在吸、压油腔通入叶片根部的通路上应设置单向阀，保证叶片底部总能与压力油相通，此外还另设弹簧，使叶片始终处于伸出状态，保证初始密封。

叶片马达的转子惯性小，动作灵敏，可以频繁换向，但泄漏量较大，不宜在低速下工作。因此叶片马达一般用于转速高、转矩小、动作要求灵敏的场合。

2. 径向柱塞式液压马达

如图 4-14 所示为径向柱塞式液压马达工作原理图，当压力油经固定的配油轴 4 的窗口进入缸体 3 内柱塞 1 的底部时，柱塞向外伸出，紧紧顶住定子 2 的内壁，由于定子与缸体存在一偏心距 e。在柱塞与定子接触处，定子对柱塞的反作用力为 F_N。力 F_N 可分解为 F_F 和 F_T 两个分力。当作用在柱塞底部的油液压力为 p，柱塞直径为 d，力 F_F 与 F_T 之间的夹角为 φ 时，两个分力分别为

$$F_F = p\frac{\pi}{4}d^2$$

$$F_T = F_F \tan\varphi$$

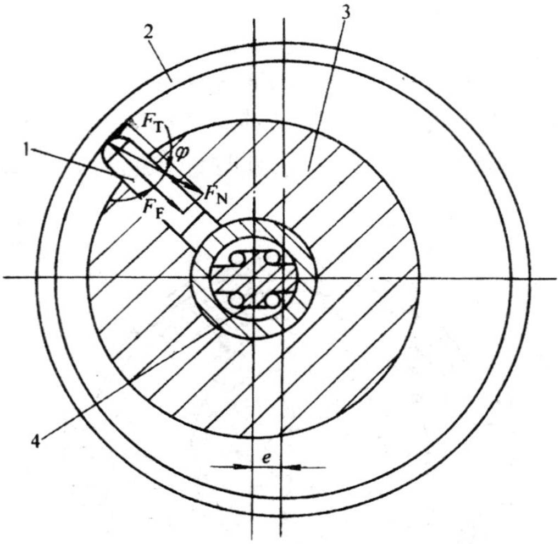

图 4-14　径向柱塞马达工作原理

1—柱塞　2—马达　3—缸体　4—配油轴

力 F_T 对缸体产生一转矩，使缸体旋转。缸体再通过端面连接的传动轴向外输出转矩和转速。

以上分析的一个柱塞产生转矩的情况，由于在压油区作用有好几个柱塞，这些柱塞上所产生的转矩都使缸体旋转，并输出转矩。径向柱塞液压马达多用于低速大转矩的情况下。

4.3.3　液压马达的选择

选择液压马达时，要根据液压系统的工作特点和液压马达的技术性能进行综合分析比较，最后确定。一般齿轮马达转矩小，泄漏大，但结构简单，价格低，可用于高速、小转矩场合。叶片马达转动惯量小，动作灵敏，但容积效率不高，适用于高转速、小转矩和启动换向频繁的场合。轴向柱塞马达应用最为广泛，容积效率较高，调速范围较大，且最低稳定转速较低，但耐冲击和振动的性能差，对油的污染敏感，价格高，故常用在工程机械和船舶等要求低速、大转矩的场合。

4.4　液压缸、液压马达常见故障的分析和排除方法

液压缸、液压马达常见故障的分析及排除方法见表 4-2、4-3。

表 4-2　液压缸常见故障的分析和排除方法

故障现象	产生原因	排除方法
爬　行	外界空气进入缸内 密封压得太紧 活塞与活塞杆不同轴，活塞杆不直 缸内壁拉毛，局部磨损严重或腐蚀 安装位置有偏差 双活塞杆两端螺母拧得太紧	设置排气装或开动系统强迫排气 调整密封，但不得泄漏 校正或更换，使同轴度小于 0.04 mm 适当修理，严重者重新磨缸内孔，按要求重配活塞 校正 调整
冲　击	用间隙密封的活塞，与缸筒间隙过大，节流阀失去作用 端头缓冲的单向阀失灵，不起作用	更换活塞，使间隙达到规定要求，检查节流阀 修正、研配单向阀与阀座或更换
推力不足，速度不够或逐渐下降	由于缸与活塞配合间隙过大或“O”形密封圈损坏，使高低压侧互通 工作段不均匀，造成局部几何形状有误差，使高低压腔密封不严，产生泄漏 缸端活塞杆密封压得太紧或活塞杆弯曲，使摩擦力或阻力增加 油温太高，黏度降低，泄漏增加，使缸速度减慢 液压泵流量不足	更换活塞或密封圈，调整到合适的间隙 镗磨修复缸孔径，重配活塞 放松密封，校直活塞杆 检查温升原因，采取散热措施，如间隙大，可单配活塞或增装密封环 检查泵或调节控制阀
外泄漏	活塞杆表面损伤或密封圈损坏造成活塞杆处密封不严 管接头密封不严 缸盖处密封不良	检查并修复活塞杆和密封圈 检修密封圈及接触面 检查并修整

表 4-3　液压马达常见故障的分析和排除方法

故障现象	产生原因	排除方法
转速低输出转矩小	由于滤油器阻塞，油液黏度过大，泵间隙过大，泵效率低，使供油不足 电机转速低，功率不匹配 密封不严，有空气进入 油液污染，堵塞马达内部通道 油液黏度小，内泄漏增大 油箱中油液不足或管径过小或过长 齿轮马达侧板和齿轮两侧面、叶片马达配油盘和叶片等零件磨损造成内泄漏和外泄漏 单向阀密封不良，溢流阀失灵	清洗滤油器，更换黏度合适的油液，保证供油量 更换电机 紧固密封 拆卸、清洗马达，更换油液 更换黏度适合的油液 加油，加大吸油管径 对零件进行修复 修理阀芯和阀座

（续表）

噪声过大	进油口滤油器堵塞，进油管漏气 联轴器与马达轴不同心或松动 齿轮马达齿形精度低，接触不良，轴向间隙小，内部个别零件损坏，齿轮内孔与端面不垂直，端盖上两孔不平行，滚针轴承断裂，轴承架损坏 叶片和主配油盘接触的两侧面、叶片顶端或定子内表面磨损或刮伤，扭力弹簧变形或损坏 径向柱塞马达的径向尺寸严重磨损	清洗，紧固接头 重新安装调整或紧固 更换齿轮，或研磨修整齿形，研磨有关零件重配轴向间隙，对损坏零件进行更换 根据磨损程度修复或更换 修磨缸孔，重配柱塞

4.5 小　结

1．液压执行元件的功用是将液压系统中的压力能转化为机械能，以驱动外部工作部件。常用的液压执行元件有液压缸和液压马达。它们的区别是：液压缸将液压能转换成往复直线运动（或往复摆动）的机械能，而液压马达则是将液压能转换成旋转运动的机械能。

2．液压缸输出的机械能为力和速度，其速度推力特性为：输出的推力与液压缸的有效作用面积及工作压力成正比，输出的速度与输入的流量成正比、与作用面积成反比。由于液压缸一般采用密封圈密封，泄漏小，容积效率接近 100%；此外，活塞直线运动速度不高，摩擦小，机械效率亦接近 100%。

3．液压缸按结构形式分为活塞式、柱塞式和摆动式。活塞式液压缸适用于双向运动，且负载力与活塞轴线重合无径向力的场合。活塞式又分为单活塞杆缸和双活塞杆缸。单活塞杆液压缸一般用于一个方向前进工作、另一方向快速退回（无杆腔进油工作，有杆腔进油退回），双活塞杆液压缸用于双向工作，且两个方向输出的力和速度相等。在安装形式上，液压缸可以是缸筒固定、活塞杆移动，也可以是活塞杆固定、缸筒移动。要注意，双活塞杆液压缸的安装形式不同时，工作台移动范围不同，占地面积不同。柱塞式液压缸因为柱塞与缸筒无配合要求，缸筒内孔不需要精加工，因此适用于行程较长且有一定径向力的场合。然而单个柱塞式液压缸只能单向运动，反向则需依靠外力。摆动式液压缸用于间歇摆动机构，摆动式液压缸的工作原理与特性同液压马达，所不同的是主轴旋转的角度小于 360°，主要用于送料、转位等辅助运动。

4．如果将单活塞杆液压缸的无杆腔与有杆腔同时通压力油，则构成差动连接。此时，因两腔存在面积差，油液将推动活塞向前运动，有杆腔的出油量 v_3A_2，与泵的进油量汇合进入无杆腔，因此进入无杆腔的流量增大为（$v_3A_1+v_3A_2$），活塞前进速度 $v_3=\dfrac{4q}{\pi d^2}$，较非差动连接时 $v_1=\dfrac{4q}{\pi D^2}$，活塞前进速度增大。由于活塞后退速度 $v_2=\dfrac{4q}{\pi(D^2-d^2)}$，若要求

$v_3 = v_2$ 则需使 $D = \sqrt{2}d$ 。差动连接的液压缸在泵的流量一定的情况下，可以使活塞前进运动增速，因此被广泛应用于液压系统，特别是机床液压系统。

5．液压马达是将液体的压力能转换为旋转的机械能输出的装置。与液压泵一样，也是依靠工作腔的密闭容积变化工作的。从能量转换的观点看，液压马达与液压泵具有可逆性，但因二者的工作状态不同，液压马达与液压泵在结构上又有所差异。

液压马达按其结构类型分为齿轮马达、叶片马达、柱塞马达。它们的结构与同类液压泵基本相同，只是作马达用时要求正反转，要求启动前能形成可靠的密封容积。为保证正反转均有良好的工作性能，马达要求结构上具有对称性，如进、出油口一般大、泄漏油单独外引、叶片径向放置等。为保证启动前能形成可靠的密闭容积，双作用叶片马达的叶片根部装有燕式弹簧等。低速径向柱塞液压马达的结构具有特殊性，有单作用曲柄连杆型和多作用内曲线型。

4.6　复习思考题

4-1　常用液压缸有哪些类型？结构上各有何特点？各用于什么场合？

4-2　缸体组件、活塞组件的连接方式有哪几种？各用于什么场合？

4-3　活塞与缸体，活塞杆与端盖之间的密封方式有哪几种？各用于什么场合？

4-4　液压缸的缓冲方式有哪几种？各有何特点？

4-5　设计液压缸的结构时应注意哪些问题？

4-6　如图 4-15 所示，已知液压缸活塞直径 D=100 mm，活塞杆直径 d=70 mm，进入液压缸的油液流量 $q = 4\times10^{-3}\,\text{m}^3/\text{s}$，进油压力 p_1=2 MPa，回油背压 p_2=0.2 MPa。试计算如图 4-15a、b、c 所示三种情况下的运动速度大小、方向及最大推力。

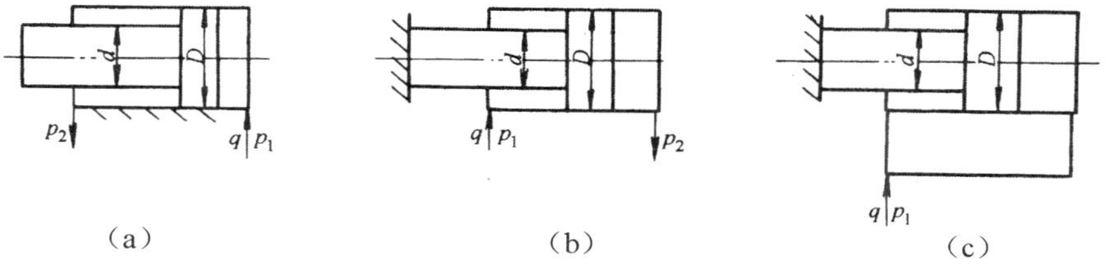

图 4-15

4-7　一差动液压缸，要求：(1) $v_{快进} = v_{快退}$；(2) $v_{快进} = 2v_{快退}$。求：活塞面积 A_1 和活塞杆面积 A_3 之比应为多少？

4-8　如图 4-16 所示两个结构相同相互串联的液压缸，无杆腔的面积 $A_1 = 100\times10^{-4}\ \text{m}^2$，

有杆腔面积 $A_2=80\times10^{-4}\ \mathrm{m}^2$，缸 1 输入的油压 p_1=9 MPa，流量 q_1=12 L/min，不计损失和泄漏，求：

（1）两缸承受相同负载（$F_1=F_2$）时，该负载的数值及两缸的运速度为多少？

（2）缸 2 的输入压力是缸 1 的一半（$p_2=0.5p_1$）时，两缸各能承受多少负载？

（3）缸 1 不承受负载（$F_1=0$）时，缸 2 能承受多少负载？

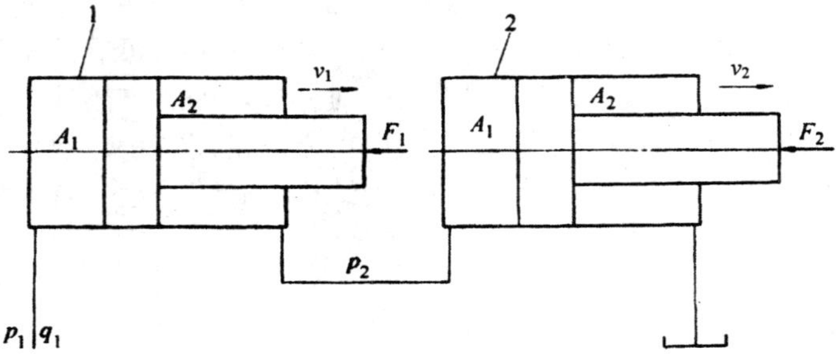

图 4-16

第 5 章　液压控制元件

在液压系统中，除需要液压泵供油和液压执行元件来驱动工作装置外，还要配备一定数量的液压控制元件，液压控制阀就是用来对液流的流动方向、压力的高低以及流量的大小进行预期的控制，以满足负载的工作要求的控制元件。因此，液压控制阀是直接影响液压系统工作过程和工作特性的重要元件。

5.1　液压控制阀概述

在液压系统中，液压控制阀（简称液压阀）是用来控制系统中油液的流动方向、调节系统压力和流量的控制元件。借助于不同的液压阀，经过适当的组合，可以达到控制液压系统的执行元件（液压缸与液压马达）的输出力或力矩、速度与运动方向等的目的。

5.1.1　液压阀的分类

液压阀的分类方法很多，根据不同的用途和结构，液压阀主要分为以下几类。

（1）按用途，可以分为：压力控制阀（如溢流阀、顺序阀、减压阀等）、流量控制阀（如节流阀、调速阀等）、方向控制阀（如单向阀、换向阀等）三大类。

（2）按控制方式，可以分为：定值或开关控制阀、比例控制阀、伺服控制阀。

（3）按操纵方式，可以分为：手动阀、机动阀、电动阀、液动阀、电液动阀等。

（4）按安装形式，可以分为：管式连接、板式连接、集成连接等。

为了减少液压系统中元件的数目和缩短管道长度尺寸，有时常将两个或两个以上的阀类元件安装在一个阀体内，制成结构紧凑的独立单元，这样的阀称为组合阀，如单向顺序阀、单向节流阀等。

5.1.2　对液压阀的基本要求

1. 液压阀的共同点

各类液压阀虽然形式不同，控制的功能各异，但各类液压阀之间总还是保持着一些基本的共同点：

（1）在结构上，所有的阀都是由阀芯、阀体和驱动阀芯动作的元部件组成；

（2）在工作原理上，所有的阀都是通过改变阀芯与阀体的相对位置来控制和调节液流的压力、流量及流动方向的；

（3）所有阀中，通过阀口的流量与阀口通流面积的大小、阀口前后的压差有关，它们之间的关系都符合流体力学中的孔口流量公式（$q = KA(\Delta p^m)$），只是各种阀控制的参数各不相同而已。

可以说，各类阀在本质上是相同的，仅仅是由于某一特点得到了特殊的发展，才演变出了各种不同类型的阀来。

2. 液压传动系统对液压阀的基本要求

（1）动作灵敏、使用可靠，工作时冲击和振动要小，使用寿命长。

（2）油液通过液压阀时压力损失要小，密封性能好，内泄漏少，无外泄漏。

（3）结构简单紧凑，安装、维护、调整方便，通用性好。

5.2 压力控制阀

在液压系统中，压力控制阀是用来控制和调节系统的压力，它们是基于阀芯上液压力和弹簧力相平衡的原理来进行工作的。压力控制阀主要有溢流阀、减压阀、顺序阀、压力继电器等。

5.2.1 溢流阀

溢流阀是通过阀口的开启溢流，使被控制系统的压力维持恒定，实现稳压、调压或限压作用。溢流阀有直动式溢流阀和先导式溢流阀两种。

1. 溢流阀的工作原理及结构

（1）溢流阀的工作原理　以图 5-1 所示的直动式溢流阀工作原理图为例，说明溢流阀的工作原理。阀芯 3 上端受到由调压螺钉 1 调节的弹簧力 F 的作用，下端受到系统压力所产生的液压作用力 pA 的作用。当 $pA < F$ 时，阀芯在弹簧力作用下下移，阀口关闭，没有油液流回油箱；当外界负载变大，系统压力升高到 $pA > F$ 时，弹簧压缩，阀芯上移，阀口打开，部分油液流回油箱，限制了系统压力的继续升高。当阀芯上移一定距离后，若 $pA = F$ 时，阀芯便在某一平衡位置不动，如果忽略阀芯质量和其移动时产生的摩擦力等，

系统压力便保持在 $p = F/A$ 的数值上。

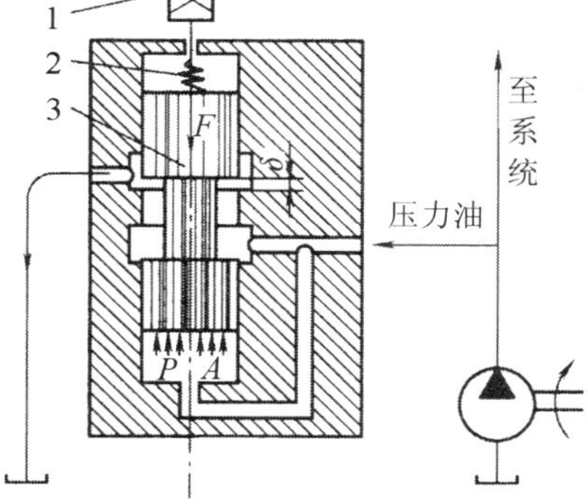

图 5-1　溢流阀工作原理图

1—调压螺钉　2—弹簧　3—阀芯

由于外界负载的变化，系统压力是不断变化的，因此阀芯在油压力 p 和弹簧力 F 的作用下，做相应的上下波动，使系统压力控制在调定值附近。实际工作过程中，阀口开度值变化很小，弹簧力 F 也可近似地视为常数，故系统的压力基本上保持定值。

（2）直动式溢流阀的结构　如图 5-2 所示为直动式溢流阀。图中 P 为进油腔，O 为回油腔，压力油自 P 腔进入，经过阀芯 3 中的孔 a 作用在阀芯上。当液压力小于调压弹簧 2 预压力时，阀芯压在阀座 4 上不动，阀口关闭；当进油腔 P 的压力升高，液压力超过弹簧预压力时，阀芯离开阀座，阀口打开，油液便从出油口 O 流回油箱，从而保证进口压力 p 基本恒定。调压手轮 1 调节弹簧的预压力，便可调整溢流压力。

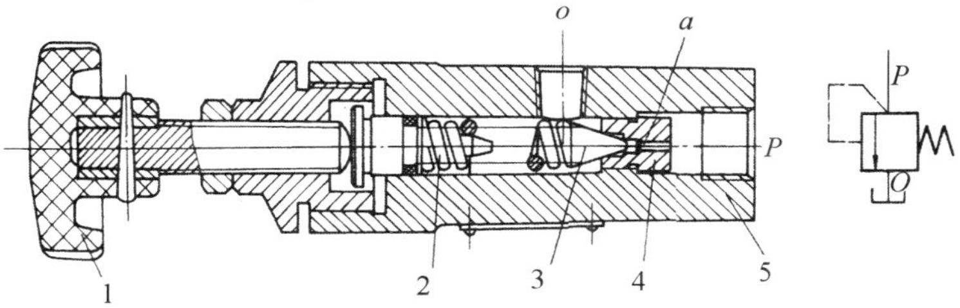

图 5-2　直动式溢流阀

1—手轮　2—调压弹簧　3—阀芯　4—阀座　5—阀体

当溢流阀稳定工作时，阀芯保持在一个与溢流量相应的开口位置上，此时阀芯 3 进油腔的压力，与阀芯的此开口位置的弹簧力 F_S 平衡。这样进油腔的压力基本保持在某一数值上，这就是直动式溢流阀控制压力的基本工作原理。

直动式溢流阀是靠进油腔的油压力直接作用在阀芯上与弹簧力相平衡，来控制阀芯的启闭动作。如果通过流量大或压力高的液流时，阀芯的直径将做大以及阀芯右边的液压作用力将很大、与之相平衡的弹簧的刚度也必将增大，从而使溢流阀的结构大、调整困难、调压偏差进一步加大。因此，直动式溢流阀只适用于低压或小流量的情况。

直动型溢流阀结构简单，灵敏度高，但压力受溢流量的影响较大，不适于在高压、大流量下工作。因为当溢流量的变化引起阀口开度即弹簧压缩量发生变化时，弹簧力变化较大，溢流阀进口压力也随之发生较大变化，故直动型溢流阀调压稳定性差。

（3）先导式溢流阀的结构　在中、高压，大流量的情况下，一般采用先导式溢流阀。如图 5-3 所示为一种先导式溢流阀，它由先导阀和主阀两部分组成。下边的为主阀部分，上边的为先导调压阀部分，液压力同时作用于主阀芯及先导阀芯上。当进油腔的压力较低时，先导阀阀芯上的液压作用力小于先导阀调压弹簧 2 的预紧力，先导阀阀芯 3 关闭，阻尼小孔 e 中的油液不流动，作用在主阀芯上下两个方向的液压力平衡，主阀芯 5 在弹簧 4 的作用下处于最下端位置，阀口关闭。此时进油腔 P 和回油腔 O 不通。当进油压力增大到使先导阀打开时，液流通过主阀芯上的阻尼孔 e、先导阀流回油箱。由于阻尼孔的阻尼作用，使主阀芯所受到的上下两个方向的液压力不相等，主阀芯在压差的作用下上移，溢流口开启，实现溢流作用。用调压手轮 1 调节先导阀的调压弹簧预紧力，便可调整溢流压力。

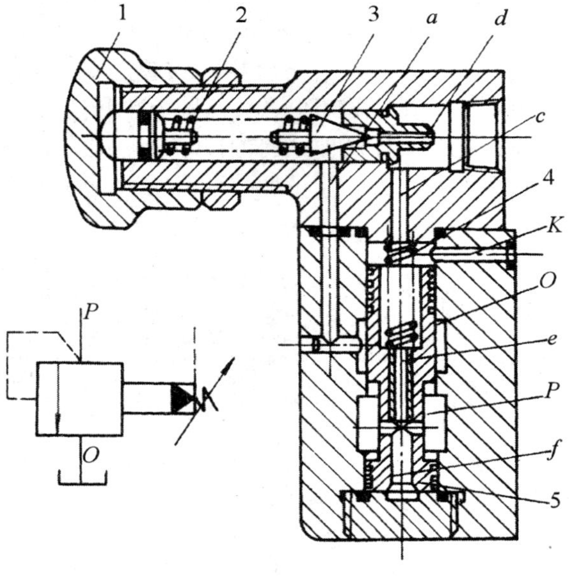

图 5-3　先导式溢流阀

1—调压手轮　2—弹簧　3—先导阀芯　4—主阀弹簧　5—主阀芯

阀体上有一个远程控制口 K，当 K 口通过二位二通阀接油箱时，主阀芯在很小的液压力作用下便可移动，打开阀口，实现溢流，这时系统称为卸荷。若 K 口接另一个远程调压阀，便可对系统压力实现远程控制。

先导型溢流阀的导阀部分结构尺寸较小，调压弹簧不必很强，因此压力调整比较轻便。但是先导型溢流阀要先导阀和主阀都动作后才能起控制作用，因此反应不如直动型溢流阀灵敏。

2. 溢流阀的静态特性

溢流阀工作时，随着溢流量的变化，系统压力会产生一些波动，不同的溢流阀其波动程度不同。因此一般用溢流阀稳定工作时的压力—流量特性来描述溢流阀的静态特性。

如图 5-4 所示为溢流阀的压力—流量特性曲线，又称溢流阀的静态特性曲线。图中 p_T 为溢流阀调定压力，p_C 和 p_C' 分别为直动型溢流阀和先导型溢流阀的开启压力。

溢流阀理想的特性曲线最好是一条在 p_T 处平行于流量坐标的直线，即只有在 p 达到 p_T 时才溢流，且不管溢流量多少，压力始终保持在 p_T 值上。实际溢流阀的特性不可能是这样的，而只能要求它的特性曲线尽可能接近这条理想曲线。

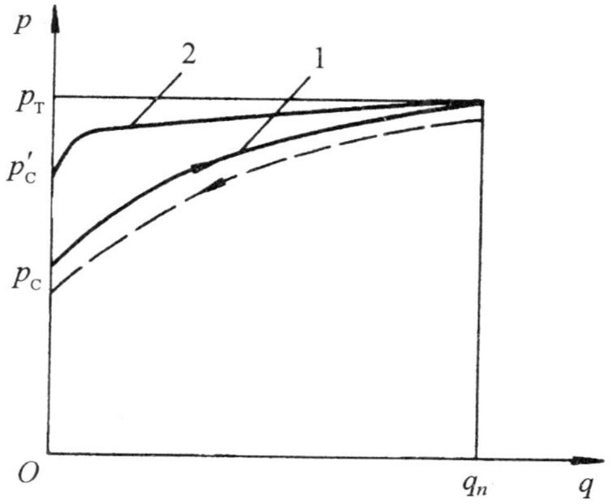

图 5-4 溢流阀的压力—流量特性

1—直动式溢流阀 2—先导式溢流阀

如图 5-3 所示，先导型溢流阀调压偏差（$p_T - p_C'$）比直动型溢流阀的调压偏差（$p_T - p_C$）小，所以先导型溢流阀比直动型溢流阀静态特性好。

先导型溢流阀中主阀弹簧主要用于克服阀芯的摩擦力，弹簧刚度小。当溢流量变化引起主阀弹簧压缩量变化时，弹簧力变化较小，因此阀进口压力变化也较小。故先导型溢流阀调压稳定性好。

溢流阀的阀芯在移动过程中要受到摩擦力的作用，阀口开大和关小时的摩擦力方向刚好相反，使溢流阀开启时的特性和闭合时的特性产生差异。以直动型溢流阀为例，如图 5-4 所示的实线表示其开启特性，而虚线则表示其闭合特性。

3. 溢流阀的应用

在液压系统中，溢流阀的主要用途有以下几方面。

（1）作溢流阀用，使系统的压力保持恒定。

（2）作安全阀用，对系统起过载保护作用。

（3）作背压阀用，接在系统的回油路上，产生一定的回油阻力，以改善执行装置的运动平稳性。

（4）作卸荷阀用，由先导式溢流阀和二位二通电磁阀配合使用，可使系统卸荷。

（5）作远程调压阀用，用管道将先导式溢流阀的控制口接至调节方便的远程调压阀进口处，以实现远程控制的目的。

5.2.2 减压阀

减压阀是使阀的出口压力（低于进口压力）保持恒定的压力控制阀，当液压系统的某一部分的压力要求稳定在比供油压力低的压力上时，一般常用减压阀来实现。它在系统的夹紧回路、控制回路、润滑回路中应用较多。

减压阀有多种不同的形式，常说的减压阀是定值式减压阀，它可以保持出口压力恒定，不受进口压力影响。另外还有定差式减压阀，它能使进口压力和出口压力的差值保持恒定。不同形式的减压阀用于不同的场合。减压阀也是依靠液压力和弹簧力的平衡进行工作的。减压阀有直动式和先导式之分，直动式较少单独使用，先导式应用较多。

1. 先导式减压阀的工作原理及结构

如图 5-5 所示为先导式减压阀，它同先导式溢流阀相类似，其先导阀也是一个小规格的直动式溢流阀，不同的是主阀结构。先导式减压阀的控制压力引自出口。高压油（也称为一次压力油）从进油腔 P_1 进入，经过节流口 d 产生压力降，低压油（也称为二次压力油）从出油腔 P_2 流出。出口压力油又经孔 a 和 b 流入主阀芯 9 左端的 c 腔，再经主阀芯上的阻尼孔 e 进入主阀芯右端的 f 腔，主阀芯两端的液压作用力之差与主阀弹簧力平衡。调节先导阀弹簧可以改变主阀右腔的压力，从而对出口压力起调节作用。当出口压力低于阀的调定压力时，先导阀关闭，主阀芯处于最左端，阀口全开，不起减压作用；当出口压力超过阀的调定压力时，主阀芯右移，阀口关小，压力降增大，使出口压力减到调定压力为止，从而维持出口压力基本恒定。

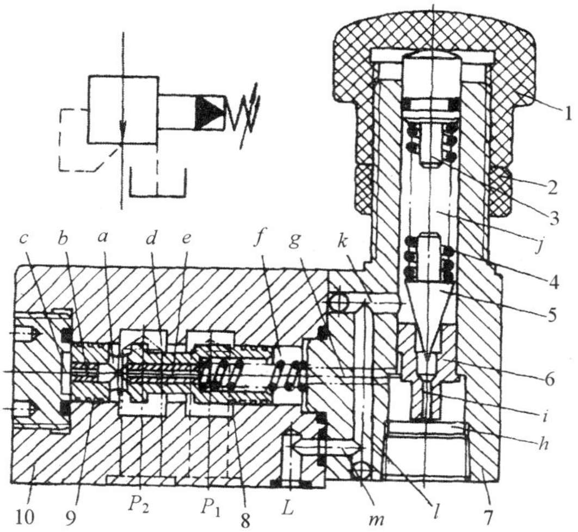

图 5-5　先导式减压阀

1—调节螺母　2—锁紧螺母　3—调节杆　4—调压弹簧　5—先导阀阀芯
6—先导阀阀座　7—先导阀阀体　8—主阀复位弹簧　9—主阀芯　10—主阀体

2．减压阀与溢流阀的区别

减压阀的外形和阀体与溢流阀比较相似，但它们的结构、工作原理和图形符号都是不相同的，其主要区别如下：

（1）减压阀利用出口油压力与弹簧力相平衡，以保持出口压力基本不变，而溢流阀则利用进口油压力与弹簧力相平衡，并保持进口压力基本不变；

（2）减压阀的进、出油口均有压力，所以它的先导阀弹簧腔的泄油是单独外接油箱，而溢流阀则可以沿内部通道经回油口流回油箱；

（3）在不工作时，减压阀的阀口是常开的，而溢流阀的阀口则是常闭的。

3．减压阀的应用

（1）降低液压泵输出油液的压力，供给低压回路使用，如控制回路、润滑系统以及夹紧、定位和分度等装置回路。

（2）稳定压力。减压阀输出的二次压力比较稳定，供给执行装置工作可以避免一次压力油波动对它的影响。

（3）与单向阀并联，实现单向减压。

（4）远程减压。减压阀遥控口 K 接远程调压阀可以实现远程减压，但必须是远程控制减压后的压力在减压阀压力调定值的范围之内。

5.2.3 顺序阀

顺序阀是一种依靠系统中液体压力控制阀口通、断的压力阀，因用于控制液压系统中各执行装置动作的先后顺序而得名。

1. 顺序阀的结构和工作原理

顺序阀的结构和工作原理与溢流阀基本相同，唯一的区别是顺序阀的出口不是通油箱，而是通向二次油路，因而它的内泄漏油液必须单独接回油箱。

顺序阀有直动式和先导式两种。根据控制压力的不同，又可分为内控式和外控式两种。

如图 5-6 所示为直动式内控顺序阀的工作原理。当进油口 P_1 压力为 p_1 产生的液压力低于调压弹簧的调定压力 F_s 时，阀芯在弹簧的作用下处于最下端，阀口关闭，出油口 P_2 无压力油输出。当进口油压力 p_1 产生的液压力达到或超过弹簧的调定压力 F_s 时，阀芯才有足够的力量克服弹簧力而使阀芯右移，将阀口打开，压力为 p_2 的压力油自出油口 P_2 输出。并且顺序阀的泄漏油液经阀芯右端的孔 d 、e，由泄漏口 L 单独引回油箱，这种泄漏方式称为外泄漏。

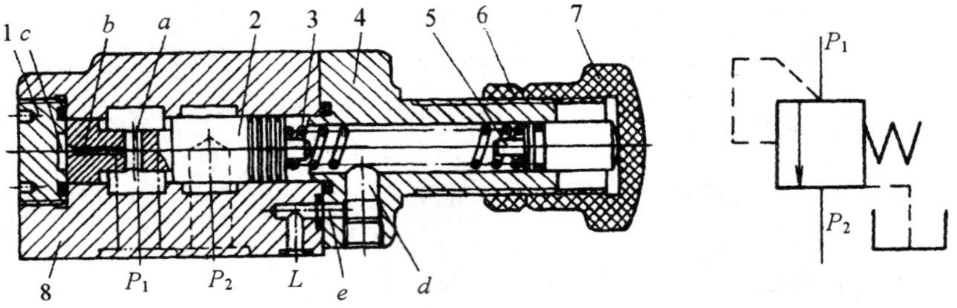

图 5-6 直动式顺序阀

1—后盖 2—阀芯 3—调压弹簧 4—阀盖 5—调节杆 6—锁紧螺母 7—调节螺母 8—阀体

2. 顺序阀的应用

（1）用于实现多个执行装置的顺序动作。

（2）用于压力油卸荷，作双泵供油系统中低压泵的卸荷阀。

（3）与单向阀组合成单向顺序阀，作平衡阀用。

（4）作背压阀用，接在回油路上，增大背压，使执行元件的运动平稳。

5.2.4 压力继电器

压力继电器是一种将液压系统的压力信号转换为电信号输出的元件，它的作用是在液压系统中的油压达到一定数值后，发出电信号，控制电气元件动作，实现系统的程序控制或安全保护。

1. 压力继电器的结构和工作原理

压力继电器按其结构特点可分为柱塞式、弹簧式和膜片式等。如图 **5-7** 所示为柱塞式压力继电器的结构，它主要由柱塞 1、顶杆 2、调节螺母 3、微动开关 **4** 和弹簧 **5** 等零件组成。压力继电器的控制油口 K 与液压系统相通，压力油作用在柱塞的下端，当系统油压力 p 产生的液压力大于或等于弹簧力时，柱塞上移推动顶杆压下微动开关触头，接通或断开电气线路。当液压力小于弹簧力时，微动开关触头复位。拧动调节螺母，改变弹簧对柱塞作用力的大小，可以调节发出电信号时油的压力数值。

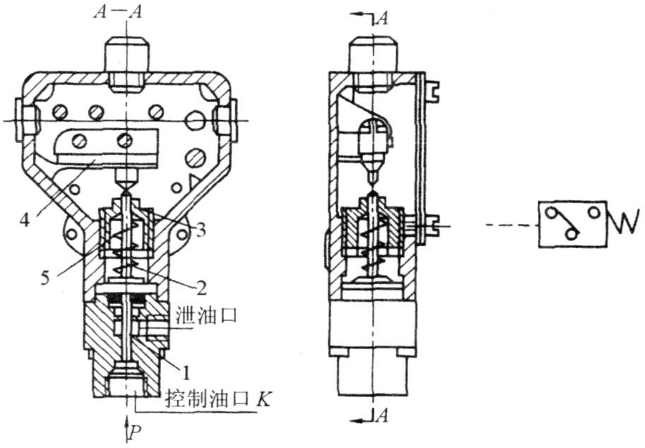

图 5-7　柱塞式压力继电器

1—柱塞　2—顶杆　3—调节螺母　4—微动开关　5—弹簧

2. 压力继电器的应用

（1）用于安全保护。
（2）用于控制执行装置的动作顺序。
（3）用于液压泵的起闭或卸荷。

5.3　流量控制阀

流量控制阀是通过改变阀口通流面积的大小或通流通道的长短来改变液阻，从而控制通过阀的流量，达到调节执行元件的运行速度的目的。按其功能和用途，可分为节流阀、调速阀等。

液压系统中使用的流量控制阀应满足以下要求：调节范围足够大；能保证稳定的最小流量；温度和压力对流量的影响要小；调节方便；泄漏小等。

5.3.1 节流口的形式和流量特性

任何一个流量控制阀都有一个节流部分，即节流孔口或缝隙，简称节流口，其大小以通流面积来度量。改变节流口通流截面积大小，即可达到调节执行装置运动速度的目的。

1. 节流口的形式

节流口的形式（几何形状）很多，按照移动阀芯的方式可以分为切向移动式和轴向移动式两类，最常见的如图 5-8 所示。其中，图 5-8a 为针阀式节流阀口，阀芯做轴向移动，便可调节流量。图 5-8b 为偏心槽式节流口，转动阀芯来改变通流截面积大小，即可调节流量。这两种节流口结构简单，工艺性能好，但流量不够稳定，容易堵塞，一般用于要求不高的场合。

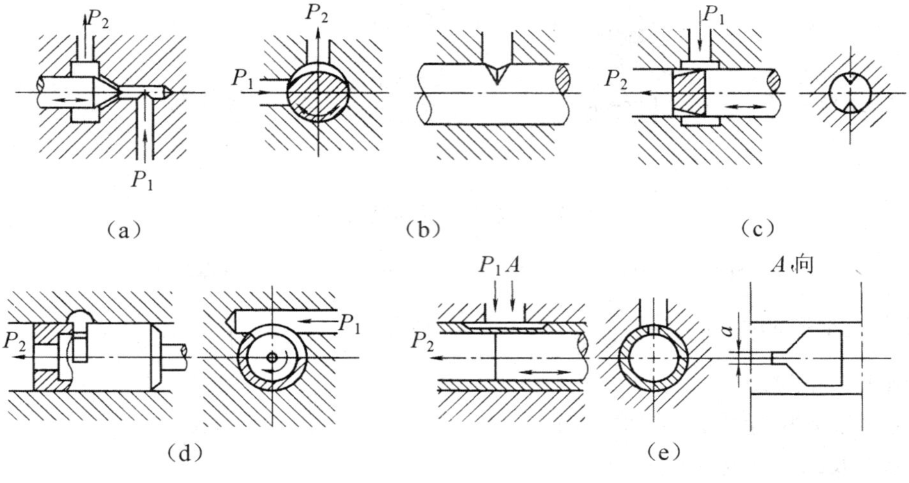

图 5-8 节流口的形式

（a）针阀式节流口 （b）偏心槽式节流口 （c）轴向三角沟式节流口
（d）周向缝隙式节流口 （e）轴向缝隙式节流口

图 5-8c 为轴向三角沟式节流口，轴向移动阀芯，便可调节流量。此种节流口结构简单，

容易制造，流量稳定性好，不易堵塞，故应用广泛。图 5-8d 为周向缝隙式节流口，阀芯上沿圆周开有一段狭缝，旋转阀芯可以改变缝隙的通流截面积，使流量得到调节。图 5-8e 为轴向缝隙式节流口，在套筒上开有轴向缝隙，轴向移动阀芯就可以改变缝隙的通流截面积大小来调节流量。后两种节流口性能较好，但结构复杂，加上要求较高，故用于流量调节性要求高的场合。

2. 节流口流量特性

由流体力学知识可知，液流流经孔口或缝隙的流量与其前后压力差和孔口、缝隙截面积有关，它们之间的关系可用通用节流方程式来表示：

$$q = KA(\Delta p)^m$$

式中　q——流经孔口或缝隙的流量；

K——孔口的形状系数，当薄壁孔时 $K = C_q\sqrt{2/\rho}$；当细长孔时 $K = d^2/32\mu l$；

A——孔口或缝隙的通流截面积；

Δp——孔口或缝隙前后的压力差；

m——孔口形状决定的指数，$0.5 \leqslant m \leqslant 1$。当孔口薄壁小孔时，$m=0.5$；当孔口细长孔，$m=1$。

由上式可知，当通流截面积调定以后，通过节流口的流量，是和节流口前后的压力差、液压油的温度以及节流口形状等因素密切相关的。

（1）压力差对流量稳定性的影响　压力差 Δp 变化越大，流量 q 的值变化也越大，即流量越不稳定。另外，流量的稳定性还受 m 的影响，节流阀指数 m 越大，Δp 的变化对流量的影响也越大，因此节流口做成薄壁孔（$m=0.5$）比做成细长孔（$m=1$）要好。

（2）油温对流量稳定性的影响　油温升高，油液的黏度减小，因此使流量变大。实验证明，油温的变化，对细长孔影响较大，对薄壁孔影响较少。

（3）节流口堵塞对流量稳定性的影响　实验表明，当节流口的通流截面积很小时，在保持其他因素都不变的情况下，通过节流口的流量会出现周期性的脉动，甚至造成断流，这就是节流口的堵塞现象。堵塞现象产生的原因，一是油液中的污物；二是油液中的极化分子与金属表面的吸附现象，使节流口表面形成一层牢固的边界吸附层。发生堵塞现象后，由于改变了原来调节好了的节流口通流截面积，因而使流量发生变化，影响了流量的稳定性。节流口的堵塞现象使节流口在很小流量下工作时流量不稳定，以至出现执行装置的爬行现象。因此，每个节流元件都有一个能正常工作的最小流量限制，这个限制值称为节流元件的最小稳定流量。

5.3.2　节流阀

节流阀是一个最简单又最基本的流量控制阀，其实质相当于一个可变的节流口。

1. 阀的结构和工作原理

如图 5-9 所示为一种普通节流阀的结构，这种节流阀的节流口形式为轴向三角槽式，压力油从进口 P_1 进入节流阀，经孔道 b 流至环形槽 d，再经阀芯 7 左端狭小的轴向三角沟（节流口）c，由出油口 P_2 流出。转动调节手柄 3，可使推杆 5 做轴向移动，进而推动阀芯轴向移动。推杆左移，使阀芯左移，节流口通流截面积变小，弹簧 8 被压缩；推杆右移，阀芯在弹簧力作用下右移，节流口通流截面积变大，这样就调节了流量大小。阀芯在弹簧的作用下始终贴紧在推杆上。

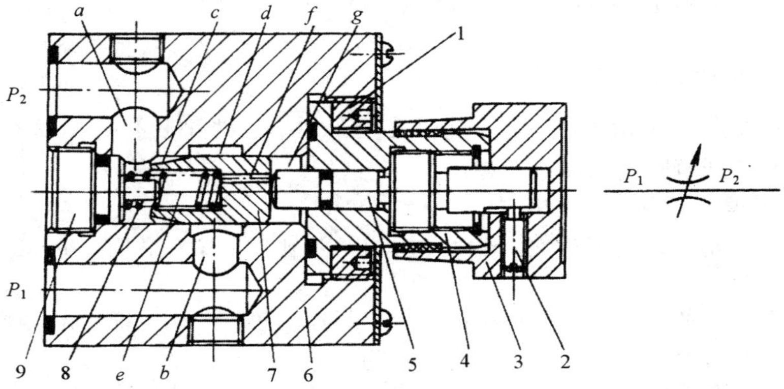

图 5-9　节流阀

1—紧固螺钉　2—紧定螺钉　3—调节手柄　4—套　5—推杆
6—阀体　7—阀芯　8—弹簧　9—后盖

这种节流阀的特点是，出油口的压力油通过阀芯中间的通孔同时作用在阀芯左右两端，使阀芯只受复位弹簧的作用，因此调节比较轻便。

2. 节流阀的应用

（1）应用在定量泵与溢流阀组成的节流调速系统中，起节流调速作用。

（2）在流量一定的某些液压系统中，改变节流阀节流口的通流截面积将导致阀的前后压力差改变。此时，节流阀起负载阻尼作用，简称为液阻。节流中通流截面积越小，则阀的液阻越大。

（3）在液流压力容易发生突变的部位安装节流阀，可延缓压力突变的影响，起保护作用。

普通节流阀由于负载和温度的变化对其流量稳定性影响较大，因此只适用于负载和温度变化不大或速度稳定性要求较低的液压系统。

5.3.3　调速阀

要避免负载压力变化对阀流量的影响，应设法保证在负载变化时阀中的节流口前后压差不变。调速阀就是根据这一设想而产生的。

1. 调速阀工作原理

如图 5-10 所示为调速阀工作原理图，它由定差减压阀和节流阀串联组成。压力油自调速阀进口 P_1 进入减压阀，进口压力为 p_1，经减压后压力降为 p_2，再进入节流阀，节流后压力为 p_3（即调速阀出口压力），又经阀体上的孔 a 作用到减压阀的上腔 b，当减压阀的阀芯在弹簧力 F_S，油液压力 p_2 和 p_3 作用下处于某一平衡位置时（忽略液动力、摩擦力和自重），则有

$$p_2A_1 + p_2A_2 = p_3A + F_S \tag{5-1}$$

式中，A、A_1 和 A_2 分别为 b 腔、c 腔和 d 腔内的压力油作用于阀芯的有效面积，且 $A = A_1 + A_2$，故 $p_2 - p_3 = \Delta p = \dfrac{F_S}{A}$。

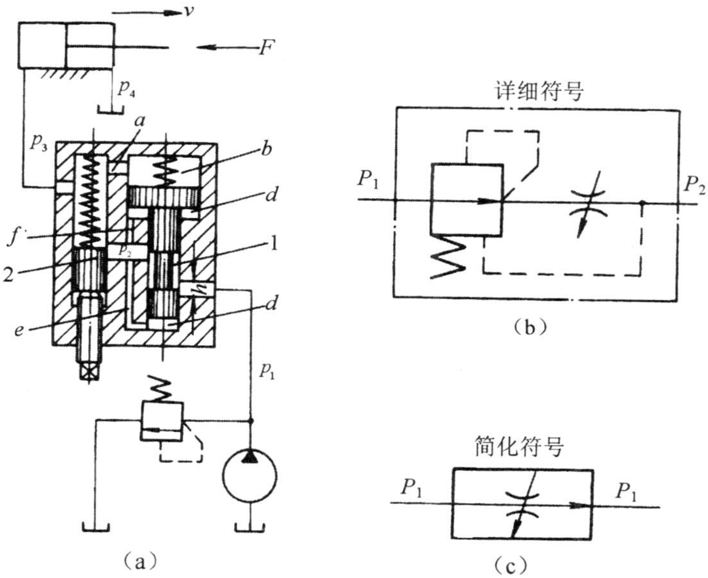

图 5-10　调速阀工作原理及其图形符号

1—减压阀芯　2—节流阀

由于定差减压阀的弹簧刚度很小，可以认为 F_S 基本保持不变，故节流阀两端压力差

p_2-p_3也基本保持不变，这就保证了通过节流阀的流量稳定。

调速阀与节流阀的流量特性（q与Δq之关系）曲线如图 5-11 所示。由图中曲线可以看出，节流阀的流量随其进出口压差的变化而变化。调速阀在其进出口压差大于一定值后，流量基本不变。但在调速阀进出口压差很小时，由于定差减压阀阀芯被弹簧推至最右端，减压口全部打开，不起减压作用，此时流量特性与节流阀相同（曲线重合部分）。所以，要保证调速阀正常工作，应使其进出口最小压差$\Delta p_{min}>0.5$ MPa。

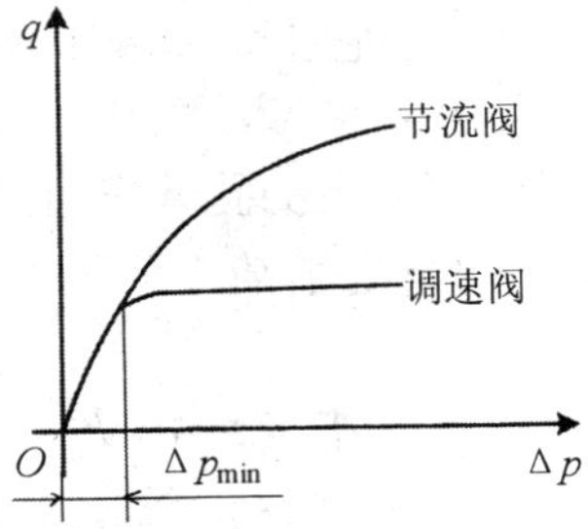

图 5-11 调速阀与节流阀的流量特性

2. 调速阀的应用

调速阀和节流阀一样，也是在定量泵液压系统中，与溢流阀配合组成节流调速系统，调节执行元件的运动速度。由于调速阀的流量与负载变化无关，因此适用于执行元件的负载变化大、而运动速度稳定性又要求较高的节流调速系统。

5.4 方向控制阀

在液压系统中，方向控制阀通过控制阀口的通断来控制液体流动的方向，主要有单向阀、换向阀两大类。

5.4.1 单向阀

单向阀是控制油液单方向流动的控制阀。液压系统中对单向阀的主要性能要求是：正向流动阻力损失小，反向时密封性能好，动作灵敏。它有普通单向阀和液控单向阀两种。

1. 普通单向阀

普通单向阀的作用是使油液只能沿一个方向流动，反向则不通。如图 **5-12** 所示为一种管式普通单向阀的结构，压力油从阀体左端的通口流入时，克服弹簧 3 作用在阀芯 2 上的力，使阀芯向右移动，打开阀口，并通过阀芯上的径向孔 d、轴向孔 6 从阀体右端的通口流出；但是压力油从阀体右端的通口流入时，液压力和弹簧力一起使阀芯压紧在阀座上，使阀口关闭，油液不能通过。

单向阀中的弹簧主要是用来克服阀芯的摩擦阻力和惯性力，使单向阀工作灵敏可靠，所以普通单向阀的弹簧刚度一般都选得较小，以免油液流动时产生较大的压力降。

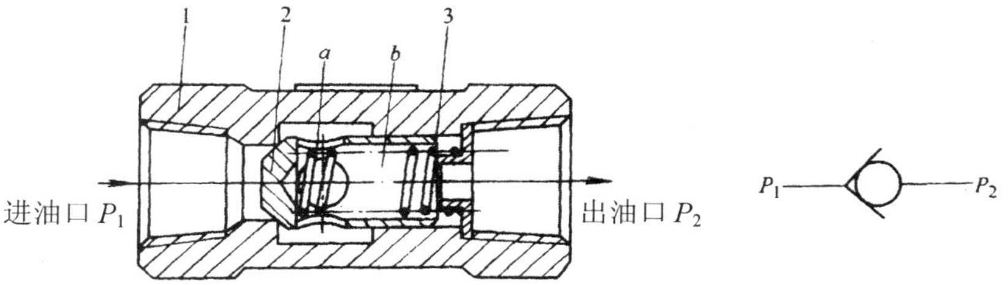

图 5-12　单向阀

1—阀套　2—阀芯　3—弹簧

2. *液控单向阀*

液控单向阀和普通单向阀一样，能够起单向通油的作用，另外还可通过液压的控制，使两个方向都能够通油。如图 5-13 所示为一种液控单向阀的结构，当控制口 K 处无压力油通入时，它的工作和普通单向阀一样，压力油只能从进油口 P_1 流向出油口 P_2，不能反向流动。当控制口 K 处有压力油通入时，控制活塞 1，右侧口腔通泄油口（图中未画出），在液压力作用下活塞向右移动，推动顶杆 2 顶开阀芯，使油口 P_1 和 P_2 接通，油液就可以从 P_2 口流向 P_1 口。在图示形式的液控单向阀结构中，K 处通入的控制压力最小须为主油路压力的 30%～50%（而在高压系统中使用的，带卸荷阀芯的液控单向阀其最小控制压力约为主油路压力的 5%）。

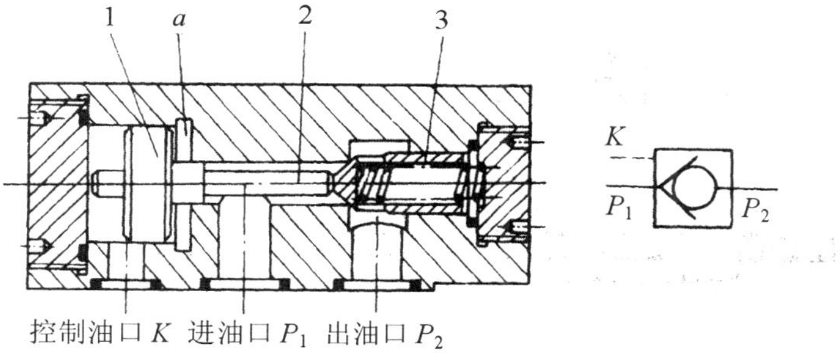

图 5-13　液控单向阀

1—活塞　2—顶杆　3—阀芯

单向阀的主要用途：控制油路单向接通；作背压阀使用；接在泵的出口处，防止系统过载或液压冲击时影响液压泵的正常工作或对液压泵造成损害；分隔油路，防止油路间的干扰；其他控制元件组合成具有单向功能的控制元件等。

5.4.2 换向阀

换向阀是利用阀芯对阀体的相对运动，使油路接通、关断或变换液流的方向，从而实现液压执行元件及其驱动机构的启动、停止或变换运动方向。

液压传动系统对换向阀性能的主要要求是：

（1）油液流经换向阀时压力损失要小；

（2）互不相通的油口间的泄漏要小；

（3）换向要平稳、迅速且可靠。

换向阀的种类很多，其分类方式也各有不同，一般来说按操作方式来分有手动、机动、电磁动、液动和电液动等多种；按阀芯工作时在阀体中所处的位置有二位和三位等；按换向阀所控制的通路数不同有二通、三通、四通和五通等；按阀芯相对于阀体的运动方式来分有滑阀、转阀和球阀等。系列化和规格化了的标准换向阀，有专门的工厂生产。下面主要介绍滑阀式换向阀。

1. 换向阀的工作原理

任何换向阀都是由阀体和阀芯两个主要部件组成，其工作原理图是通过外力（机械力、电磁力、液压力等）使阀芯在阀体内做相对运动来达到使油路换向的目的。如图 5-14 所示为滑阀式换向阀的工作原理图。当阀芯向右移动一定的距离时，由液压泵输出的压力油从阀的 P 口经 A 口输向液压缸左腔，液压缸右腔的油经 B 口流回油箱，液压缸活塞向右运动；反之，若阀芯向左移动某一距离时，液流反向，活塞向左运动。

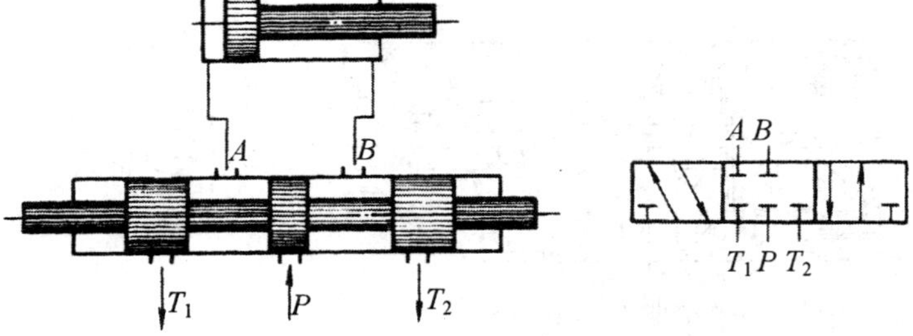

（a）　　　　（b）

图 5-14　换向阀的工作原理

图 5-14a 中的换向阀可绘制成如图 5-14b 所示的图形符号图，由于该换向阀阀芯相对于阀体有三个工作位置，通常用一个粗实线方框符号代表一个工作位置，通称“位”，因而有三个方框。而该换向阀共有 P、A、B、T_1、和 T_2 五个油口，所以每一个方框中表示油路的通路与方框共有五个交点，在中间位置，由于各油口之间互不相通，用“⊥”或“T”来表示，通称“通”。当阀芯向左移动时，表示该换向阀左位工作，即 P 与 A、B 与 T_2 相通；反之，则 P 与 B、A 与 T_1 相通。因此该换向阀被称之为三位五通换向阀，如图 5-15 所示为常用的二位和三位换向阀的位和通路的符号。

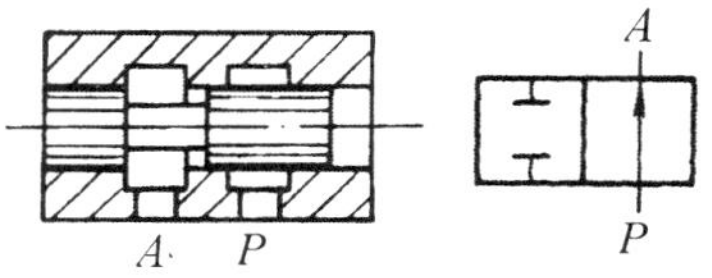

（a）二位二通

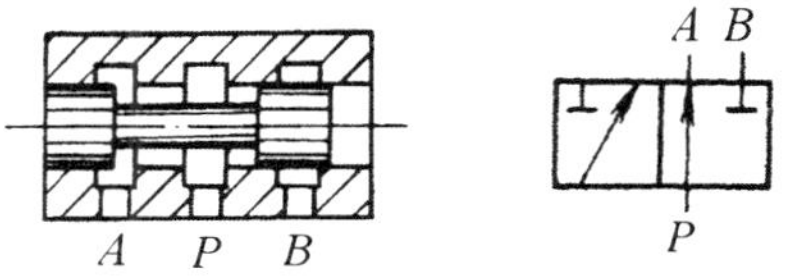

（b）二位三通

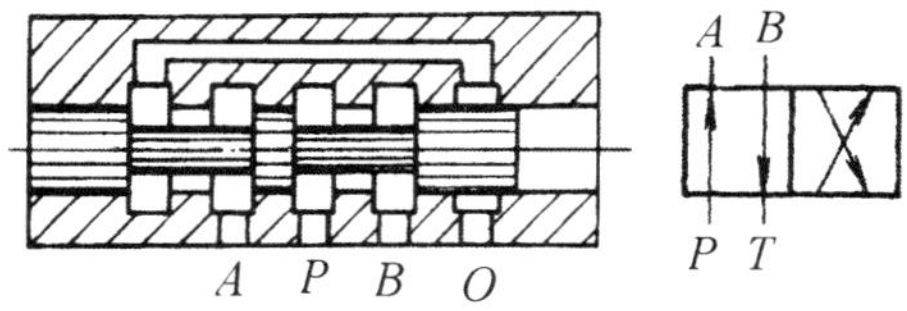

（c）二位四通

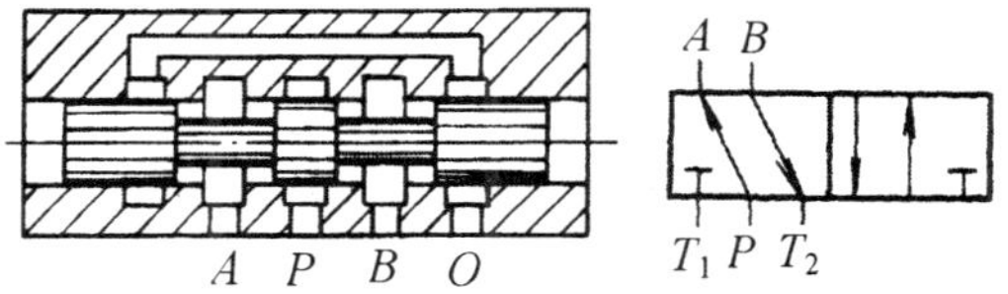

（d）二位五通

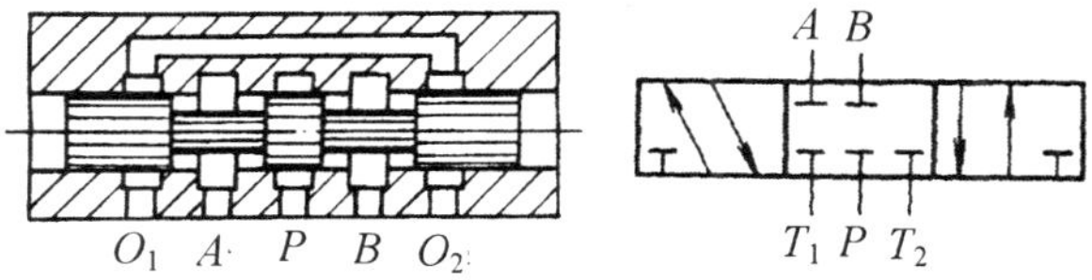

（e）三位五通

图 5-15　换向阀的位数、通数及相应的图形符号

换向阀中阀芯相对于阀体的运动需要有外力操纵来实现，常用的操纵方式有：手动、机动（行程）、电磁动、液动和电液动，其符号如图 5-16 所示。不同的操纵方式与如图 5-15 所示的换向阀的位和通路符号组合就可以得到不同的换向阀，如三位四通电磁换向阀、三位五通液动换向阀等。

滑阀的机能是指阀芯在初始位置时所控制的各油口之间的连接关系。三位阀的中位为初始位置，其机能称为中位机能，它有多种形式，见表 5-1。三位五通阀的情况与之相似。不同的中位机能是通过改变阀芯的形状和尺寸实现的，它可以实现不同的控制和满足不同的使用要求。

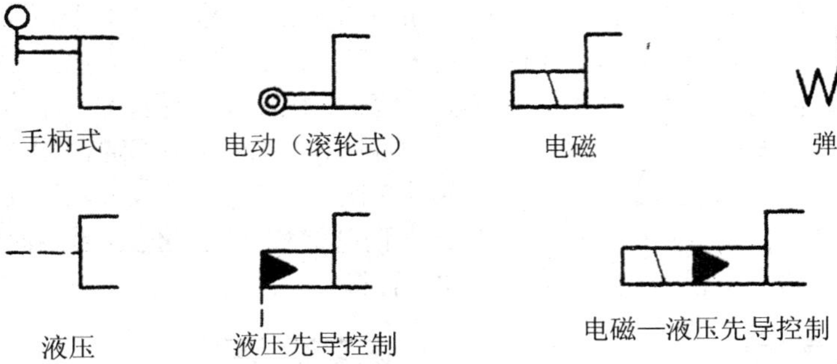

图 5-16　换向阀操纵方式符号

表 5-1　三位四通换向阀的中位机能

滑阀机能	中间位置的符号	中间位置油口的状况及性能特点
O 型	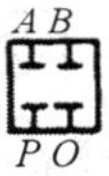	*P*、*A*、*B*、*O* 口全部封闭；液压泵不卸荷，系统保持压力，执行元件闭锁；可用于多个换向阀并联工作
H 型		*P*、*A*、*B*、*O* 口全部连通；液压泵不卸荷，执行元件两腔连通，处于浮动状态，在外力作用下可移动
Y 型		*P* 口封闭，*A*、*B*、*O* 口连通；液压泵不卸荷，执行元件两腔连通，处于浮动状态，在外力作用下可移动
K 型		*P*、*A*、*O* 口连通，*B* 口封闭；液压泵卸荷
X 型		*P*、*A*、*B*、*O* 口处于半开启状态；液压泵基本卸荷，但仍保持一定压力
P 型		*P*、*A*、*B* 口连通，*O* 口封闭；液压泵与执行元件两腔相通，可以实现液压缸的差动连接
J 型		*P*、*A* 口封闭，*B*、*O* 口连通；液压泵不卸荷
C 型		*P*、*A* 口连通，*B*、*O* 口封闭；液压泵的出口和执行元件的 *A* 腔相连

（续表）

滑阀机能	中间位置的符号	中间位置油口的状况及性能特点
N 型		P、B 口封闭，A、O 口连通；液压泵不卸荷
U 型		A、B 口连通，P、O 口封闭；液压泵不卸荷，执行元件两腔通，双活塞杆液压缸和液压马达处于浮动状态

2. 换向阀的主要性能

换向阀的主要性能包括下面几项。

（1）工作可靠性　工作可靠性是指阀能否可靠地换向，它主要取决于换向阀的设计和制造，并且和使用也有关系。液动力和液压卡紧力的大小对换向阀的工作可靠性影响很大，而换向阀通过的流量和工作压力决定着这两个力的大小。对于操纵力较小的电磁换向阀只有在一定压力和流量范围内才能正常工作。

（2）压力损失　当油液通过换向阀的阀口时，产生压力损失。一般来说，铸造阀体流道中的压力损失比机械加工阀体的压力损失要小。

（3）换向和复位时间　换向时间指从阀芯开始换向到换向终止的时间；复位时间指阀芯复位到初始位置所需的时间。减小换向和复位的时间可以提高工作效率，但会引起换向时的液压冲击。

（4）内泄漏量　因为阀芯和阀体之间有间隙，在各个不同的工作位置，从高压腔漏到低压腔的泄漏量为内泄漏量。过大的内泄漏量不仅会降低了系统的效率，引起油液过热，而且还会影响执行机构的正常工作。

3. 换向阀的结构

（1）手动换向阀　手动换向阀是利用手动杠杆机构推动滑阀的阀芯移动，来改变阀芯和阀体的相对工作位置，控制液体流动的方向。如图 5-17 所示三位四通手动换向阀，该阀采用弹簧复位式，左端为操纵手柄，右端为弹簧自动复位机构。放开手柄，阀芯在弹簧力的作用下自动回到中间位置，左、右换向位置须靠手柄上的操纵力克服阀芯上的弹簧力来保持。这种阀的一个特点是：可通过操纵手柄控制阀芯的行程在一定范围内（中间位置到换向终止位置之间）变动，即各油口的开度可以根据需要进行调节，使其在换向的过程中兼有节流的功能。

（2）机动换向阀　机动换向阀是借助于运动部件上的挡铁或凸轮推动滚轮使阀芯移动。当挡铁或凸轮脱离滚轮后，阀芯靠弹簧恢复到原始位置，如图 5-18 所示，机动换向阀通常是二位的，可以是二通、三通、四通等形式。

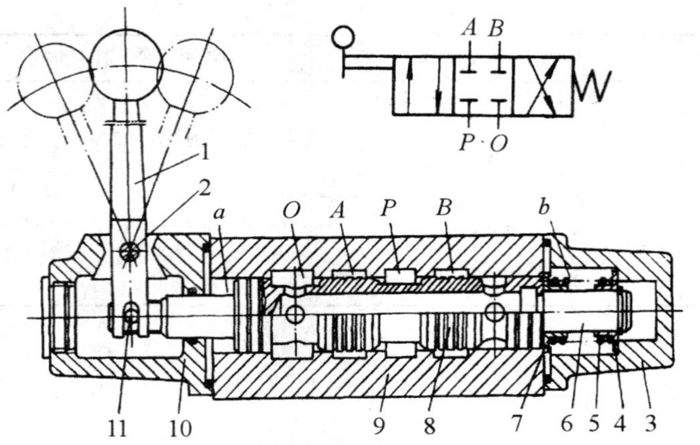

图 5-17　三位四通手动换向阀

1—手柄　2—销轴　3—右阀盖　4—右弹簧座　5—弹簧　6—右端小轴
7—左弹簧座　8—阀芯　9—阀体　10—左阀盖　11—销子

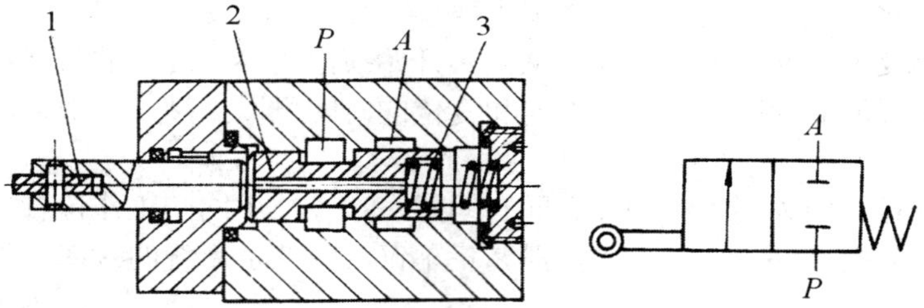

图 5-18　机动换向阀

1—滚动　2—阀芯　3—弹簧

（3）电动换向阀　电动换向阀又称电磁换向阀，是利用电磁铁通电吸合时产生的力推动阀芯来控制液流方向的。电磁换向阀是电气系统与液压系统之间的信号转换元件，由于它可以借助于按钮开关、行程开关、限位开关、压力继电器等发出的电信号进行控制，故操纵方便，自动化程度高，在换向阀中应用最为广泛。但由于受到电磁铁的尺寸和推力的限制，电磁换向阀允许通过的流量较小，其通径不大于 10 mm。

如图 5-19 所示为二位三通交流电磁阀结构。在图示位置，油口 *P* 和 *A* 相通，油口 *B* 断开；当电磁铁通电吸合时，推杆 1 将阀芯 2 推向右端，这时油口 *P* 和 *A* 断开，而与 *B* 相通。当电磁铁断电释放时，弹簧 3 推动阀芯复位。

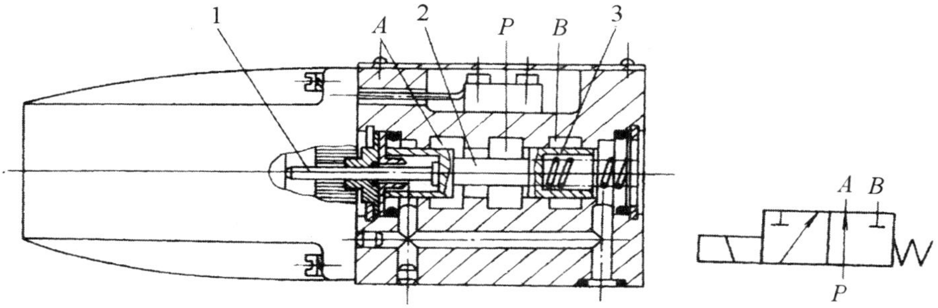

图 5-19 二位三通电磁阀

1—推杆 2—阀芯 3—弹簧

如前所述，电磁阀就其工作位置来说，有二位和三位等。二位电磁阀有一个电磁铁，靠弹簧复位；三位电磁阀有两个电磁铁。如图 5-20 所示为一种三位五通电磁换向阀的结构。

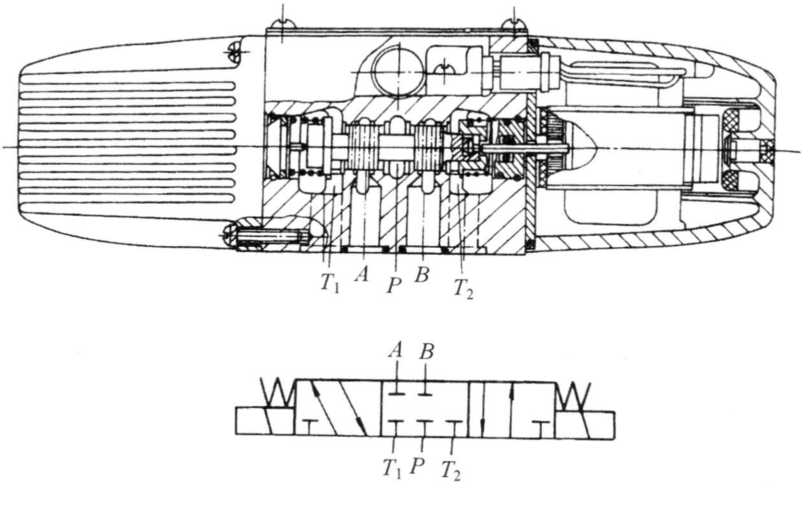

图 5-20 三位五通电磁阀

（4）液动换向阀 液动换向阀是利用控制油路的压力油来改变阀芯位置的换向阀，如图 5-21 所示为三位四通液动换向阀的结构。阀芯是由其两端密封腔中油液的压差来移动的，当控制油路的压力油从阀右边的控制油口 K_2 进入滑阀右腔时，K_1 接通回油，阀芯向左移动，使压力油口 P 与 B 相通，A 与 T 相通；当 K_1 接通压力油，K_2 接通回油时，阀芯向右移动，使得 P 与 A 相通，B 与 T 相通；当 K_1、K_2 都通回油时，阀芯在两端弹簧和定位套作用下回到中间位置。

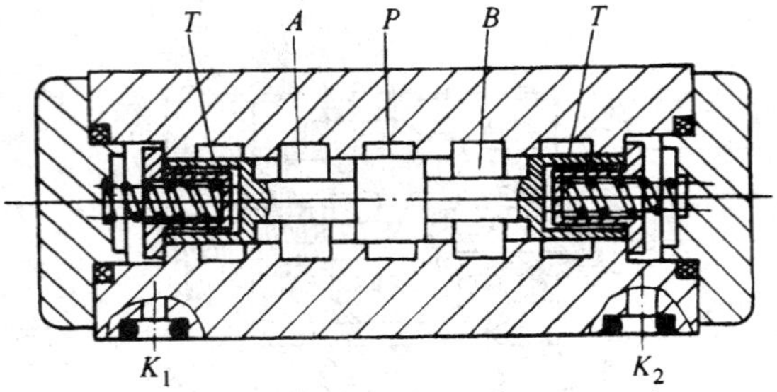

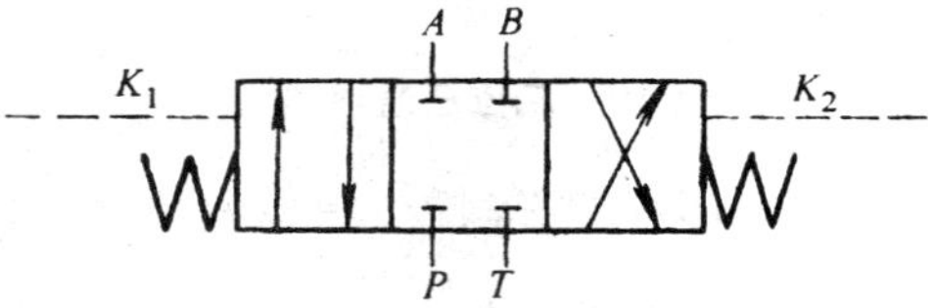

图 5-21 三位四通液动阀

（5）电液换向阀 电液换向阀是由电磁滑阀和液动滑阀组合而成。电磁滑阀起先导作用，它可以改变控制液流的方向，继而改变液动滑阀阀芯的位置。由于操纵液动滑阀的液压推力可以很大，所以主阀芯的尺寸可以做得很大，允许有较大的油液流量通过，这样用较小的电磁铁就能控制较大的液流。如图 5-22 所示为弹簧对中型三位四通电液换向阀的结构，当先导电磁阀左边的电磁铁通电后使其阀芯向右边位置移动，来自主阀 *P* 口或外接油口的控制压力油可经先导电磁阀的 *A* 口和左单向阀进入主阀左端容腔，并推动主阀阀芯向右移动，这时主阀芯右端容腔中的控制油液可通过右边的节流阀经先导电磁阀的 *B* 口和 *T* 口，再从主阀的 *T* 口或外接油口流回油箱（主阀芯的移动速度可由右边的节流阀调节），使主阀 *P* 与 *A*、*B* 和 *T* 的油路相通；反之，由先导电磁阀右边的电磁铁通电，可使 *P* 与 *B*、*A* 与 *T* 的油路相通；当先导电磁阀的两个电磁铁均不带电时，先导阀阀芯在其对中弹簧作用下回到中位，此时来自主阀 *P* 口或外接油口的控制压力油不再进入主阀芯的左、右两容腔，主阀芯左右两腔的油液通过先导阀中间位置的 *A*、*B* 两油口与先导阀 *T* 口相通（如图 5-22b 所示），再从主阀的 *T* 口或外接油口流回油箱。主阀芯在两端对中弹簧的预压力的推动下，依靠阀体定位，准确地回到中位，此时主阀的 *P*、*A*、*B* 和 *T* 油口均不通。电液动换向阀除了上述的弹簧对中以外还有液压对中的，在液压对中的电液换向阀中，先导式电磁阀在中位时，*A*、*B* 两油口均与控制压力油口 *P* 连通，而 *T* 则封闭，其他方面与弹簧对中的电液换向阀基本相似。

综上所述，电液动换向阀的工作原理是：当电讯号传给先导阀时，先导阀使控制压力油通往液动阀的某一控制端，使液动阀阀芯移动，从而使压力油得以通过液动阀而送到执行元件中去。

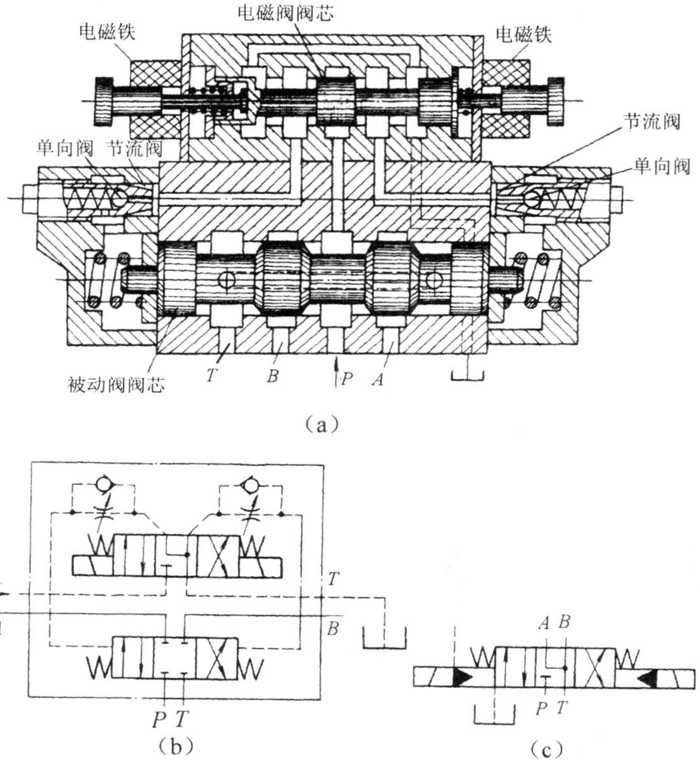

图 5-22　电液换向阀

5.5　其他控制阀

叠加阀、插装阀、电液比例控制阀、电液数字阀等是随着制造工业发展出现的新型液压控制阀，它们的出现扩大了液压系统的使用范围，为液压技术的发展、普及和推广开辟了新的道路。

5.5.1　叠加阀

液压控制阀有多种连接形式。管式连接和法兰式连接的阀，占用的空间大，装拆不便，现很少使用。而板式连接和插装连接的阀则使用得越来越多。板式连接的液压阀，可以安装在集成块上，利用集成块上孔道实现油路间的连接。叠加阀是在板式阀集成化基础上发展起来的一种新型元件。每个叠加阀不仅起到控制阀的功能，而且起到连接块和通道的作用；每个叠加阀的阀体均有上、下两个安装平面及4～5个公共流道，每个叠加阀的进出油口与公共流道或并联或串联；同一通径的叠加阀，其上、下安装平面的油口相对位置与标准的板式换向阀的油口位置相一致。

叠加阀同普通液压阀一样，也分为压力、流量和方向控制阀，只是方向阀中仅有单向阀类，而换向阀采用的就是标准的板式换向阀。

如图 5-23a 所示为一组叠加阀的结构，其中叠加阀 1 是溢流阀，它并联在 *P* 与 *O* 流道之间；叠加阀 2 为双单向节流阀，两个单向节流阀分别串联在 *A*、*B* 流道上；叠加阀 3 是双液控单向阀，它们也分别串联在 *A*、*B* 流道上；最上面是板式换向阀，最下面还有公共底板块（图中未画出）。另外，为降低每组叠加阀的高度和用阀数量，叠加阀系列中还增加了一些复合功能的叠加阀，如顺序节流阀、电磁单向调速阀等。

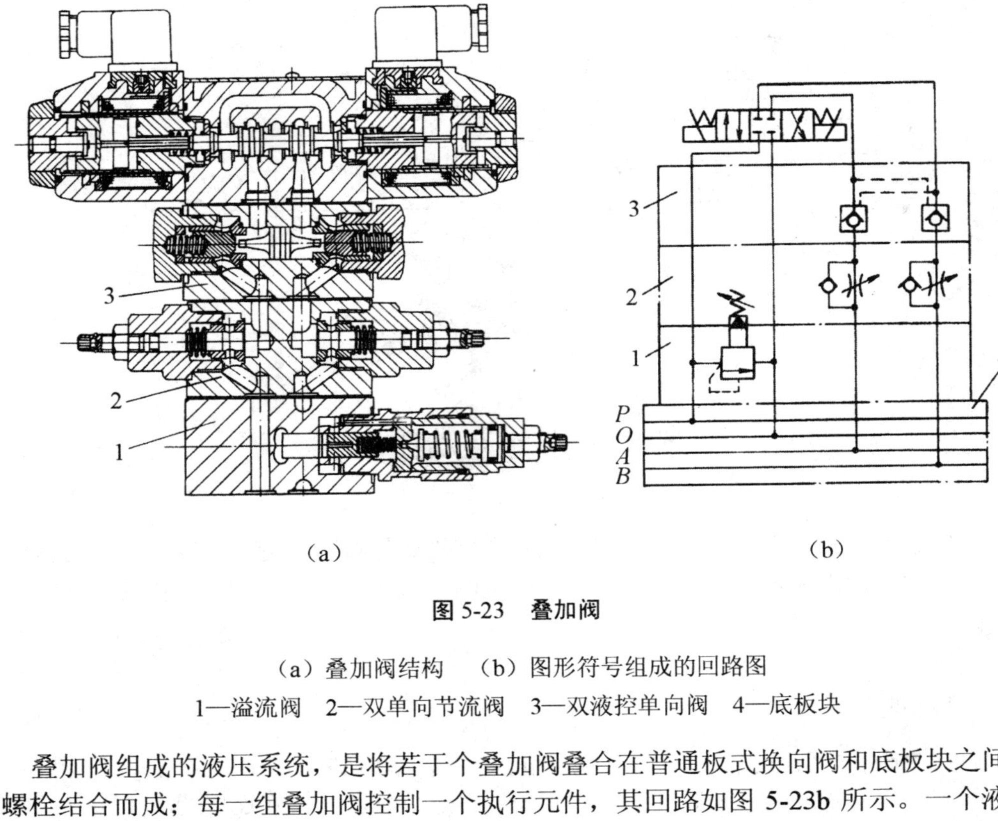

图 5-23 叠加阀

（a）叠加阀结构　（b）图形符号组成的回路图

1—溢流阀　2—双单向节流阀　3—双液控单向阀　4—底板块

叠加阀组成的液压系统，是将若干个叠加阀叠合在普通板式换向阀和底板块之间，用长螺栓结合而成；每一组叠加阀控制一个执行元件，其回路如图 5-23b 所示。一个液压系统有几个执行元件，就有几组叠加阀，再通过一个公共的底板块把各部分的油路连接起来，从而构成一个完整的系统。

由叠加阀组成的系统有很多优点：这种连接方式从根本上消除了阀与阀之间的连接管路，组成的系统更简单紧凑，配置方便灵活，工作可靠；系统更改时增减元件方便；外观整齐美观。

但目前叠加阀所能够组成的液压回路的形式有限，通径较小（一般不大于 20 mm）。

5.5.2　插装阀

插装阀也是一种新型的液压控制元件，其主要连接元件均采用插入式安装方式而得名。每个插装阀具有通、断两种状态，又称逻辑阀或二通插装阀。二通插装阀结构原理如图 5-24 所示。它主要由阀芯 4、阀套 2 和弹簧 3 等组成，1 为控制盖板，有控制口 C 与锥阀单元的上腔相通。将此锥阀单元插入有两个通道 A、B（主油路）的阀体 5 中，控制盖板对锥阀单元的启闭起控制作用；锥阀单元上配置不同的盖板就可以实现各种不同的工作机能。若干个不同工作机能的锥阀单元组装在一个阀体内，实现集成化，就可组成所需的液压回路和系统。设油口 A、B、C 的油液压力和有效面积分别为 p_a、p_b、p_c 和 A_a、A_b、A_c，其面积关系为 $A_c = A_a + A_b$，若不考虑锥阀的质量、液动力和摩擦力等的影响，当

$$p_a A_a + p_b A_b < p_c A_c + F_s$$

时，阀口关闭，油口 A、B 不通，当

$$p_a A_a + p_b A_b > p_c A_c + F_s$$

时，阀口打开，油路 A、B 接通，以上两式中 F_s 为弹簧力。从以上两式可以看出，改变控制口 C 的油液压力 p_c，可以控制 A、B 油口的通断。当控制油口 C 接油箱（卸荷），阀芯下部的液压力超过上部弹簧力时，阀芯被顶开。至于液流的方向，视 A、B 口的压力大小而定，当 $p_a > p_b$ 时，液流由 A 至 B；当 $p_a < p_b$ 时，液流由 B 至 A。当控制口 C 接通压力油，且 $p_c \geqslant p_a$、$p_c \geqslant p_b$，则阀芯在上、下端压力差和弹簧的作用下关闭油口 A 和 B。

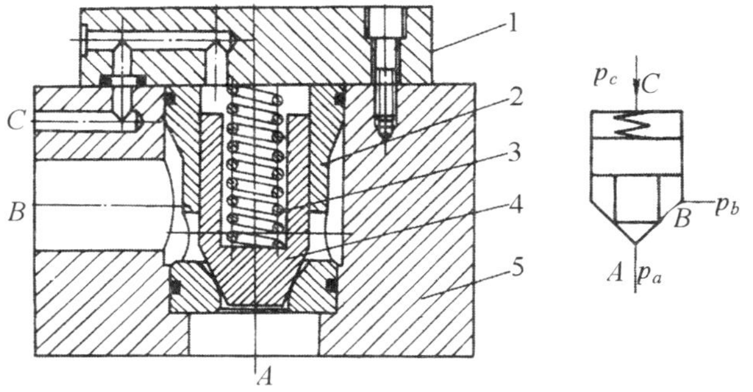

图 5-24　插装式锥阀

1—控制盖板　2—阀套　3—弹簧　4—阀芯　5—阀体

插装式锥阀通过不同的盖板和各种先导阀组合，便可构成方向控制阀、压力控制阀和流量控制阀。

插装阀的结构简单、制造容易、一阀多能的特点，将使其在制造业、工程建设的大流量液压系统中得到更为广泛的应用。

5.5.3 电液比例控制阀

电液比例控制阀简称比例阀，它是根据输入的电信号连续地、按比例地控制液压系统中液流的压力、流量和方向，使之与输入电信号成比例地变化，并可阻止液压冲击的控制阀。大多数的比例阀是在普通液压阀的基础上，用比例电磁铁取代原有的手调机构或通断型电磁铁，以实现对阀输出参数的连续、成比例地控制。

目前常用的电液比例阀大多是电气控制的，电气控制可采用电磁式或电动式，但常用的是电磁式，所以一般也称为电磁比例阀。

电磁比例阀的组成就是将普通的压力阀、流量阀和换向阀的控制部分换上比例电磁铁，用比例电磁铁的吸力来改变阀的参数以进行比例控制。根据用途和工作特点的不同，比例阀可分为电磁比例压力阀、比例流量阀和比例方向阀等。

1. 电液比例压力阀

如图 5-25 所示为电液比例压力阀的结构示意图，它由压力阀 1 和移动式力马达 2 两部分组成。当力马达的线圈通入电流时，推杆 3 通过钢球 4、弹簧 5 把电磁推力传给锥阀 6。推力大小与电流成比例，当进口 P 处的压力油作用在锥阀上的力超过弹簧力时，锥阀打开，油液通过 T 口排出。只要连续地按比例调节输入电流，就能连续地按比例控制锥阀的开启压力。这种阀可作为直动式压力阀使用，也可作为压力先导阀使用。

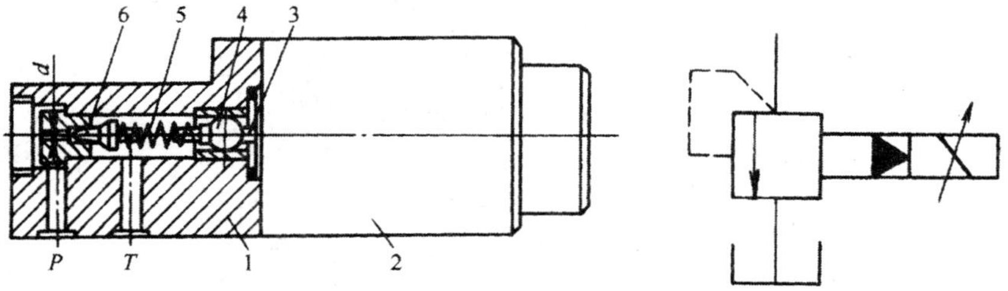

图 5-25 电液比例压力阀

1—压力阀 2—力马达 3—推杆 4—钢球 5—弹簧 6—锥阀

2. 电液比例流量阀

用比例电磁铁改变节流阀的开度，就成为比例节流阀。将此阀和定差减压阀组合在一起就成为比例调速阀。如图 5-26 所示为电液比例调速阀的结构。当无信号输入时，节流阀在弹簧作用下阀口关闭，无流量输出。当有信号输入时，电磁铁产生与电流大小成比例的电磁力，通过推杆 4 推动节流阀芯左移，使其开口 K 随电流大小而变化，得到与信号电流成比例的流量。若输入电流是连续地按比例变化，比例调速阀的流量也连续地按同样比例的规律变化。

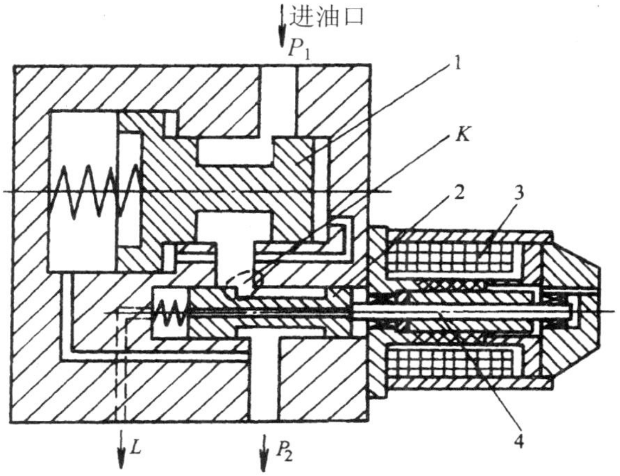

图 5-26　电液比例调速阀

1—减压阀　2—节流阀　3—比例电磁铁　4—推杆

5.5.4　电液数字阀

用计算机对电液系统进行控制是今后技术发展的必然趋势。但电液比例阀或伺服阀能接受的信号是连续变化的电压或电流，而计算机的指令是“开”或“关”的数字信息，要用计算机控制必须进行“数—模”转换，结果使设备复杂，成本高，可靠性降低。数字阀的出现为计算机在液压领域的应用开拓了一个新的途径。

数字阀是用数字信息直接控制阀口的启闭，从而控制液流压力、流量和方向的液压控制阀。如图 5-27 所示为数字式流量控制阀。计算机发出信号后，步进电动机 1 转动，通过滚珠丝杠 2 转化为轴向位移，带动节流阀阀芯 3 移动，开启阀口。步进电动机转过一定步数，可控制阀口的一定开度，从而实现流量控制。如图 5-27 所示，该阀有两个节流口，其中，右节流口为非圆周通流，阀口较小；左节流口为全圆周通流，阀口较大。这种节流口开口大小分两段调节的形式，可改善小流量时的调节性能。该阀无反馈功能，但装有零位传感器 6，在每个控制周期终了，阀芯可在它控制下回到零位，以保证每个周期都在相同的位置开始，使阀的重复精度比较高。

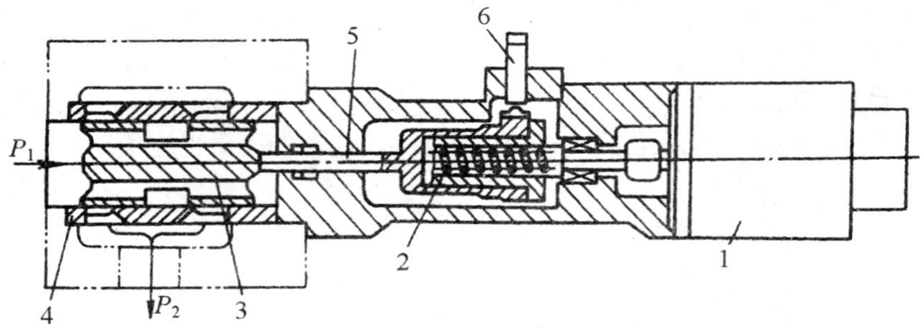

图 5-27 数字式流量控制阀

1—步进电动机 2—滚珠丝杠 3—阀芯 4—阀套 5—连杆 6—传感器

5.6 液压阀的选择与使用

5.6.1 液压阀的选择

任何一个液压系统，正确地选择液压阀，是使系统的设计合理、性能优良、安装简便、维修容易和保证系统正常工作的重要条件。除按系统的功能需要选择各种类型的液压阀外，还需考虑额定压力、通过流量、安装形式、操纵方式、结构特点以及经济性等因素。

首先根据系统的功能要求，确定液压阀的类型。根据实际安装情况，选择不同的连接方式，例如管式或板式连接等。然后，根据系统设计的最高工作压力选择液压阀的额定压力，根据通过液压阀的最大流量选择液压阀的流量规格。如溢流阀应按液压泵的最大流量选取；流量阀应按回路控制的流量范围选取，其最小稳定流量应小于调速范围所要求的最小稳定流量。应尽量选择标准系列的通用产品。

5.6.2 液压阀的安装

液压阀的安装形式有管式、板式、叠加式、插装式等多种形式，形式不同，安装的方法和要求也有所不同，其共性的要求如下所述。

（1）安装时检查各种液压阀的合格证以及是否有异常情况。检查板式阀安装平面的平直度和安装密封件的沟槽的加工尺寸和质量是否有缺陷。

（2）按设计规定和要求安装。

（3）安装时要特别注意液压阀的进油口、出油口、控制油口和泄油口的位置，严禁错装。

（4）安装时要注意密封件的选择和质量。

（5）安装时要保持清洁，不能戴着手套安装、不能用纤维品擦拭安装结合面，防止纤维类脏物进入阀内，影响阀的正常工作。

（6）安装时要检查应该堵住的油孔是否堵住，如溢流阀的远程控制口等。

5.6.3　液压阀常见故障的分析和排除方法

液压阀是用来控制液压系统的压力、流量和方向的元件。如果某一液压阀出现故障，将对液压系统的正常工作和系统稳定性、精确性、可靠性、寿命等造成极大的影响。

液压阀产生故障的原因有：元件选择不当；元件设计不佳；零件加工精度差和装配质量差；弹簧刚度不能满足要求；密封件质量差。另外还有油液过脏和油温过高等因素。

液压阀在液压系统中的作用非常重要，故障种类很多。只要掌握各类阀的工作原理，熟悉它们的结构特点，分析故障原因，查找故障不会有太大困难。

5.7　小　结

1．液压控制阀作为液压系统的控制元件，用来控制液流的压力、流量及方向，它的基本工作原理是利用阀芯在阀体内做相对运动改变阀口的大小来实现控制。它们都由阀体、阀芯、控制机构三部分组成。

根据用途不同，液压控制阀主要分为压力控制阀、流量控制阀和方向控制阀。

（1）压力控制阀用来控制或调节液压系统液流压力，或利用压力实现控制，如溢流阀、减压阀、顺序阀、压力继电器等。它们的共同特点是通过阀芯实现被控压力与弹簧力（比例电磁铁吸力）等负载相比较，利用弹簧力（比例电磁铁吸力）易于调节的优点来实现压力控制。

（2）流量控制阀用来控制或调节液压系统液流的流量，如节流阀、调速阀等。它们利用液阻的调节原理，在阀进、出口压力差一定时通过改变液阻（阀口）的大小实现流量的调节。

（3）方向控制阀通过阀口的开启或关闭控制和改变液压系统中液流的方向，如单向阀、液控单向阀、换向阀等。

根据控制方式不同，液压控制阀又分为定值或开关式控制阀（包括普通控制阀、插装阀、叠加阀），电液比例阀（包括普通比例阀和带内反馈的电液比例阀）和数字阀。由于控制方式不同，控制精度上的差异，使它们用于不同的工作场合。

2．压力控制阀是通过阀芯与弹簧等负载力相比较而工作的。工作时作用在阀芯上的诸力平衡，阀口满足压力流量方程。不同用途的压力控制阀所控制的压力点是不同的，要注意由此引起的差异。如溢流阀要控制阀的进口压力，与弹簧力相比较的是阀的进口压力；减压阀要控制阀的出口压力，与弹簧力相比较的是阀的出口压力。为了使被控压力直接与弹簧力相比较，阀芯弹簧腔的压力应为零，即弹簧腔油液必须引回油箱。由于溢流阀的出口接油箱，其弹簧腔油液采用内泄方式，即由阀体内部通道引到阀的出口；而减压阀、顺序阀因出口油液去工作，压力不为零，其弹簧腔油液必须采用外泄，即单独引回油箱。溢流阀常开时用作稳压阀，常闭时用作安全阀，遥控口接回油箱时用作卸载阀；减压阀只有在出口负载大于其调定压力、先导阀开启、减压缝隙关小时才起减压稳压作用；顺序阀因控制方式、泄油方式不同，应用场合也不同，尤其要注意内控外泄顺序阀与溢流阀的区别及其进、出口的压力分析；压力继电器将液压信号转换为电信号，可实现顺序控制和安全保护等功能。溢流阀、减压阀和顺序阀的区别如表 5-2 所示。

表 5-2　溢流阀、减压阀和顺序阀对照

项目		溢流阀	减压阀	顺序阀
图形符号	直动	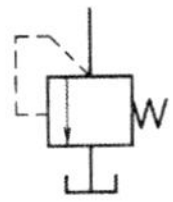	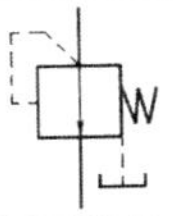	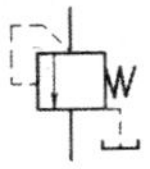
	先导式	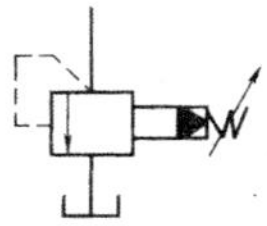	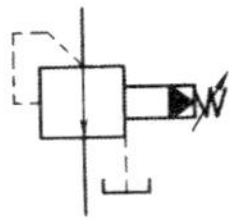	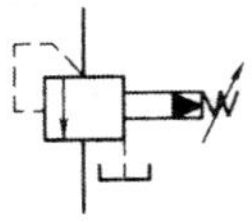
作用		溢流稳压、安全限压	减压、稳压	压力控制开关
常态		断	通	断
控制油压来源		进油口	出油口	进油口
泄油方式		内泄	外泄	外泄
可外接油口	直动式	进口、出口		
	先导式	进口、出口、遥控口（卸荷口）	进口、出口、泄油口	进口、出口、泄油口、液控口

3．流量控制阀是利用液阻的调节原理工作的，用于流量调节的液阻一般为薄壁小孔型，即流经阀口的流量与阀口面积的一次方成正比，与阀口前后压力差的 1/2 次方成正比，与油液的黏度（油温）无关。在阀口前后压力差一定时，改变阀口的过流面积，即可调节通流量。

根据阀前后压力差是否能保持一定，流量阀又分为节流阀、调速阀等。它们在系统中的应用基本相同，主要与定量泵、溢流阀组成节流调速系统。调节节流阀的开口面积，便可调节执行元件的运动速度。节流阀适用于一般的节流调速系统，而调速阀适用于执行元件负载变化大而运动速度要求稳定的系统中，也可用于容积节流调速回路中。

4．方向阀控制阀有普通单向阀、液控单向阀和换向阀。单向阀正向导通，反向截止，有可靠的单向密封性；液控单向阀反向有条件地导通；换向阀利用阀芯和阀体间相对位置的改变控制油路通断和流向。

单向阀只允许一个方向的液流通过，另一方向的液流被截止。要求单向阀正向开启时液流压力损失要小，反向关闭时密封性能要好。因此单向阀必然是锥阀或球阀，且作用在阀芯上的弹簧力很弱，只起复位作用，其开启压力仅为 0.03～0.05 MPa；液控单向阀应关注控制油的通油和泄油方式，使用时尤其要注意控制压力油口不工作时一定要通回油箱，否则控制活塞难以复位，单向阀反向不能截止液流；换向阀的种类很多，操作方式有手动、机动（又称为行程阀）、电磁动、液动、电液动。手动、机动换向阀工作可靠，电磁动、液动、电液动换向阀易于实现自动控制。因电磁吸力有限，对液动力较大的大流量阀，必须选用电液换向阀。电液换向阀由液动换向阀与电磁换向阀组合而成，液动阀实现主油路的换向，电磁阀为其先导阀。电磁换向阀的换向冲击较大，电液换向阀则可通过调节控制油路上的节流阀来控制换向速度，换向冲击较小。换向滑阀处于不同工作位置时，各油口的不同连通方式称为滑阀的机能。对于二位阀，阀的安装位置称为常位；输入操作信号后换到另一个工作位置，称为换向；撤去操作信号后阀芯回到常位，称为复位。对于三位阀，左、右位为工作位置，用于实现执行元件的往复运动，中位为常位，中位机能用以满足执行元件不工作时系统的工作要求，其中 M 型、H 型、K 型可使液压泵卸载，O 型、M 型可使液压缸停在任意位置，H 型、Y 型可使液压执行元件处于浮动状态，P 型可实现液压缸的差动连接。换向阀的图形符号中能反映位、通、操纵方式、复位方式和阀芯运动方式。

5．叠加阀、插装阀的工作原理完全与普通液压阀相同，但安装形式不同。叠加阀最大优点是相关的阀直接叠加沟通油路组成系统，省去了油路板和管道，不仅结构紧凑、布置灵活、占地面积小，而且系统的设计与制造周期短；插装阀为锥阀结构的控制阀，既可用于压力控制，也可用于方向及流量控制。作方向阀用时，由于一个锥阀单元只有两个通油口、两种工作状态（阀口开启或关闭），因此实用时需两个锥阀单元并联组成三通回路，两个三通回路并联组成四通回路。至于回路的通断情况（机能）则取决于先导控制阀。作流量阀时，阀口开启大小可以控制。

5.8　复习思考题

5-1　液压控制阀在液压系统中的作用是什么？通常分为几大类？

5-2　溢流阀在液压系统中起什么作用？一般安装在什么位置？直动型溢流阀与先导型溢流阀各用在什么场合？

5-3 直动式溢流阀的弹簧腔如果不和回油腔接通，将出现什么现象？如果先导式溢流阀的远程控制口当成泄油口接回油箱，液压系统会产生什么现象？如果先导式溢流阀的阻尼孔被堵，将会出现什么现象？ 如何消除这一故障？

5-4 先导型溢流阀中主阀弹簧起何作用？若装配时漏装了主阀弹簧，使用时会出现什么故障？

5-5 何谓减压阀？按其调节要求分为哪几种？哪一种又简称为减压阀且应用最广？

5-6 先导型减压阀与先导型溢流阀有何异同？保证减压阀出口压力稳定的条件是什么？

5-7 何谓顺序阀？按其控制及泄油方式不同分为哪几种？各用在什么场合？

5-8 画出顺序阀和减压阀的图形符号，分析二者在结构和应用上的异同。

5-9 简述压力继电器的工作原理及作用。

5-10 如图 5-28 所示液压系统，各溢流阀的调整压力分别为 p_1=7 MPa，p_2=5 MPa，p_3=3 MPa，p_4=2 MPa，问当系统的负载趋于无穷大时，电磁铁通电和断电的情况下，油泵出口压力各为多少？

5-11 如图 5-29 所示回路，溢流阀的调整压力为 5 MPa，减压阀的调整压力为 2 MPa，负载压力为 1 MPa，其他损失不计，试求：

（1）活塞运动期间和碰到死挡铁后管路中 *A*、*B* 处的压力值为多少？

（2）如果减压阀的泄油口在安装时未接油箱，当活塞碰到挡铁后 *A*、*B* 处的压力值为多少？

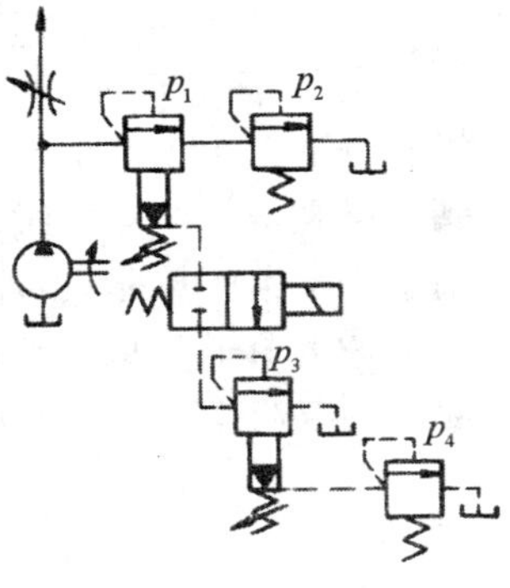

图 5-28

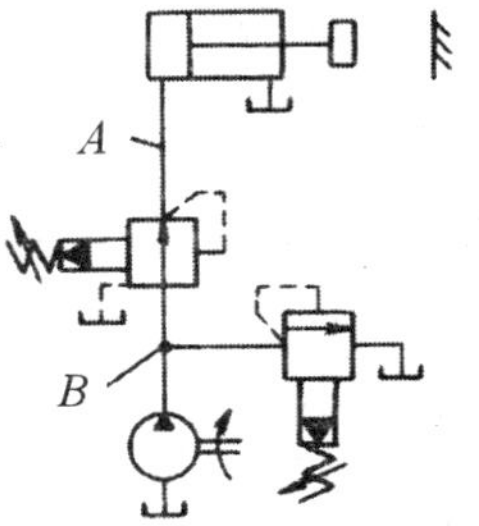

图 5-29

5-12 从结构原理图和符号图，说明溢流阀、顺序阀、减压阀的不同特点。

5-13 何谓流量控制阀？它是利用什么原理工作的？

5-14 写出节流阀的通用流量特性方程。为什么一般选用薄刃型孔口作节流阀口？

5-15 在执行元件负载变化的情况下，采用节流阀或调速阀调速，哪种能保证其运动速度稳定？为什么？

5-16　节流阀的最小稳定流量有什么意义？影响其数值的主要因素有哪些？

5-17　液压系统中液压泵的出口常装有单向阀，请说明其功用。

5-18　什么是液控单向阀？为什么液控单向阀阀芯不工作时，应使控制压力油通回油箱？

5-19　何谓换向阀的“位”、“通”？绘图形符号举例说明。

5-20　换向阀按操作方式分为哪几种？各适用于什么场合？

5-21　绘电液换向阀的详细图形符号，按图说明工作原理及其内控与外控的区别。

5-22　何谓换向滑阀的中位机能？说明中位机能为“O”、“H”、“P”、“Y”型的三位阀的特点及在液压系统中的应用。

5-23　插装阀基本组件有哪三种？画出它们的图形符号，并说明其结构特点。

第 6 章　液压辅助元件

液压系统中的辅助元件，是指除液压动力元件、执行元件和控制元件以外的其他各类组成元件，包括管道、管接头、油箱、蓄能器、过滤器及密封件等。这些元件，在液压系统中应用数量多，分布很广，影响很大，必须给予足够的重视。除油箱常需自行设计外，其余的辅助元件已标准化和系列化，皆为标准件，但应注意合理选用。

6.1　管道及管接头

管道和管接头是液压系统中传导工作液的重要元件，系统用管道输送油液，用管接头把油管和油管及油管与元件连接起来构成管路系统。如果管道及管接头设计和安装不当，尽管液压装置中的元件都是优良的，仍然会产生振动、噪声、泄漏和发热等不良现象，使液压装置不能正常工作。因此，必须正确设计和选择管道及管接头。

6.1.1　管道的种类和选用

液压系统中使用的油管有钢管、紫铜管、尼龙管、塑料管和橡胶管等材料。采用哪种油管，主要根据液压系统各部位的压力、工作要求、各部件间的位置关系和使用环境等确定。油管的特点和使用范围如表 6-1 所示。

表 6-1　油管的特点和使用范围

种　类		特点和使用范围
硬管	钢管	能承受高压、价格低廉、耐油、抗腐蚀、刚性好，但装配时不能任意弯曲。常在装拆方便处用作压力管道（中、高压用无缝管，低压用焊接管）
	紫铜管	易弯曲成各种形状，但承压压力一般不超过 6.5～10 MPa，抗震能力较弱，又易使油液氧化。通常用在液压装置内配接不便之处
软管	尼龙管	乳白色半透明，加热后可以随意弯曲成形或扩口，冷却后又能定形不变，承压能力因材质而异，自 2.5 MPa 至 8 MPa 不等
	塑料管	质轻耐油、价格便宜、装配方便，但承压能力低，长期使用会变质老化，只宜用作压力低于 0.5 MPa 的回油管、泄油管等
	橡胶管	高压管由耐油橡胶夹几层钢丝编织网制成，钢丝网层数越多，耐压越高，价格越高。常用作中、高压系统中两个相对运动件之间的压力管道低压管由耐油橡胶夹帆布制成，可用作回油管道

6.1.2　管道的尺寸

为了减小油液流经管道时的能量损失，要求管道及其连接部分必须有合适的直径和厚度，光滑的内管壁，最短的长度，并尽量避免急转弯和截面突变。

根据液压系统的流量和压力，管道的内径 d 和壁厚 δ 可用下两式计算

$$d = 2\sqrt{\frac{q}{\pi v}} \tag{6-1}$$

$$\delta = \frac{pd}{2[\sigma]} \tag{6-2}$$

式中　p——管道内的最大工作压力；

q——管道内的最大流量；

v——管道允许流速。吸油管道取 $v \leqslant 0.5 \sim 1.3$ m/s（一般取 1 m/s 以下），回油管道取 $v \leqslant 1.5 \sim 2.5$ m/s，压力管道取 $v \leqslant 2.5 \sim 5$ m/s（压力高、管道短、油液黏度小时取大值，反之取小值），橡胶软管取 $v < 4$ m/s；

$[\sigma]$——管材的许用应力，可由材料手册查出。

由公式计算出的管道内径 d 和壁厚 δ，应查材料手册圆整为标准管径尺寸的油管。

6.1.3　管接头

管接头是油管与油管、油管与液压件间可拆装的连接件，它应满足拆装方便、连接牢固、密封可靠、外形尺寸小、通油能力大、压力损失小及工艺性好等要求。

管接头种类很多，按通路数和流向可分为直通、弯头、三通和四通等；按管接头和油管的连接方式可分为扩口式、焊接式、卡套式、扣压式等。应用时可参阅有关手册。管接头与液压件之间都采用螺纹连接，在中、低压系统中采用英制螺纹，外加防漏填料；在高压系统中则采用公制细牙螺纹，外加端面垫圈。常用管接头的特点及其使用范围见表 6-2。

表 6-2　液压系统中常用的管接头名称、结构简图和应用特点

类　型	结 构 图	应 用 特 点
扩口式	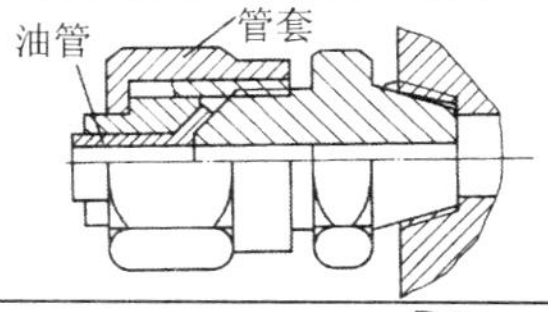	1. 用油管管端的扩口在管套的压紧下进行密封，结构简单 2. 适用于钢管、薄壁钢管、尼龙管和塑料管等低压管道的连接
焊接式	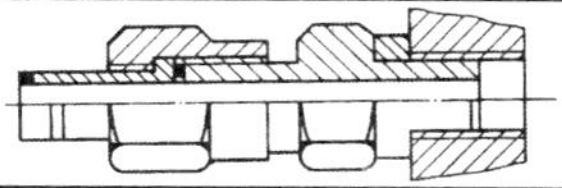	1. 连接牢固，利用球面进行密封，简单可靠 2. 焊接工艺必须保证质量，必须采用厚壁钢管，装拆不便

（续表）

类　型	结 构 图	应 用 特 点
卡套式	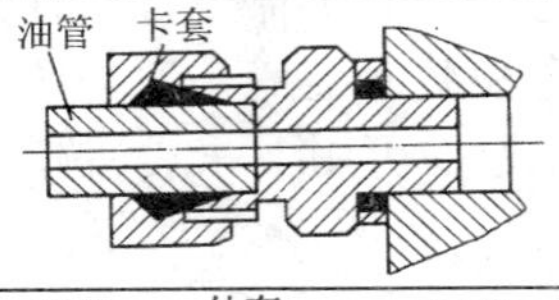	1. 用卡套卡住油管进行密封轴向尺寸要求不严，装拆简单 2. 对油管径向尺寸精度要求较高，为此要采用冷拔无缝钢管
扣压式	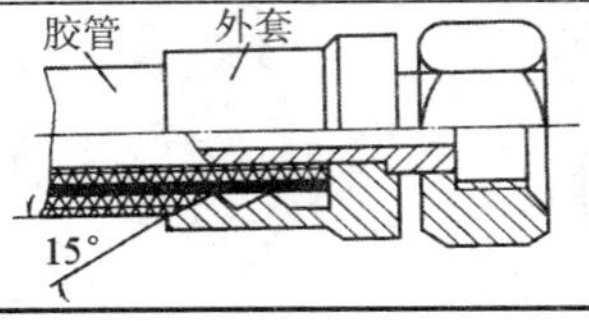	1. 用来连接橡胶软管 2. 需用专门模具在压力机上将外套进行挤压收缩 3. 随着管径的不同，可适用于工作压力为 6～40 MPa 的系统

6.2　油　　箱

油箱用于储存系统所需的足够油液，并且有散热、沉淀杂质和分离油中气泡等作用。液压系统中的油箱有总体式和分离式两种。总体式是利用机器设备机身内腔作为油箱；分离式是单独设置油箱与主机分开。油箱还有开式和闭式之分，开式油箱上部开有通气孔，使油面与大气相通，用于一般的液压系统。闭式油箱完全封闭，箱内充有压缩气体，用于水下、高空或对工作稳定性等有严格要求的地方。本节只介绍广泛应用的开式油箱。

6.2.1　油箱的结构

油箱不是标准件，一般要根据具体情况自行设计，如图 6-1 所示是一个油箱的结构简图。

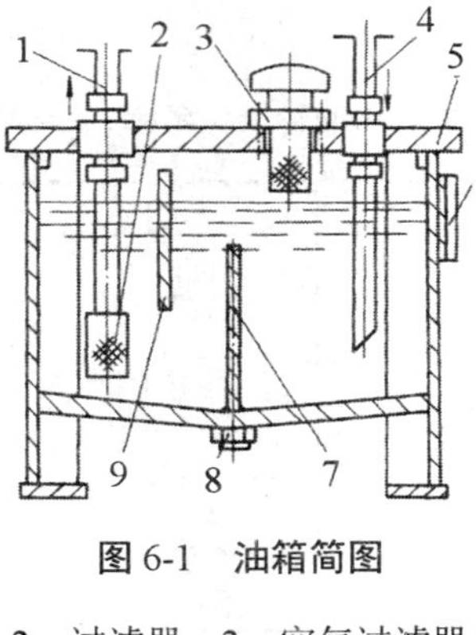

图 6-1　油箱简图

1—吸油管　2—过滤器　3—空气过滤器　4—回油管
5—上盖　6—油面指示器　7、9—隔板　8—放油阀图中 1 为吸油管，4 为回油管，中间有两个隔板 7 和 9，隔板 7 用作阻挡沉淀杂物进入吸油管，隔板 9 用作阻挡泡沫进入吸油管，脏物可以从放油阀 8 放出，空气过滤器 3 设在回油管一侧的上部，兼有加油和通气的作用，6 是油面指示器，当彻底清洗油箱时可将上盖 5 卸开。

如果将压力不高的压缩空气引入油箱中，使油箱中的压力大于外部压力，这就是所谓压力油箱，压力油箱中通气压力一般为 0.05 MPa 左右，这时外部空气和灰尘绝无渗入的可能，这对提高液压系统的抗污染能力、改善吸入条件都是有益的。

6.2.2　设计时的注意事项

在进行油箱的结构设计时应注意以下几个问题。

（1）油箱应有足够的刚度和强度　油箱一般用 2.5～4 mm 的钢板焊接而成，尺寸高大的油箱要加焊角板、加强肋以增加刚度。油箱上盖板若安装电动机传动装置、液压泵和其他液压件时，盖板不仅要适当加厚，而且还要采取措施局部加强。液压泵和电动机直立安装时，振动一般比水平安装要好些，但散热较差。

（2）油箱要有足够的有效容积　油箱的有效容积（油面高度为油箱高度 80%时的容积）应根据液压系统发热、散热平衡的原则来计算，但这只是在系统负载较大、长期连续工作时才有必要进行，一般只需按液压泵的额定流量 q_p 估计即可，一般低压系统油箱的有效容积为液压泵每分钟排油量的 2～4 倍即可，中压系统为 5～7 倍，高压系统为 10～12 倍。

（3）吸油管、回油管和泄油管的设置　吸油管和回油管应尽可能地远离，中间用一块或几块隔板隔开，如图 6-1 所示，以增加油液的循环距离，使油液有足够的时间分离油液中的气泡、沉淀杂质和散热。隔板的高度为箱内油面高度的 3/4。

吸油管和回油管的管口，在油面最低时仍应能浸入油面以下，防止吸油时吸入空气或回油冲入油箱时搅动油面，混入气泡。管口和底面以及和箱壁之间的距离不小于管径的 2～3 倍。回油管口应截成 45° 斜角，以增大排油口的面积，使流速变化缓慢，减小振动，且管口应面向最近的箱壁，以利散热。吸油管入口处，要装上有足够过滤能力的过滤器，其安装位置要便于拆装和清洗，距箱底不应小于 20 mm，离箱壁不应小于管径的 3 倍，以便四周进油。

泄油管的安装分两种情况，阀类的泄油管安装在油箱的油面以上，以防止产生背压，影响阀的工作；液压泵或缸的泄油管则安装在油面以下，这是为了不使空气混入。

（4）加油口和空气过滤器的设置　加油口应设置在油箱的顶部便于操作的地方，加油口应带有过滤网，平时加盖密封。为了防止空气中的灰尘杂物进入油箱，保证在任何情况下油箱始终与大气相通，油箱上的通气孔应安装规格足够大的空气过滤器。空气过滤器（又称空气滤清器）是标准件，并将加油过滤功能组合为一体结构，可根据需要选用。

（5）液位计的设置　液位计用于监测油面高度，所以其窗口尺寸应满足对最高、最低油位的观察，且要装在易于观察的地方。液位计也是标准件，可根据需要选用。

（6）密封和防锈　为了防止外部的污染物进入油箱，油箱上各盖板、油管通过的孔处都要妥善密封。油箱内壁应涂耐油防锈的涂料或磷化处理。

（7）其他设计要点　油箱应开设供安装、清洗和维护等用的窗口，并注意密封。必要时，还应安装温度计和热交换器，以保证油箱正常的工作温度（15～65℃），并考虑好其位置，以便监测和控制。

6.3 蓄能器

蓄能器是液压系统中一种能够储存油液的压力能并在需要时释放出来供给系统的能量储存装置。

6.3.1 蓄能器的类型、结构及特点

目前常用的是充气式蓄能器，它是利用气体（一般为氮气）的膨胀和压缩进行工作的。充气式蓄能器按结构的不同可分为活塞式、气囊式等。

（1）活塞式蓄能器　活塞式蓄能器的结构如图 6-2 所示。活塞 1 的上部为压缩气体（一般为氮气），下部为压力油液，气体由气门 3 充入（充气后气门关闭），压力油从下部进油口 *a* 进入，活塞随下部压力油的流入和流出在缸体 2 内滑动，利用气体的压缩和膨胀来储存和释放液压能。

这种蓄能器的优点是结构简单、安装容易、维护方便、寿命长；缺点是，由于受活塞运动时惯性和摩擦力的影响，反应不够灵敏，不适于作吸收脉动和液压冲击用。此外，缸筒和活塞之间有密封性能要求，且密封件磨损后，会使气液混合，影响系统的工作稳定性。

（2）气囊式蓄能器　气囊式蓄能器的结构如图 6-3 所示。气囊 3（用耐油橡胶制成）和充气阀 1 一起压制而成，固定在壳体 2 的上部，通过充气阀往气囊内充进一定压力的气体（一般为氮气），充气阀充气时打开，蓄能器工作时关闭。壳体的下端有一提升阀 4，它能使油液通过阀门进入蓄能器，又可以防止油液全部排出时气囊膨胀出壳体。其优点是气囊惯性小，反应灵敏，可吸收急速的压力冲击和脉动，体积小，重量轻，是目前应用最广泛的一种蓄能器，已形成系列化批量生产。

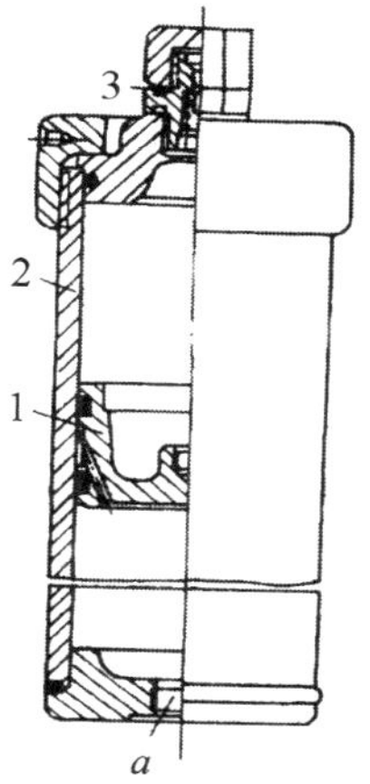

图 6-2　活塞式蓄能器

1—活塞　2—缸体　3—气门

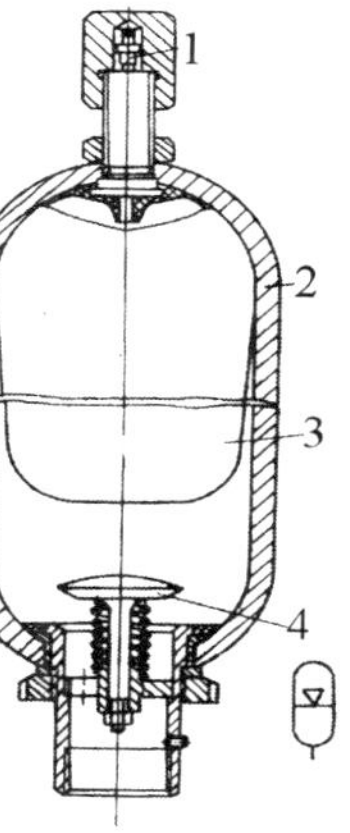

图 6-3　气囊式蓄能器

1—充气阀　2—壳体　3—气囊　4—提升阀

6.3.2　蓄能器功用

（1）作应急动力源　在有些液压系统中，当泵或电源发生故障，供油突然中断时，可能会发生事故。如果在液压系统中增设蓄能器作为应急动力源，当供油突然中断时，在短时间内仍可维持一定的压力，使执行元件继续完成必要的动作。

（2）作辅助动力源　当执行元件做间歇运动或只做短时间的快速运动时，为了节省能源和功率，降低油温，提高效率，可采用蓄能器做辅助动力源和液压泵联合使用的方式。当执行元件慢进或不动时，蓄能器储存液压泵的输油量，当执行元件需快速动作时，蓄能器和液压泵一起供油。

（3）补漏保压　当执行元件停止运动时间较长，且要求保压时，如果在液压系统中增设蓄能器，利用蓄能器储存的压力油补偿油路上的泄漏损失，就可保持系统所需压力，此时，泵可卸荷。

（4）吸收脉动压力，缓和液压冲击　在液压系统中，液压泵存在着不同程度的流量和压力脉动。另一方面，运动部件的启动、停止和换向又会产生液压冲击。压力脉动过大会影响液压系统的工作性能，冲击压力过大会使元件损坏。若在脉动源处设置蓄能器，就可达到吸收脉动压力，缓和液压冲击的效果。

6.3.3　蓄能器的安装和使用

（1）蓄能器一般应竖直安装，油口向下。

（2）蓄能器工作时，承受液压力的作用，因此必须牢固地固定在托架或基础上。

（3）泵和蓄能器之间应设置单向阀，防止泵停止工作时，蓄能器内的压力油向泵倒流而使泵反转。

（4）用作吸收脉动压力时，蓄能器的安装位置应尽可能靠近振源。

（5）搬运和拆装蓄能器时，应先将充入蓄能器内的压缩气体排出。

（6）蓄能器应安装在便于检查和维修的位置，并远离热源。

6.4 过 滤 器

据统计在液压系统中，约 75%以上的故障是由于油液污染造成的。因此，为了使液压元件和系统正常工作，必须保持油液清洁。

消除油液中的固体杂质的最有效的办法是使用各种过滤器（又称滤油器），系统中过滤器的作用就在于不断净化油液，使其污染程度控制在允许范围内。

6.4.1 过滤器的功用和基本要求

过滤器的功能是滤去油液中的杂质和沉淀物，保持油液的清洁，保证液压系统正常工作。对过滤器的基本要求如下。

（1）有足够的过滤精度　过精度是指过滤器滤芯滤去杂质的粒度大小，以其直径 d 的公称尺寸（mm）表示。粒度越小，精度越高。一般过滤器的过滤分为四级，即粗（$d \geqslant 0.1$ mm）；普通（$d \geqslant 0.01$ mm）；精（$d \geqslant 0.005$ mm）；特精（$d \geqslant 0.001$ mm）

（2）有足够的过滤能力　过滤能力即一定压力降下允许通过过滤器的最大流量，一般用过滤器的有效过滤面积（滤芯上能通过油液的总面积）来表示。对过滤器过滤能力的要求，应结合过滤器在液压系统中的安装位置来考虑，如过滤器安装在吸油管路上时，其过滤能力应为泵流量的两倍以上。

（3）过滤器应有一定的机械强度，不因液压力的作用而破坏。

（4）滤芯抗腐蚀性能好，并能在规定的温度下持久地工作。

（5）滤芯要利于清洗和更换，便于拆装和维护。

6.4.2 过滤器的种类和结构特点

按滤芯材料和结构的不同，过滤器可分为表面型、深度型、吸附型、其中又有网式、线隙式、纸芯式、烧结式和磁性式等多种。过滤器的种类和结构特点见表 6-3。

表 6-3　过滤器的种类和结构特点

类　型	名称及结构简图	特点说明及用途
表面型	网式过滤器 1—筒型骨架 2—铜丝滤网 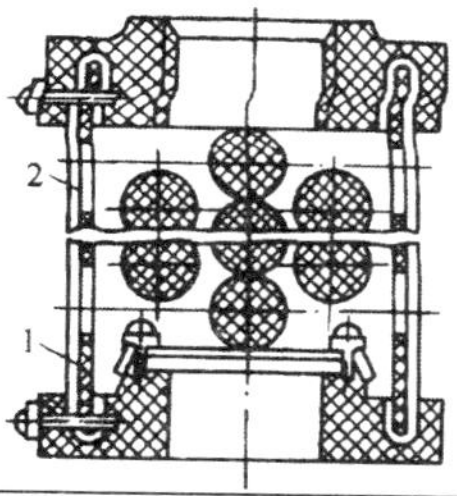	1．滤精度低（一般为 0.80～1.8 mm） 2．结构简单，通流能力大，清洗方便，压降小 3．常用于液压系统的吸油管路
表面型	线隙式过滤器 1—壳体 2—线圈 3—芯架 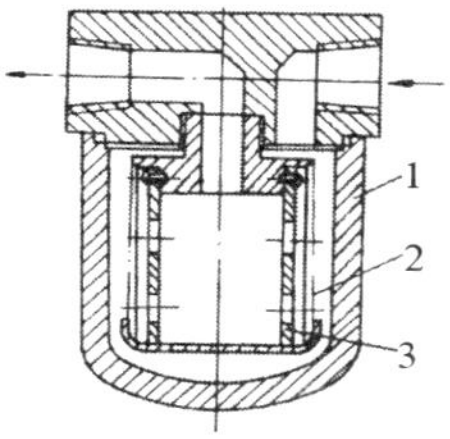	1．过滤精度较高（一般为 0.3～1.0 mm） 2．结构简单，通流能力大，不宜清洗 3．常用于低压系统和泵的吸油口
深度型	纸芯式过滤器 1—污染染指示器 2—滤芯外层 3—滤芯中层 4—滤芯内层 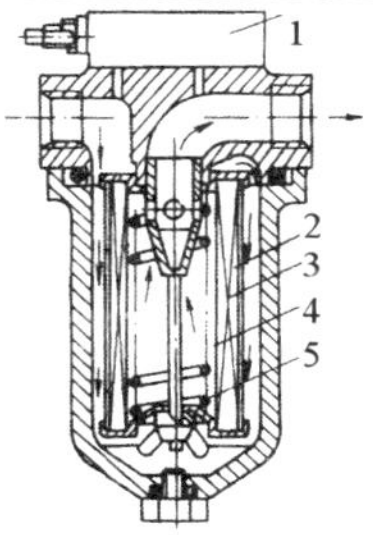	1．纸芯式过滤器与线隙式过滤器的结构基本相同 2．滤芯分三层，外层 2 为粗眼钢板网，中间层 3 为折叠的滤纸，滤芯内层 4 由金属丝网与滤纸一并折叠在一起制成 3．需经常更换纸芯，常用于精过滤
	烧结式过滤器 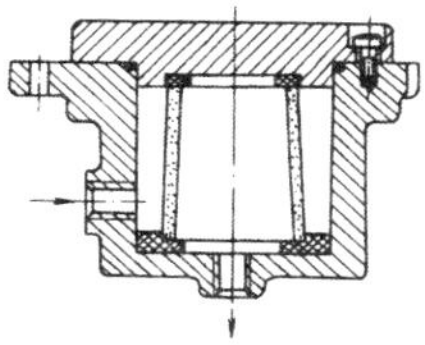	1．过滤精度较高（10～100 mm） 2．耐压、耐腐蚀，性能稳定，制造简单 3．缺点是易堵塞，极难清洗，使用中烧结颗粒易脱落。常用于精过滤
吸附型	磁性过滤器	1．滤芯由永久磁铁制成，能吸住油液中的铁屑，铁粉或带磁性的磨料 2．常用于其他形式滤芯合起来制成复合式过滤器 3．常用于机床液压系统

6.4.3　过滤器的选用

选用过滤器时，应综合考虑以下几方面的因素，以获得最佳的工作可靠性和经济性。

（1）过滤精度　确定过滤精度时，应根据系统中关键元件对过滤精度的要求以及液压设备停机检修所造成的损失综合考虑，并不是越高越好。

（2）通流能力　要能够在较长的时间内保持足够的通流能力。

（3）系统的压力和温度　滤芯要有足够的强度，不因液压力的作用而损坏，滤芯要有好的抗腐蚀性能，能在规定的温度下持久地工作。

（4）要便于清洗或更换滤芯。

6.4.4　过滤器的安装

（1）安装在泵的吸油管路上　如图 **6-4a** 所示，它主要是用来保护液压泵，防止泵遭受较大杂质颗粒的直接伤害。为了不影响泵的吸油性能，要求过滤器有较大的通流能力，较小的阻力和压降，为此一般采用过滤精度低的网式过滤器。

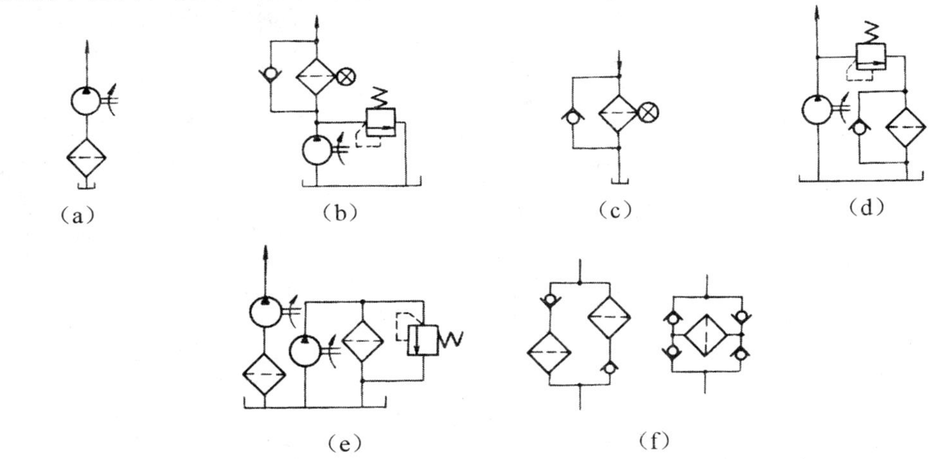

图 6-4　过滤器的安装

（a）安装在泵的吸油管路上　（b）安装在泵的压油管路上　（c）安装在回油管路上
（d）安装在分支油路上　（e）单独过滤回路　（f）双向过滤回路

（2）安装在泵的压油管路上　在压油管路上安装过滤器，如图 **6-4b** 所示，可以保护除液压泵和溢流阀以外的其他液压元件。因在高压下工作，要求过滤器能够承受系统的工作压力和冲击力，要能够通过压油管路的全部流量，且要放在安全阀的后面，以保护液压泵。为了防止过滤器堵塞后，因压降过大而使滤芯破坏，可在过滤器旁并联一个单向阀或污染指示器，单向阀的开启压力等于过滤器允许的最大压降。

（3）安装在回油管路上　在回油路上安装过滤器，如图 **6-4c** 所示，可以滤除油液流入油箱前的污染物，虽不能直接防止污染物进入系统，但可以间接地保护系统。由于安装在低压回路，故可用承压能力低的过滤器。为了防备过滤器堵塞，也可并联一个单向阀或污染指示器。过滤器的流通能力应保证通过回油管路上的最大流量。

（4）安装在分支油路上　当泵的流量较大时，全部过滤将使过滤器过大，为此可将过滤器安装在系统的支路上，如图 6-4d 所示。由于工作时只有一部分油液通过过滤器，所以这种方式又称为局部过滤法。采用这种方式滤油时，通过过滤器的流量不应小于总流量的 20%～30%，其缺点是不能完全保证液压元件的安全。

（5）单独过滤回路　如图 6-4e 所示，这是用辅助泵和过滤器组成一个独立于主系统之外的过滤回路，对清除油液中的全部杂质很有利，不过须增加一套液压泵和过滤器。此种方式特别适用于大型液压系统。

安装过滤器时应注意一般的过滤器都只能单向使用，所以应安装在液流单向通过的地方，最好不要装在液流方向经常要改变的油路上。若必须这样设置时，应适当增设单向阀和过滤器，如图 6-4f 所示，以保证双向过滤。

6.5 密 封 装 置

为了防止泄漏，提高液压系统的工作性能和效率，在可能发生泄漏的部位需要安装密封装置。密封装置应有良好的密封性能，结构简单，维护方便，价格低廉。密封材料的摩擦系数要小，耐磨、寿命长且磨损后能自动补偿。密封可分为用于固定联结件之间的静密封和用于相对运动件之间的动密封两类；按工作原理又可分为间隙密封和接触密封。

6.5.1 间隙密封

间隙密封是一种最简单的密封方法。它是依靠相对运动零件配合表面之间的微小间隙来防止泄漏的。由环形缝隙流量公式可知泄漏量与间隙 δ 的三次方成正比，因此可用减小间隙的办法来减小泄漏。一般活塞的间隙 δ 为 0.02～0.05 mm，在活塞或阀芯的外圆表面上开有几个宽 0.3～0.5 mm、深 0.5～1 mm、间距 2～5 mm 的环形沟槽，称压力平衡槽，如图 6-5 所示。压力平衡槽的作用是增加油液流经此间隙时的阻力，有助于增加密封效果，有利于活塞或阀芯各向油压趋于平衡，自动对中，减少移动时的摩擦力（液压卡紧力）。

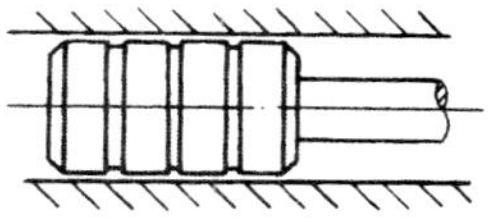

图 6-5　间隙密封

间隙密封属于非接触式密封，结构简单、摩擦力小、寿命长，但对配合表画的加工精度和表面粗糙度要求较高，且不能完全消除泄漏，密封性能也不能随压力的升高而提高，故只应用于低压、小直径快速液压缸的动密封中。此外，在各种液压阀、泵和液压马达的动密封中也广泛应用。

6.5.2 接触密封

在液压系统中广泛使用密封圈密封。它既可以用于静密封，也可以用于动密封。密封圈使用耐油橡胶、尼龙等材料制成，套装在活塞、柱塞或阀芯上来防止泄漏。它一般是依靠装配时的预压缩力和工作时液体压力的作用产生弹性变形，通过弹性力紧压在密封表面上实现接触密封的，密封圈结构简单、制造方便、磨损后能自动补偿，密封性能随着压力的升高而提高。因此它密封可靠，密封表面的加工要求也不高。密封圈按其断面形状不同有 O 型、Y 型、Yx 型、V 型及组合式等几种，后三种又称为唇型密封圈。

（1）O 型密封圈　O 型密封圈由耐油橡胶制成，其结构如图 6-6 所示。它的断面形状为圆形，外侧、内侧，和端面都能起密封作用。O 型密封圈的结构简单，密封性能好，装卸方便，摩擦阻力小，广泛用于静密封和动密封。

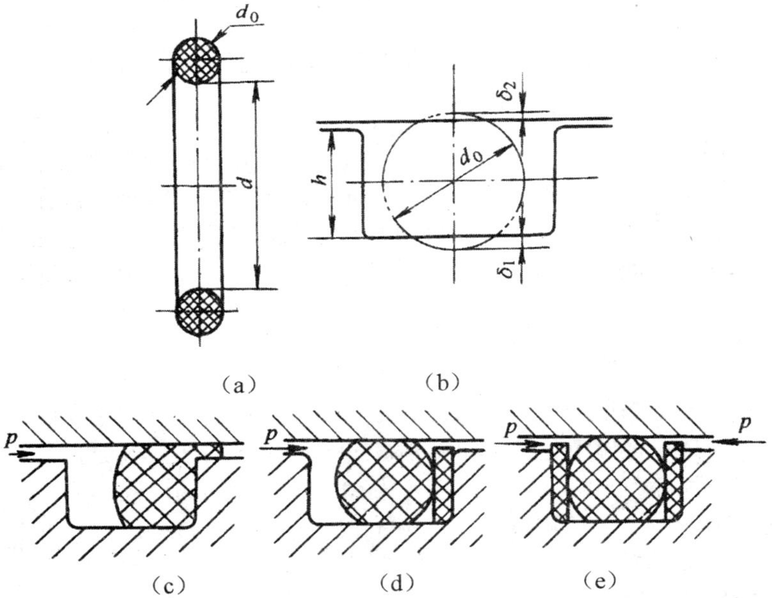

图 6-6　O 型密封圈

O 型密封圈装配时，有一定的压缩量（见图 6-6b 中的 δ_1、δ_2），从而在密封面上产生预紧力。当密封面上的单位压紧力大于液体压力时，即构成了密封；当液体压力升高时，密封圈因受挤压而使密封面上的压紧力提高，仍能起密封作用。

O 型密封圈损坏的主要原因之一是被挤入间隙，如图 6-6c 所示。这会使密封件挤裂而造成漏油，甚至使密封件不能工作。为了防止这种现象的发生，要在 O 型密封圈的侧面设置挡圈。单向受压时，在不承受压力的一侧设置一个挡圈，如图 6-6d 所示；双向受压时，在两侧各设置一个挡圈，如图 6-6e 所示。挡圈常用聚四氟乙烯制造。

（2）唇型密封圈　这类密封圈的共同特点是都具有一个与密封面接触的唇边，安装时唇口对着压力油，安装时的预压缩使唇边和被密封面紧贴，低压时唇边靠自身的预压缩弹性力来密封；当压力升高时，唇口在压力油压力的作用下张开，使唇逸与被密封面贴得更紧，压力越大，密封能力越高，并能对磨损自行补偿。唇型密封圈根据截面的形状可分为 Y 形、V 形、U 形和 L 形等，下面介绍几种常用的唇型密封圈。

① Y 型密封圈　Y 型密封圈的结构如图 6-7 所示。密封侧呈唇型，其材料为耐油橡胶。Y 型密封圈的结构简单，摩擦阻力小，适用于压力 $p<21$MPa 时作内径或外径的滑动密封。其缺点是在滑动速度高，压力变化大时，易产生“翻转”现象。

② Yx 型密封圈　它是一种断面的高宽比等于或大于 2 的 Y 型密封圈，也称小 Y 型密封圈，其材料有耐油橡胶和聚氨酯两种，结构如图 6-8 所示。Yx 型密封圈的硬度高，弹性、耐油性、耐磨性和耐压性均好。由于增大了断面的高宽比而增大了支承面积，所以克服了 Y 型密封圈工作时易“翻转”的缺点。Yx 型密封圈分轴用和孔用两种。轴用时，其内唇与轴面间有相对运动；孔用时，外唇与缸内壁间有相对运动。密封圈的两唇高度不等，在有相对运动的一侧较低，这样可以降低滑动摩擦阻力，提高使用寿命。

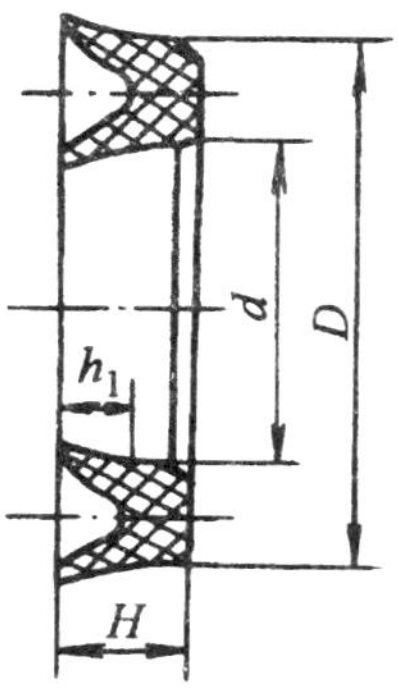

图 6-7　Y 型密封圈

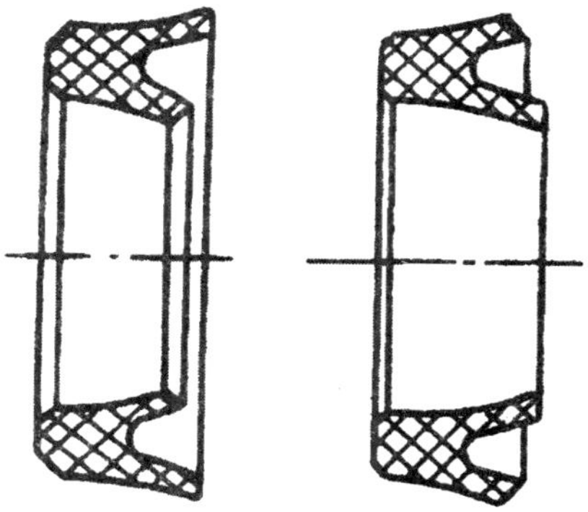

图 6-8　Y_X 型密封圈

（a）轴用（装在孔内）　（b）孔用（装在轴上）

③ V 型加织物密封圈　它由支承环、密封环和压环三个形状不同的零件组成，三个环叠在一起使用，三个环的结构如图 6-9 所示。三个环可以都用加织物耐油橡胶制成，也可用金属做支承环和压环。密封环的数量随工作压力增高而增加，以保证其密封性。并可通过调节轴向压紧力来获得最佳的密封效果。V 型加织物密封圈可用于内径和外径的密封。

V 型加织物密封圈的密封性好、耐高压、寿命长、在直径大、压力高、行程长的情况下多采用，其缺点是摩擦阻力大，轴向尺寸长。

④ 油封（旋转轴唇型密封圈） 它由耐油橡胶制成，常用的骨架油封结构如图 6-10 所示，内部有直角圆环铁骨架支撑着，内边有一根螺旋弹簧，使密封圈的内边收缩紧贴在轴上，起密封作用。主要用于液压泵、马达和回转缸的外伸轴的密封。一般标准型油封的压力使用范围不超过 0.05 MPa，最大线速度小于 15 m/s。当使用压力超过 0.05 MPa 时，应选用耐压型油封，其使用压力约为 1～3 MPa。

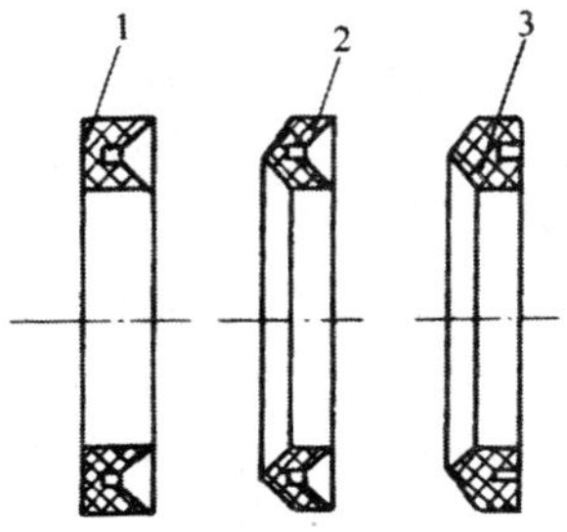

图 6-9 V 型加织物密封圈

1—支承环 2—密封环 3—压环

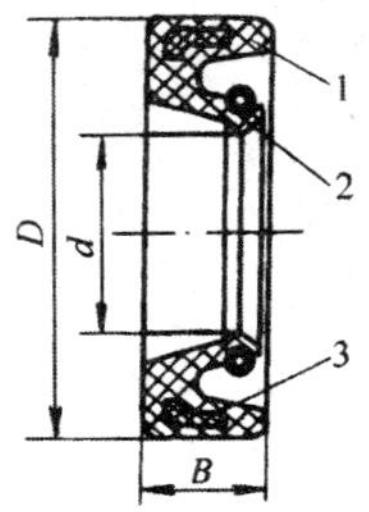

图 6-10 骨架油封

1—橡胶环 2—螺旋弹簧 3—骨架

6.6 小 结

液压辅件是液压系统的重要组成部分，它的合理选用与设计将在很大程度上影响液压系统的效率及可靠性。由于教学学时有限，一般安排本章内容自学。

（1）蓄能器是一种储存油液压力能的装置，它在液压系统中的功用主要有：作辅助动力源或紧急动力源；保压和补充泄漏；吸收压力冲击和消除压力脉动。根据液体加载的方式不同，蓄能器有活塞式和气囊式。实际应用时应按不同用途选用不同类型的蓄能器，并计算所需的容量。安装时尤其要注意：为方便检修，在蓄能器与管道之间应安装截止阀；为防止液压泵停车或卸载时蓄能器内的液体倒流回泵，在蓄能器与液压泵之间应安装单向阀。蓄能器的安装位置要视在液压系统中的作用而定。

（2）过滤器就是用于滤去油液杂质，维护油液清洁，保证系统正常工作的元件。一般初滤用网式或线隙式过滤器，普滤用烧结式过滤器，精滤用纸芯式过滤器，若需滤除磁性金属颗粒，则用磁性过滤器。过滤器可以安装在液压泵的吸油口、液压泵的排油口、系统的回油路或旁油路上，也可以专门设置一过滤系统。

（3）油箱主要用于储存系统所需的足够油液，散发油液中的热量，分离溶入油液中的空气，沉淀油液中的杂质。它一般由钢板焊接而成，其容量大小和具体结构需要根据液压系统的实际要求专门设计制造，设计时尤其要注意用隔板将泵的吸油管与系统的回油管分开，以使油液有足够时间冷却、分离气泡和沉淀杂质。

（4）管件用来连接液压元件、输送液压油液，要求有足够的强度，良好的密封性能，较小的压力损失，且装拆方便。常用的油管有钢管、紫铜管、橡胶管、塑料管、尼龙管等，应根据液压系统的工作压力来选择油管的种类和壁厚，根据系统的通流量来确定油管的内径。对应于不同油管，应选用相应的管接头：焊接式、卡套式、扩口式、橡胶软管接头、快换接头等。安装米制管接头时尤其要注意在管接头与液压元件之间要采用组合密封垫圈，以防止泄漏。

（5）密封装置用来防止液压系统内外泄漏及外界异物的侵入，保证系统建立必要的压力。要求密封装置在一定的工作压力和温度范围内具有良好的密封性能，且耐磨性好，磨损后在一定程度上能自动补偿。根据密封原理不同，有间隙密封、O 型密封、唇型密封（Y 型、Y_X 型、V 型等）、组合密封等多种密封形式。静密封多采用 O 型密封圈或组合密封垫圈，动密封可采用 O 型密封圈、Y 型密封圈、Y_X 型密封圈及橡塑组合密封装置，Y_X 型密封圈及橡塑组合密封装置要注意孔用和轴用的区别。安装密封圈的密封圈槽一定要按相应的公差和表面粗糙度要求加工。

6.7　复习思考题

6-1　蓄能器有哪几种类型？各有哪些功用？

6-2　过滤器有哪几种类型？选用时应考虑哪些因素？一般应安装在什么位置？

6-3　试述油箱的功用，结构设计时应注意哪些问题？

6-4　管接头有哪几种类型？说明其结构特点和使用场合。

6-5　常用的密封圈有哪几种类型？说明其结构特点和使用场合。

第 7 章　液压基本回路

不论实际的液压系统多么复杂，它总不外乎是由一些基本回路所组成的。所谓基本回路，就是由相关液压元件组成，能实现某种特定功能的典型油路。它是一般的实际液压系统中归纳、综合、提炼出来的，具有一定的代表性。熟悉和掌握基本回路的组成、工作原理、性能特点及其应用，是分析和使用液压系统的重要基础，有助于认识和分析一个完整的液压系统，即全局为局部之总和。

7.1　压力控制回路

压力控制回路是利用压力控制阀来控制整个液压系统或局部油路的工作压力，以满足执行元件对力或力矩的要求、保证系统安全的回路。这类回路包括调压、减压、增压、保压、卸荷和平衡等多种回路。

7.1.1　调压回路

调压回路的功能是控制系统的最高工作压力，使其保持恒选或不超过某一预先调定的数值（即压力阀的调整压力）。

1. 单级调压回路

如图 7-1 所示为单级调压回路。溢流阀 1 与液压泵并联，溢流阀限定了液压泵的最高工作压力，也就调定了系统的最高工作压力。当系统工作压力上升至溢流阀的调整压力时，溢流阀开启、溢流，便使系统压力基本维持在溢流阀的调定压力上；当系统工作压力低于溢流阀的调定压力时，溢流阀关闭，此时系统工作压力取决于负载的情况。

2. 多级调压回路

如图 7-2 所示为三级调压回路。它是利用三位四通电磁换向阀的切换与不同溢流阀接通来调定压力的。主溢流阀 4 调定系统最高压力，远程调压阀 2、3 的调整压力小于主溢流阀的调整值。通过三位四通的通、断电控制，获得三级调压。依照上述原理，又可派生出多级调压回路。

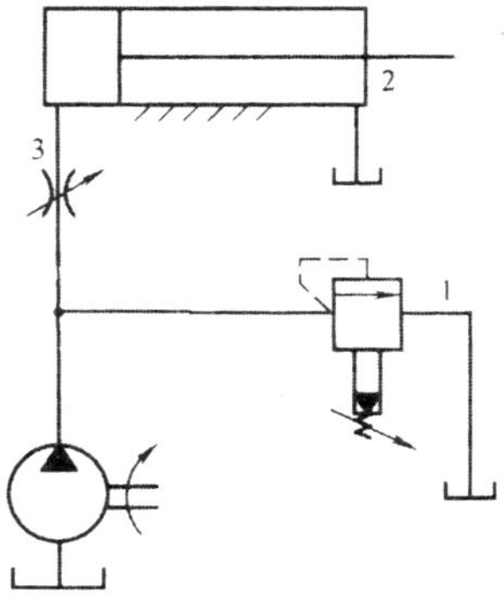

图 7-1　单级调压回路

1—先导型溢流阀　2—液压缸
3—节流阀

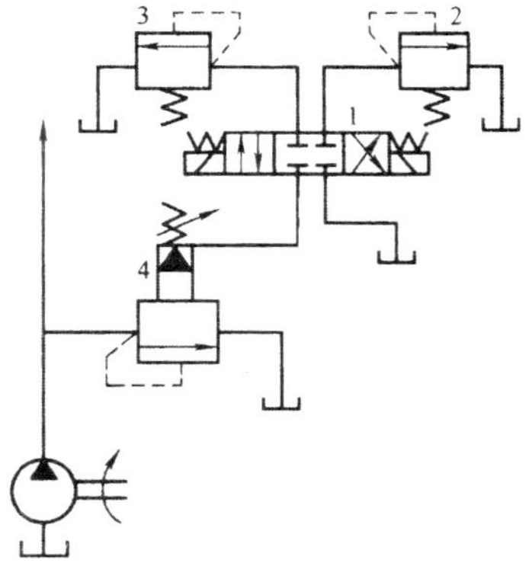

图 7-2　三级调压回路

1—三位四通电磁换向阀　2、3—远程调压阀
4—先导型溢流阀

3. 远程调压回路

如图 7-3 所示为远程调压回路。在先导式溢流阀的遥控口接一远程调压阀（小流量的直动式溢流阀），即可实现远距离调压，远程调压阀 2 可以安装在操作方便的地方。由于远程调压阀 2 是与主溢流阀 1 中的先导阀并联，故先导阀的调整压力须大于远程调压阀的调整压力，这样，远程调压阀才可起到调压作用。

4. 比例调压回路

如图 7-4 所示为比例调压回路。它利用电液比例溢流阀实现无级调压。根据执行元件在各个工作阶段的不同要求，调节比例溢流阀的输入电流，即可改变系统的调定压力。这种回路组成简单，压力变换平稳，冲击小，更易于远距离和连续控制。

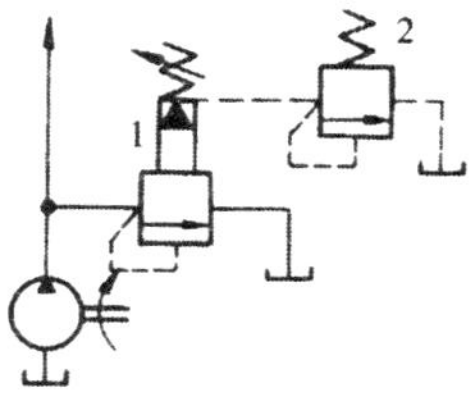

图 7-3　远程调压回路

1—溢流阀　2—远程调压阀

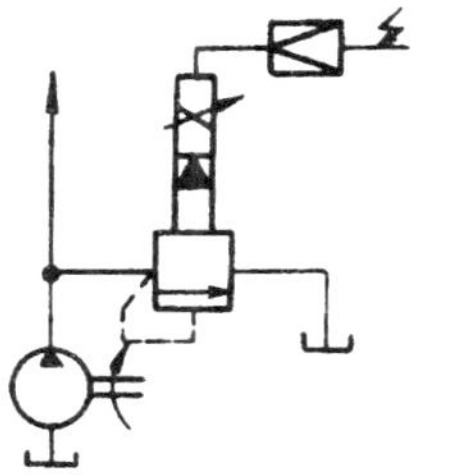

图 7-4　比例调压回路

7.1.2 减压回路

减压回路是由溢流阀、减压阀、单向阀等元件组成。减压回路的功用是使液压系统的某一支路获得低于系统主油路工作压力的压力油。液压系统中的定位、夹紧、控制、润滑、制动及各种辅助油路一般都采用减压回路。但是，由于减压口处有功率损失，故大流量回路不宜采用减压回路，而应采用辅助泵低压供油。

1. 一级减压回路

如图 7-5 所示为最常见的一级减压回路，它是在所需低压的油路上串接定值减压阀 2，减压回路的压力由定值减压阀 2 的固定值决定，回路中的单向阀 1 用于当主回路压力低于定值减压阀 2 的固定值时，防止油液倒流，起短时保压作用。

2. 二级减压回路

如图 7-6 所示为二级减压回路。它由溢流阀、先导式减压阀、远程减压阀、二位二通电磁换向阀等组成。其工作原理是在先导式减压阀 3 的遥控口上串接二位二通电磁换向阀 2 和远程调压阀 1，当换向阀左位接入系统，减压回路的压力由先导式减压阀 3 的调定值决定；当换向阀右位接入系统，减压回路的压力由远程调压阀 1 的调定值决定。必须指出，远程调压阀 1 的调定值 p_2 一定要低于先导式减压阀 3 的调定值 p_1，只有这样才能得到二级压力。液压泵的最大工作压力由溢流阀 4 调定 p，且满足 $p > p_1 > p_2$ 关系。

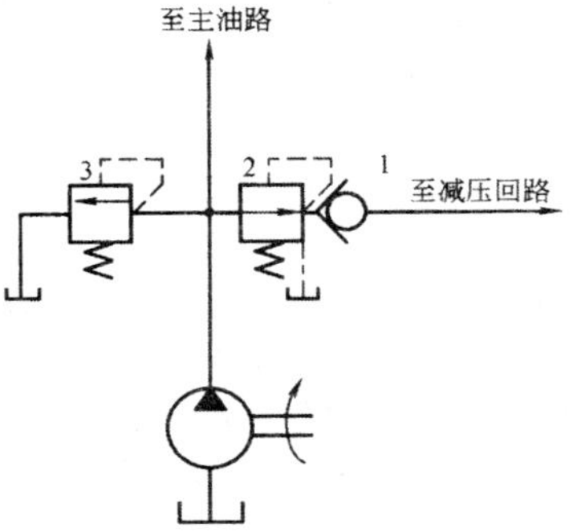

图 7-5　一级减压回路

1—单向阀　2—定值减压阀
3—溢流阀

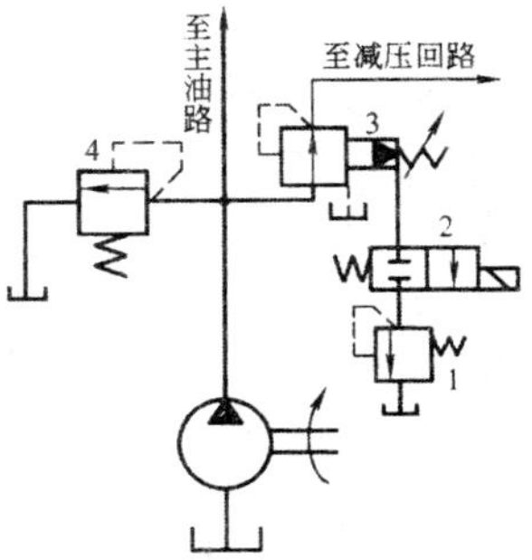

图 7-6　二级减压回路

1—远程调压阀　2—二位二通电磁换向阀
3—先导式减压阀　4—溢流阀

7.1.3 增压回路

增压回路的功用是使系统的局部油路或某个执行机构获得比液压泵工作压力高若干倍

的高压油。当液压系统中某一支路需要压力很高流量很小的压力油，若采用高压泵不经济，或根本没有这样高压力的液压泵时，就要采用增压回路来提高压力。在制动器、离合器等具有负载大、行程小和作业时间短等工作特点的执行机构中均可采用增压回路。最简单的增压方法是采用增压缸。

如图 7-7 所示为采用增压缸的增压回路。当二位四通换向阀处于右位时，液压泵出口的油液进入增压缸大缸的活塞左腔，大活塞通过活塞杆推动小活塞向右运动。由于在大活塞和小活塞两边的作用力相等，而活塞有效工作面积却不等，因此小液压缸便能输出高压油。增压缸增压倍数取决于增压缸大活塞和小活塞的面积比。液压泵出口处的最大压力由溢流阀调定。工作缸靠弹簧复位，补油装置补足 *b* 腔油路的泄漏。

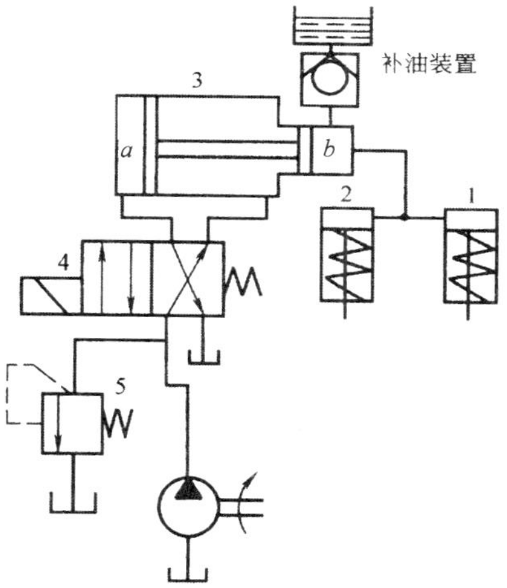

图 7-7　增压回路

1、2—工作缸　3—增压缸　4—二位四通电磁换向阀　5—溢流阀

此回路适用于液压缸需要很大的单向作用力，而负载行程却较短的场合。

7.1.4　保压回路

保压回路的功用是使液压系统中液压缸在不动的情况下维护稳定的压力。有的主机要求液压系统在工作过程中，当液压泵卸荷时系统仍须保持压力，常用蓄能器、自动补油保压回路来保持系统压力。

如图 7-8 所示为蓄能器保压回路。当三位四通电磁换向阀 3 左侧通电时，泵向液压缸左腔和蓄能器 2 同时供油，并推动活塞右移。当接触工件后，系统压力升高。当压力升至压力继电器 1 调定值时，二位二通电磁换向阀 4 通电，通过先导式溢流阀 5 使泵卸荷，此时液压缸中油液压力由蓄能器 2 保压。液压缸压力不足时，压力继电器复位使泵重新工作。

保压时间的长短取决于蓄能器的容量。调节压力继电器 1 的工作区间，即可调节缸中压力的最大值和最小值。这种回路适用于功率损失小的场合。

如图 7-9 所示为自动补油保压回路。当电磁换向阀 4 右位接入回路时，液压缸上腔成为压力腔，活塞下行终止，抵住工件，上腔压力上升，在压力上升到电接触式压力表 1 上限触点调定压力时，电接触式压力表发出电信号，使电磁换向阀 4 切换成中位，液压泵卸荷，液压缸由液控单向阀 3 保压。当液压缸上腔压力下降到下限触点调定压力时，电磁换向阀 4 右位接入回路，液压泵又向液压缸上腔补油，使其压力回升。电磁换向阀 4 左位接入回路时，活塞向上退回。这种回路保压时间长，压力稳定性好，适用于保压性能要求高的高压系统。

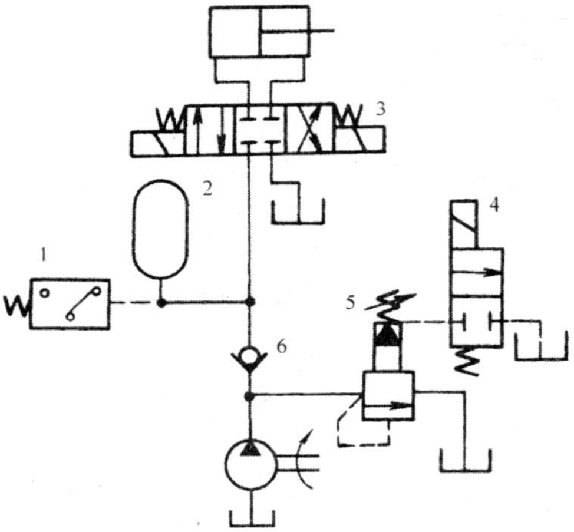

图 7-8 用蓄能器保压泵卸荷回路

1—压力继电器 2—蓄能器 3—三位四通电磁换向阀
4—二位二通电磁换向阀
5—先导式溢流阀 6—单向阀

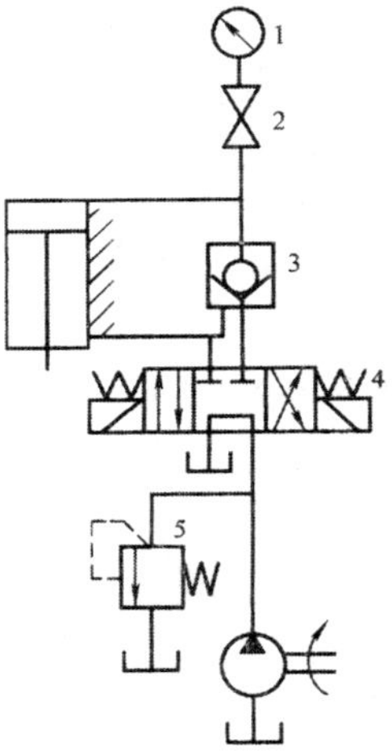

图 7-9 自动补油保压系统

1—电接触式压力表 2—截止阀
3—液控单向阀 4—三位四通电磁换向阀
5—溢流阀

7.1.5 卸荷回路

卸荷回路的功用是在液压泵驱动电动机不频繁启闭的情况下，使液压泵在功率损耗接近于零情况下运转。所谓“卸荷”是指液压泵以很小的输出功率运转，即液压泵输出油液以很低的压力排回油箱，或液压泵输出很小流量的压力油。这样既减少了功率的消耗和降低了系统的温升，又延长了液压泵的使用寿命。

采用了卸荷回路，可以避免原动机的频繁启动与停止；若在启动时先行卸荷，还可使原动机在空载下启动。

（1）采用换向阀中位机能的卸荷回路　如图 7-10 所示用换向阀中位机能的卸荷回路。采用具有中位卸荷机能的三位换向阀，中位卸荷机能有 M、H、K 型可以使液压泵卸荷。这种方法简单可靠。

（2）采用先导式电磁溢流阀的卸荷回路　如图 7-11 所示为二位二通阀的卸荷回路。当二位二通换向阀电磁铁 YA 通电时，溢流阀遥控口与油箱接通，溢流阀全开，液压泵经溢流阀排出的油以很低的压力流回油箱。

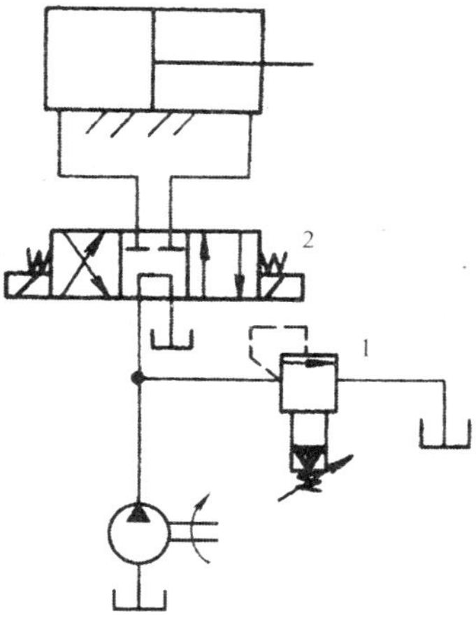

图 7-10　用换向阀中位的卸荷回路

1—先导式溢流阀　2—三位四通电磁换向阀

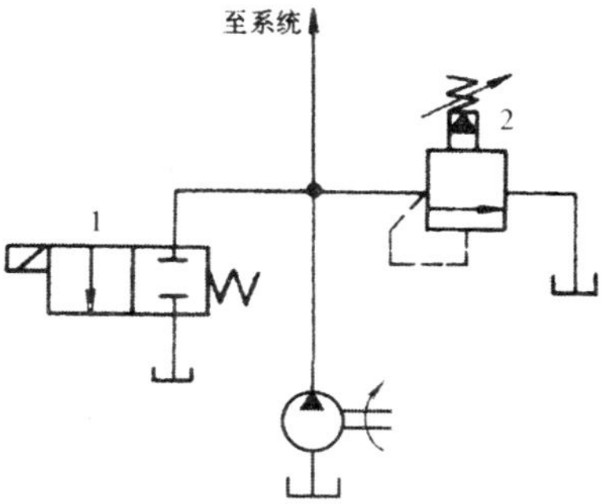

图 7-11　用二位二通阀的卸荷回路

1—二位二通电磁换向阀　2—先导式溢流阀

7.1.6　平衡回路

平衡回路的功用是使液压缸保持一定的背压，以便平衡重力负荷，防止运动部件超速下滑。对平衡回路的要求是结构简单、闭锁性好、工作可靠。

如图 7-12 所示为单向顺序阀组成的平衡回路。单向顺序阀的调定压力应稍大于由工作部件自重在液压缸下腔中所形成的压力，这样工作部件在静止时，顺序阀关闭而不会自行下滑；工作部件下行时，顺序阀开启使液压缸下腔产生的背压能平衡自重，不会产生超速现象。这种回路因设置背压与超越负载相平衡，故称平衡回路；因其限制了运动部件的超速运动，又称限速回路。

用单向顺序阀的平衡回路由于回油腔有背压，所以功率损失大。

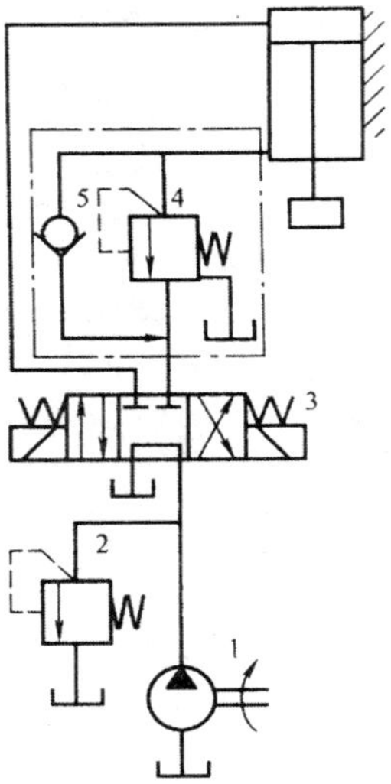

图 7-12 平衡回路

1—液压泵 2—溢流阀 3—三位四通电磁换向阀 4—直动型顺序阀 5—单向阀

7.2 速度控制回路

速度控制回路是调节和变换执行元件运动速度的基本回路，包含调速回路、快速运动回路和速度变换回路。

7.2.1 调速回路

调速是指调节执行元件的运动速度，对液压传动系统的性能好坏起决定影响，故调速回路在液压系统中占有突出的地位，也是液压系统核心部分。

在不考虑液压油的压缩性和泄漏的情况下，液压缸的运动速度为

$$v = \frac{q}{A} \tag{7-1}$$

液压马达的转速为

$$n = \frac{q}{V_m} \tag{7-2}$$

可见，改变进入执行元件的流量 q，或者改变执行元件的几何尺寸（液压缸的工作面积 A 或液压马达的排量 V_m）都可以改变其运动速度。

改变进入执行元件的流量 q，可以用定量泵与节流元件的配合来实现；也可以直接用变量泵来实现。

对于液压缸来讲，要改变其工作面积 A，在结构上有困难，所以只能通过改变输入流量来实现调速；对于液压马达，既可以通过改变输入流量，也可以通过改变其排量（采用变量马达）来实现调速。

采用定量泵供油，利用节流元件来改变并联支路的油流分配，进而改变进入执行元件流量来实现调速的方法称为节流调速。

利用改变液压泵或液压马达有效工作容积（排量）来实现调速的方法称为容积调速。

如果将以上两种调速方法结合起来，用变量泵与节流元件相配合的调速方法，则称为容积节流调速。

1. 节流调速回路

根据节流元件在回路中的安放位置不同，节流调速回路有进口节流、出口节流和旁路节流三种基本形式。根据使用要求，节流元件或是节流阀或是调速阀。

（1）进口节流调速回路　将节流阀（或调速阀）装在液压缸的进口油路上，即串联在定量泵和液压缸之间，如图 7-13a 所示。液压泵输出的油液一部分经节流阀进入液压缸工作腔，推动活塞运动，液压泵多余的油液经溢流阀排回油箱，这是这种调速回路能够正常工作的必要条件。由于溢流阀有溢流，泵的出口压力 p_p 就是溢流阀的调整压力并基本保持恒定，所以又称为定压节流调速回路。调节节流阀的通流面积，即可调节通过节流阀的流量，从而调节液压缸活塞的运动速度。

依据以上工作原理分析进口节流调速回路的特性。

液压缸活塞克服外负载力 F 做等速运动时，其受力平衡方程式为

$$(p_1A_1 - p_2A_2) = F \tag{7-3}$$

式中　A_1、A_2——液压缸无杆腔、有杆腔的有效工作面积；

p_1、p_2——液压缸进、回油腔的压力。

不计管路的压力损失，$p_2 = 0$，则

$$p_1 = \frac{F}{A_1} \tag{7-4}$$

因为液压泵的供油压力 p_p 为定值，节流阀两端压差为

$$\Delta p = p_p - p_1 = p_p - \frac{F}{A_1} \tag{7-5}$$

根据节流阀的流量特性方程，通过节流阀的流量为

$$q_1 = KA_v(\Delta p)^m = KA_v\left[p_p - \frac{F}{A_1}\right]^m \tag{7-6}$$

式中

K ——孔口的形状系数；

A_v ——节流阀阀口的通流面积；

F——外负载力。

则活塞的运动速度为

$$v = \frac{q_1}{A_1} = \frac{KA_v}{A_1}\left[p_p - \frac{F}{A_1}\right]^m \tag{7-7}$$

式（7-7）即为进口节流调速回路的速度—负载特性方程，由该式可知，液压缸的运动速度 v 和节流阀通流面积 A_v 成正比。调节 A_v 可实现无级调速，当 A_v 调定后，速度随负载的增大而减小。若以 v 为纵坐标，以 F 为横坐标，选用不同的 A_v 为参变量，可绘出如图 7-13b 所示的一组速度—负载特性曲线。

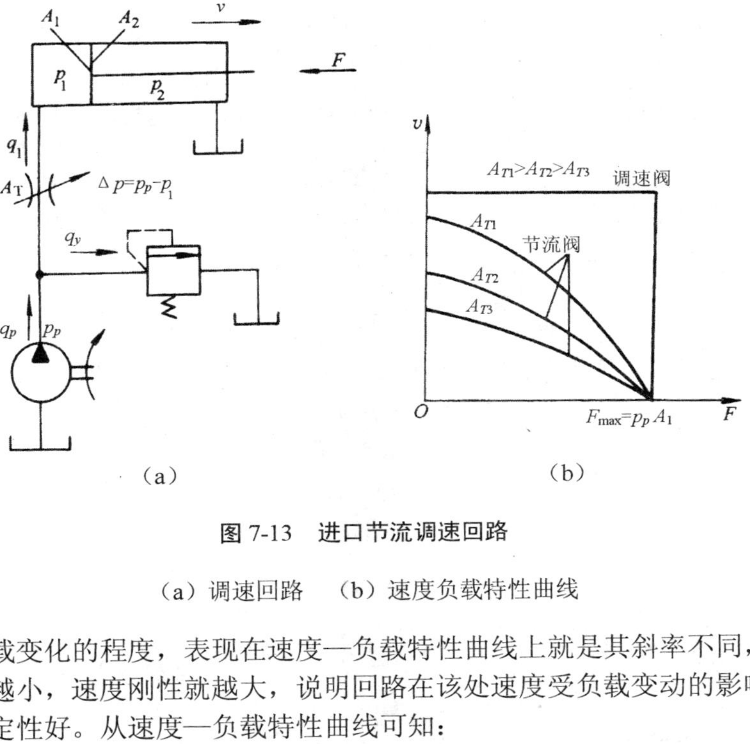

图 7-13　进口节流调速回路

（a）调速回路　（b）速度负载特性曲线

速度随负载变化的程度，表现在速度—负载特性曲线上就是其斜率不同，特性曲线上某点处的斜率越小，速度刚性就越大，说明回路在该处速度受负载变动的影响就越小，即该处的速度稳定性好。从速度—负载特性曲线可知：

① 在负载一定的情况下，活塞运动速度 v 与节流阀的通流面积 A_v 成正比，通流面积调得越大，活塞运动速度越高；

② 在节流阀通流面积不变时，随着负载的增大，活塞运动速度将逐渐下降，因此，这种回路的速度—负载特性较软，即速度刚性较差；

③ 在相同负载下工作，节流阀通流面积大的速度刚性要比通流面积小的速度刚性差，即高速时的速度刚性差；

④ 节流阀通流面积不变，负载较大时的速度刚性比负载较小时的差，即负载大时速度刚性较差；

由式（7-7）可知，无论节流阀通流面积 A_v 为何值，当 $F = p_p A_1$ 时，节流阀两端压差 Δp 为零，活塞运动也就停止，此时输出的流量全部经溢流阀流回油箱，所以该回路的最大承载值为 $F_{\max} = p_p A_1$。

由图 7-13a 可以看出液压泵输出的油液一部分经节流阀进入液压缸工作腔，总有一部分经溢流阀排回油箱，液压泵的输出功率为 $P_p = p_p q_p =$ 常量；而液压缸的输出功率为 $P_1 = Fv = F\dfrac{q_1}{A_1} = p_1 q_1$，所以该回路的功率损失为

$$\begin{aligned}\Delta P &= P_p - P_1 = p_p q_p - p_1 q_1 = p_p(q_1 + q_y) - (p_p - \Delta p) q_1 \\ &= p_p q_y + \Delta p q_1 \end{aligned} \tag{7-8}$$

式中　q_y——通过溢流阀的溢流量，$q_y = q_p - q_1$。

由（7-8）式可知这种进口节流调速回路总存在溢流功率损失 $\Delta P_y = p_p q_y$ 和节流功率损失 $\Delta P_v = \Delta p q_1$，故进口节流调速回路的效率较低。

进口节流调速回路适用于轻载、负载变化不大和对速度稳定性要求不高的小功率液压系统。

（2）出口节流调速回路　将节流阀装在液压缸的出口油路上，如图 7-14 所示，借助于节流阀控制液压缸的排油量 q_2 来实现速度调节。由于进入液压缸的流量 q_1 受到回油路上排出流量 q_2 的限制，因此用节流阀来调节液压缸的排油量 q_2，也就调节了进油量 q_1，定量泵多余的油液仍经溢流阀流回油箱，溢流阀调整压力（p_1）基本稳定（定压）。与进口节流调速回路的调速原理相似，出口节流调速回路速度负载特性。

液压缸活塞克服外负载力 F 做等速运动时，其受力平衡方程式为

$$(p_p A_1 - p_2 A_2) = F \tag{7-9}$$

节流阀两端压差为

$$\Delta p = p_2 = \frac{A_1}{A_2}\left[p_p - \frac{F}{A_1}\right] \tag{7-10}$$

通过节流阀的流量为

$$q_2 = KA_v(\Delta p)^m = KA_v \frac{A_1}{A_2}\left[p_p - \frac{F}{A_1}\right]^m \tag{7-11}$$

则活塞的运动速度为

$$v=\frac{q_2}{A_2}=\frac{KA_v}{A_2}\frac{A_1}{A_2}\left[p_p-\frac{F}{A_1}\right]^m \tag{7-12}$$

比较式（7-12）和式（7-7）可以发现，出口节流调速和进口节流调速的速度负载特性以及速度刚性基本相同，若液压缸两腔有效面积相同（双出杆液压缸），那么两种节流调速回路的速度负载特性和速度刚度就完全一样。因此对进口节流调速回路的一些分析对出口节流调速回路完全适用。但是，由于这两种回路节流阀位置差异仍有一些不同之处。

① 承受负值负载的能力　出口节流调速回路的节流阀使液压缸回油腔形成一定的背压，在负值负载时，背压能阻止工作部件的前冲，即能在负值负载下工作，而进口节流调速由于回油腔没有背压力，因而不能在负值负载下工作。

例如在顺铣过程中，如图 7-15 所示，切削力的水平分力 F_H 的方向与进给方向有时相同，有时相反，而且其大小又是变化的，这样工件连同工作台就可能发生窜动，产生振动，使进给运动不平稳。当 F_H 方向与进给运动方向相同时，F_H 即为液压缸的负值负载。液压缸的运动速度本来是由节流阀调定的，但由于有 F_H 又拉动工作台向右运动，这就有可能使其运动速度失控。在这种情况下，可以采用出口节流调速或在回油路上设置背压阀以平衡负值负载，从而改善进油调速速度不平稳的缺点。

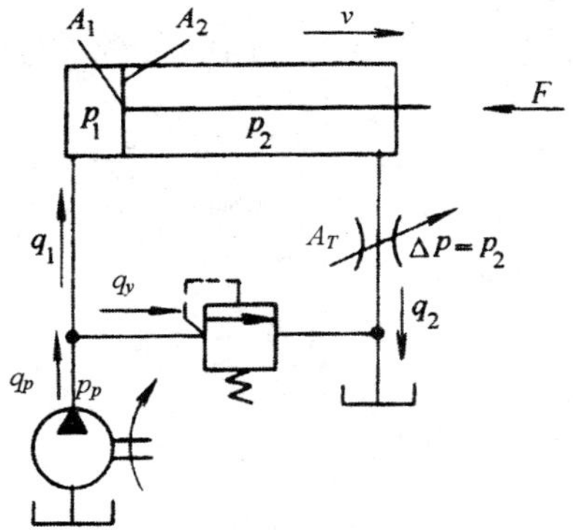

图 7-14　出口节流调速回路

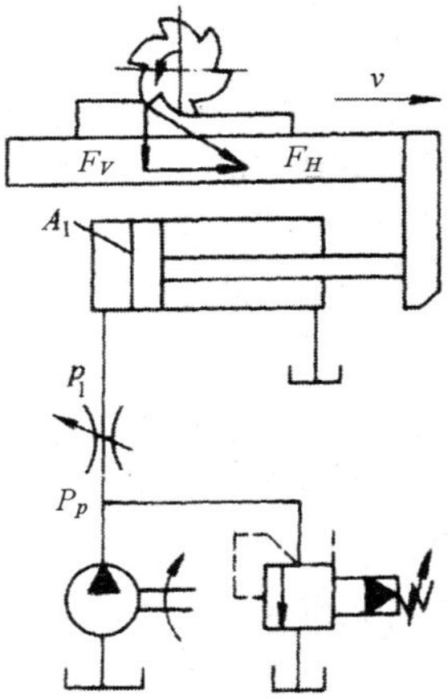

图 7-15　负值负载对运动平稳性的影响

② 停车后的启动性能　长期停车后液压缸油腔内的油液会流回油箱，当液压泵重新向液压缸供油时，在出口节流调速回路中，由于进油路上没有节流阀控制流量，会使活塞前冲；而在进口节流调速回路中，由于进油路上有节流阀控制流量，故活塞前冲很小，甚至没有前冲。

③ 实现压力控制的方便性　进口节流调速回路中，进油腔的压力将随负载而变化，

当工作部件碰到止挡块而停止后，其压力将升到溢流阀的调定压力，利用这一压力变化来实现压力控制是很方便的；但在出口节流调速回路中，只有回油腔的压力才会随负载而变化，当工作部件碰到止挡块后，其压力将降至零，虽然也可以利用这一压力变化来实现压力控制，但其可靠性差，一般均不采用。

④ 发热及泄漏的影响　在进口节流调速回路中，经过节流阀发热后的液压油将直接进入液压缸的进油腔；而在出口节流调速回路中，经过节流阀发热后的液压油将直接流回油箱冷却。因此，发热和泄漏对进口节流调速的影响均大于对出口节流调速的影响。

⑤ 运动平稳性　在出口节流调速回路中，由于有背压力存在，它可以起到阻尼作用，同时空气也不易渗入，而在进口节流调速回路中则没有背压力存在，因此，可以认为出口节流调速回路的运动平稳性好一些；但是，从另一个方面讲，在使用单出杆液压缸的场合，无杆腔的进油量大于有杆腔的回油量。故在缸径、缸速均相同的情况下，进口节流调速回路的节流阀通流面积较大，低速时不易堵塞。因此，进口节流调速回路能获得更低的稳定速度。

为了提高回路的综合性能，一般常采用进口节流调速，并在回油路上加背压阀的回路，使其兼具两者的优点。

⑥ 回油腔的压力　在出口节流调速回路中，回油腔的压力较高，特别是在轻载时，回油腔压力有可能比进油腔压力还要高，这对液压缸回油腔和回油管路的强度和密封提出了更高的要求。

（3）旁路节流调速回路　如图 **7-16a** 所示，节流阀装在与液压缸进口油路相并联的支路上，溢流阀起安全阀作用，正常工作时处于常闭状态，过载时打开。调节节流阀阀口的大小，改变了通过节流阀的流量，即改变了进入液压缸的流量，从而实现活塞运动速度的调节。

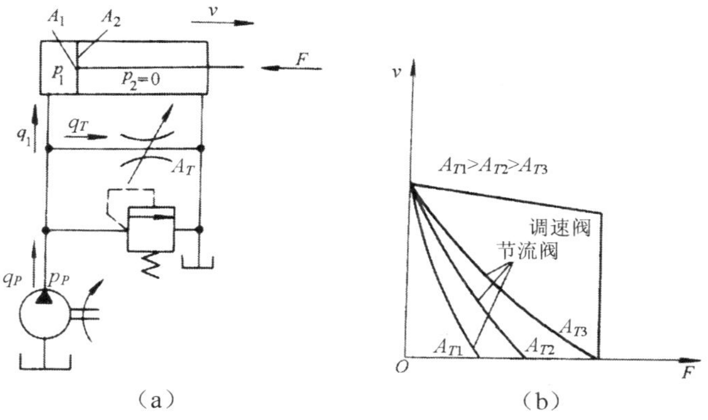

图 7-16　旁油路节流调速回路

（a）调速回路　（b）速度负载特性曲线

活塞上的受力平衡方程式为

$$(p_1A_1 - p_2A_2) = F \tag{7-13}$$

不计管路的压力损失，$p_1 = p_2$，$p_2 = 0$，则节流阀前后压差

$$\Delta p = p_p = \frac{F}{A_1} \tag{7-14}$$

通过节流阀的流量为

$$q_3 = KA_v(\Delta p)^m = KA_v\left(\frac{F}{A_1}\right)^m \tag{7-15}$$

通过节流阀的流量为

$$\begin{aligned} q_1 &= q_p - q_3 = q_{pt} - \Delta q_p - KA_v(\Delta p)^m \\ &= q_{pt} - k_p\frac{F}{A_1} - KA_v\left(\frac{F}{A_1}\right)^m \end{aligned} \tag{7-16}$$

式中　q_{pt} ——泵的理论流量；

Δq_p ——泵的泄漏量；

k_p ——泵的泄漏系数；

F——外负载。

则活塞的运动速度为

$$v = \frac{q_1}{A_1} = \frac{q_{pt}}{A_1} - \frac{k_pF}{A_1^2} - \frac{KA_v}{A_1}\left[\frac{F}{A_1}\right]^m \tag{7-17}$$

式（7-17）为旁路节流调速回路的速度—负载特性，对应的速度—负载特性曲线如图 7-16b 所示。

以上推导过程中，考虑了泵的泄漏量对速度的影响，是因为泵的工作压力随负载 F 的变化而变化，即泵的泄漏量随负载 F 而变化，是变量（前两回路中泵的泄漏量为常量）。

由图 7-16b 可知速度—负载特性曲线在横坐标上并不汇交，其最大承载能力随节流阀通流面积 A_v 的增加而减小，即旁路节流调速回路的低速承载能力很差，调速范围也小。

旁路节流调速回路只有节流损失而无溢流损失，泵的输出压力随负载而变化，即节流损失和输入功率随负载而变化，所以比前两种调速回路效率高。

这种旁油路节流调速回路负载特性很软，低速承载能力又差，故其应用比前两种回路少，只用于高速、重载、对速度平稳性要求不高的较大功率系统中，如牛头刨床主运动系统、输送机械液压系统等。

（4）用调速阀的节流调速回路　前面分析的采用节流阀的三种节流调速回路，有一个共同的缺点，就是执行元件的运动速度都随负载的增加而降低，即速度刚性差。这主要是

由于负载变化引起了节流阀前后压差的变化，从而改变了通过节流阀的流量，造成了执行元件速度的变化。如果能设法保证节流阀的前后压差不变，就可以提高执行元件的速度稳定性。

调速阀的特点就是在其进口或出口压力变化的情况下，调速阀中的减压阀能自动调节其开口的大小，使调速阀中的节流阀前后压差基本保持不变。即在负载变化的情况下，通过调速阀的流量基本不变。

用调速阀取代节流阀，就形成了采用调速阀的进口、出口和旁路节流调速回路。从速度—负载特性曲线看，在调速阀正常工作范围内，速度刚性得到了极大的提高。而且旁路节流调速回路采用调速阀后，其最大承载能力也将不再受节流口变化的影响，为 $F_{\max} = p_r A_1$， p_r 为安全阀调整压力。

从以上分析可见，采用调速阀后，回路的速度刚性大大地提高了，所以适用于变负载工况且对速度稳定性要求较高的场合。至于回路的效率仍然是很低的。因为调速阀中包含了减压阀和节流阀的功率损失，所以，其功率损失比采用节流阀的相应的节流调速回路还要大些。

2. 容积调速回路

容积调速回路是用改变泵和马达的排量来实现调速的。大多采用闭式回路，没有节流损失和溢流损失，因而效率高，发热小，适用于高速、大功率系统。但回路中变量泵或变量马达结构复杂，需辅助泵来补油和散热，成本较高。

根据液压泵和液压马达（或液压缸）的不同组合，容积调速回路有三种形式：变量泵—定量执行元件容积调速回路；定量泵—变量马达容积调速回路；变量泵—变量马达容积调速回路。

（1）变量泵—定量执行元件容积调速回路　如图 7-17a 所示为变量泵和液压缸组成的开式容积调速回路。如图 7-17b 所示为变量泵和定量马达组成的闭式容积调速回路，工作时溢流阀关闭，作安全阀用，泵 1 是补充泄漏用的辅助泵，其流量为变量泵最大输出流量的 10%～15%，压力由低压溢流阀 6 调定，这样可使低压管路保持较低的压力，以防空气渗入和出现空穴现象，从而改善变量泵的吸油条件。两种回路都是通过改变变量泵的排量来实现调速的。

下面以图 7-17b 所示变量泵和定量马达回路为例，分析回路的主要特性。

变量泵的输出流量进入定量马达，定量马达的输出转速为

$$n_m = \frac{q_m}{V_m} = \frac{q_p}{V_m} = \frac{V_p}{V_m} n_p \tag{7-18}$$

式中　q_m ——液压马达的输入流量；

q_p ——液压泵的输出流量；

V_p、V_m ——液压泵、液压马达的排量；

n_p ——液压泵的转速。

定量马达的输出转矩为

$$T_m = \frac{V_m}{2\pi}\Delta p \tag{7-19}$$

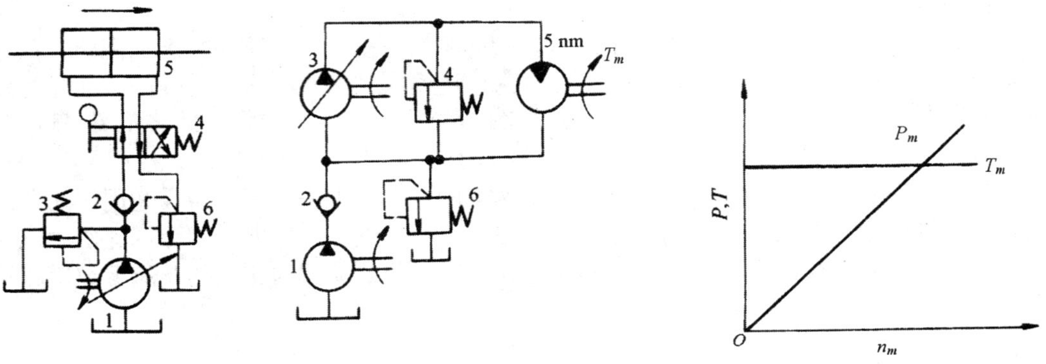

（a）（b）（c）

图 7-17 变量泵和定量执行元件容积调速回路

（a）变量泵和液压缸组成的开式容积调速回路
（b）变量泵和定量马达组成的闭式容积调速回路
（c）变量泵和定量执行元件调速特性

式中 Δp ——液压马达的进出口压差。

而定量马达的输出功率为

$$P_m = 2\pi n_m T_m = V_p n_p \Delta p \tag{7-20}$$

从以上三式可知，调节泵的输出流量 q_p，即可对马达的转速 n_m 进行调节。若系统的负载转矩恒定，则回路的工作压力 p 恒定不变（即 Δp_m 不变），此时马达的输出转矩 T_m 恒定，输出功率与转速成正比。故该回路又称为“恒转矩调速”回路。

图 7-17c 所示为定量泵—变量马达容积调速回路的调节特性曲线。

（2）定量泵—变量马达容积调速回路 图 **7-18a** 所示为定量泵—变量马达容积调速回路，定量泵的输出流量基本不变，调节变量马达的排量，便可调节其转速。

回路中，液压泵输出流量为常值，当负载恒定时，回路的工作压力 p 和马达输出功率 P_m 都恒定不变，而马达的输出转矩 T_m 与马达的排量 V_m 成正比，马达的转速 n_m 与其排量 V_m 成正比。

定量泵和变量马达调速回路的调速特性曲线如图 **7-18b** 所示。图中输出功率 P_m 不变，此回路又称恒功率调速回路。这种回路的调速范围较小，因此，很少单独在液压系统中使用。

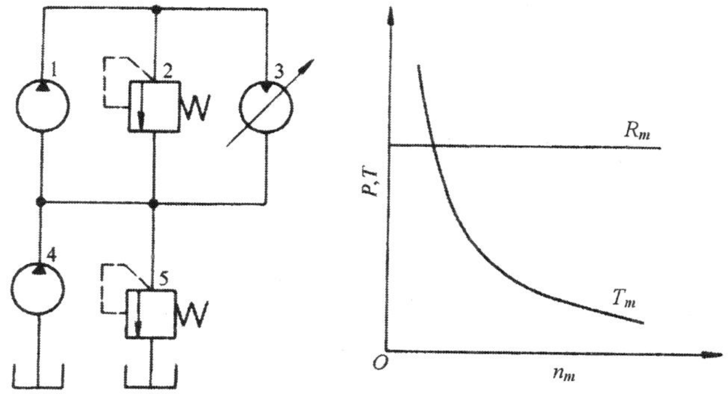

（a）　　（b）

图 7-18　定量泵和变量马达调速回路

（a）调速回路　（b）调速特性

另外，这种回路从理论上讲，可以用双向变量马达来换向。但在换向时，要经过马达排量很小的区域，即马达转速要经历“高速—零速—反向高速”的过程，将产生很大的换向冲击。因此，实际工程中常采用换向阀来实现变量马达的换向。

（3）变量泵和变量马达容积调速回路　如图 7-19a 所示，调节双向变量泵 1 或变量马达 2 的排量均可改变马达的转速。通过双向变量泵供油方向的改变来实现马达的换向。由于双向交替供油，在回路中设了 4 个单向阀 6、7、8、9，使安全阀 3 总是限定高压管路的最高压力，辅助泵 4 总是向低压管路补油。如变量泵正向供油时，上侧管路是高压，压力油进入变量马达使其正向旋转，安全阀 3 经单向阀 8 限定上侧高压管路的最高压力；辅助泵 4 经单向阀 7 向下侧低压管路补油。

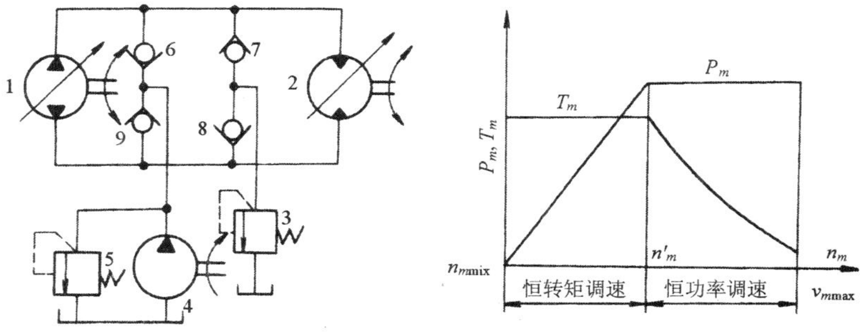

（a）　　（b）

图 7-19　变量泵和变量马达容积调速回路

（a）调速回路　（b）调速特性

实际上，变量泵—变量马达容积调速回路就是前两种回路的组合，液压马达的转速既可以通过改变变量泵的排量又可以通过改变变量马达的排量来实现，因此拓宽了这种回路的调速范围以及扩大了马达的输出转速和输出功率的可选择性。

变量泵—变量马达容积调速回路的调节方法，一般可以采用单独顺序调节：启动前首先将变量马达的排量固定到最大值，然后将变量泵的排量由最小值向最大值方向调节，以达到调速的目的，此时回路的调节特性相当于变量泵—定量马达回路的特性；当将变量泵的排量调到最大值之后，并把它固定下来，再将变量马达的排量由最大值向小方向调节，达到进一步调速的目的，此时回路的调节特性相当于定量泵—变量马达回路的特性。图 **7-19b** 所示为按这种调节方法表示的调节特性曲线。很明显，在低速段具有恒转矩调节特性，在高速段具有恒功率调节特性。调速范围（$n_{m\max}/n_{m\min}$）进一步扩大，一般可达 100。

这种回路的调节特性，比较适用于一般机械的负载特性，即在低速时要求有较大的转矩，而在高速时则要求较小的转矩。

对于某种机械特定的负载特性，可以采用相关调节，即同时对变量泵和变量马达进行调节，使回路的调节特性与机械的负载特性相匹配。

3. 容积节流调速回路

容积节流调速回路是利用变量泵和调速阀组合而成的，其工作原理是采用压力补偿型变量泵供油，用流量控制阀调定进入液压缸或由液压缸流出的流量来调节液压缸的运动速度，并使变量泵的输油量自动地与液压缸所需的流量相适应。这种调速回路既保留了容积调速回路无溢流损失、效率高的长处，又具有采用调速阀的节流调速回路速度刚性大的特点，是综合性能较好的调速回路，适用于要求速度稳定、效率较高的液压系统。

下面介绍一种典型的容积节流调速回路：限压式变量泵和调速阀组成的调速回路。

如图 7-20a 所示，调速阀装在进油路上，调节调速阀中节流口通流面积的大小，便可改变进入液压缸的流量，实现液压缸活塞运动速度的调节。而限压式变量泵的输出流量 q_p 总是和液压缸所需流量 q_1（即通过调速阀节流口的流量）相适应。如泵的输出流量 q_p 大于 q_1，时，多余的油液迫使泵的供油压力上升。根据限压式变量泵的工作原理可知，压力升高后，泵的输出流量便自动减少；反之，当 q_p 小于 q_1 时，泵的供油压力下降，泵的输出流量自动增加，直到 q_p 与 q_1 相等为止。由于没有溢流损失，所以容积节流调速回路的效比节流调速回路高，如图 **7-20b** 所示为这种容积节流调速回路的特性曲线。图中曲线 1 为限压式变量泵的压力—流量特性曲线，曲线 2 是调速阀在某一开口时特性曲线。a 为液压缸的工作点，对应通过调速阀进入液压缸的流量为 q_1，压力为 p_1；液压泵的工作点在 b 点，泵的输出流量 q_p 与 q_1，相等，泵的供油压力为 p_p。

欲使调速阀正常工作，应保证其最小压差为 $\Delta p_{\min} = p_p - p_{1\max} = 0.5\ \text{MPa}$，这样才能使液压缸的工作点始终处在曲线 2 的水平段。所以限压式变量泵的压力—流量特性曲线的调

节应保证 $p_p = p_{1\max} + \Delta p_{\min}$。

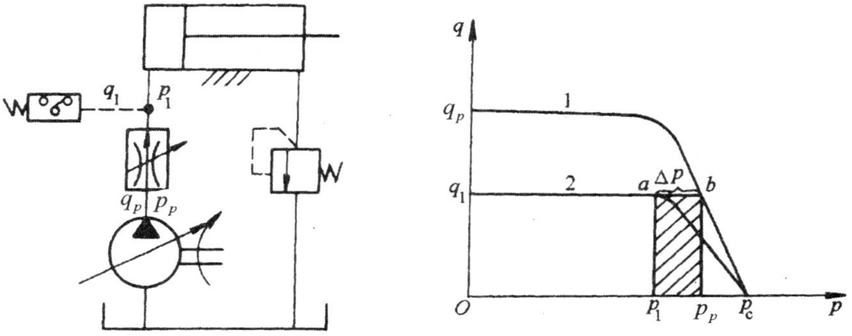

（a）　　　　　　（b）

图 7-20　限压式变量泵和调速阀容积节流调速回路

（a）调速回路　（b）调速特性

当 $p_1 = p_{1\min}$ 时，回路的功率损失最小。若液压缸工作点 a 向左移动（即负载压力 p_1 下降），则功率损失增大。

另外，如用恒压式变量泵取代限压式变量泵也可获得上述特性，仅仅是泵的流量—压力特性曲线有所不同（变量段曲线近似为竖直线）。

7.2.2　快速运动回路

快速运动回路又称增速回路，是指在不增加液压泵流量的前提下，提高执行元件速度的回路。实现快速运动视方法不同有多种方案，下面介绍几种常用的快速运动回路。

1. 液压缸差动连接回路

如图 7-21 所示的回路是利用二位三通换向阀实现的差动连接回路，在这种回路中，当阀 1 左位工作时，活塞向右运动；阀 1、左位阀 2 右位同时工作时，压力油进入液压缸左右两腔，形成差动连接。由于无杆腔工作面积大于有杆腔工作面积，故活塞仍向右作快进运动。当阀 2 左位工作时，差动连接即被切除，液压缸直接回油，实现工进；阀 1 切换至右位后，缸快退。差动连接在不增加液压泵流量的情况下提高液压执行元件的运动速度，是实现液压缸快速运动一种简单经济有效的办法。

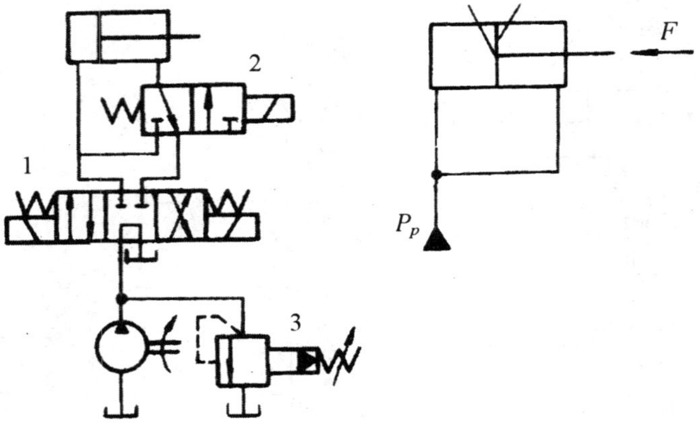

图 7-21 液压缸差动连接快速运动回路

1—溢流阀 2—三位四通电磁换向阀 3—单向调速阀

2. 双泵供油的快速回路

如图 7-22 所示为双泵供油的快速回路。图中 1 为小流量泵，用以实现工作进给；2 为大流量泵，用以实现快速运动。在快速运动时，泵 2 输出的油液经单向阀 4 与泵 1 输出的油液共同向系统供油。工作进给时，系统压力升高，卸荷阀 3 打开使大流量泵 2 卸荷，由泵 1 单独向系统供油。这个系统的压力可由溢流阀 5 调整。

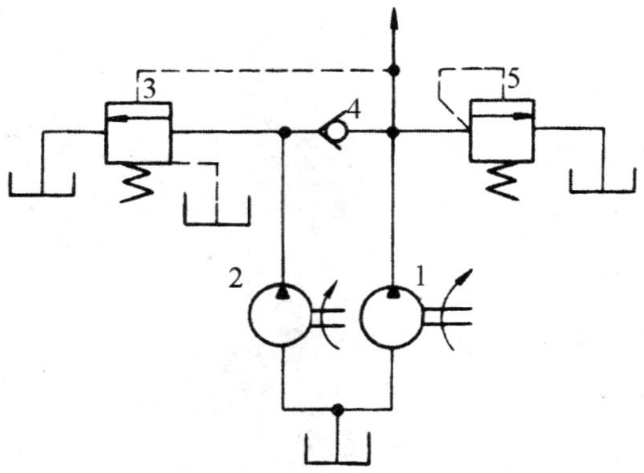

图 7-22 双泵供油快速运动回路

1—高压小流量泵 2—低压大流量泵 3—卸荷阀 4—单向阀 5—溢流阀

这种快速回路优点是功率利用合理、系统效率高；缺点是回路较复杂、成本高。常用在快、慢速差值较大的组合机床、注射机等设备的液压系统中。

3. 采用蓄能器的快速运动回路

如图 7-23 所示为采用蓄能器的快速运动回路。采用蓄能器的目的是可以使系统采用流量较小的液压泵。当换向阀 4 的阀芯处于中间位置时，液压缸不工作，液压泵经单向阀 2 向蓄能器 3 充油。当蓄能器内的油液压力达到液控顺序阀 1 的调定压力时，阀 1 被打开，使液压泵卸荷。当换向阀 4 的阀芯处于左或右位置时，液压缸工作，液压泵和蓄能器 3 同时向液压缸供油，使其实现快速运动。这种快速回路可用于短时间内需要大流量的液压系统，其特点是可用较小流量的液压泵获得较高的运动速度。但蓄能器充油时，液压缸不能工作。

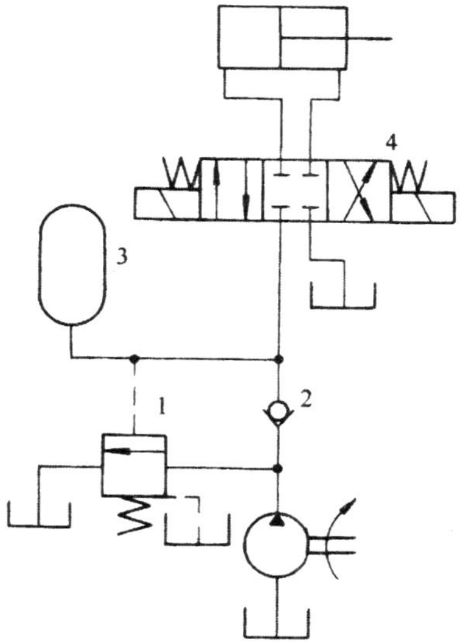

图 7-23　采用蓄能器的速度运动回路

1—顺序阀　2—单向阀　3—蓄能器　4—三位四通电磁换向阀

7.2.3　速度换接回路

速度换接回路的功用是使液压执行元件在一个工作循环中从一种速度转换到另一种运动速度。速度换接不仅包括液压执行元件由快速到慢速的换接，而且还包括两个慢速之间的换接。实现这种作用的回路应该具有较高的速度换接平稳性。

1. 快速换接回路

如图 7-24 所示是用行程阀切换的速度换接回路。在图示状态下，液压缸快进，当活塞上的挡块压下行程阀 1 时，行程阀关闭，液压缸右腔的油液经调速阀 2 回油箱，液压缸则由快进转换为慢速。当换向阀 5 左位接入油路时，压力油经单向阀 3 进入液压缸右腔，活塞快速向左运动。

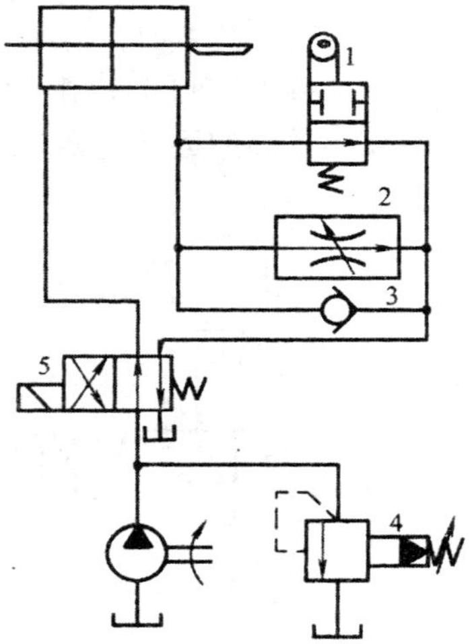

图 7-24 采用行程阀的速度换接回路

1—调速行程阀 2—调速阀 3—单向阀 4—溢流阀 5—二位四通电磁换向阀

这种回路中，行程阀的阀口是逐渐关闭的，速度换接比较平稳，比采用电气元件可靠。其缺点是行程阀必须安装在运动部件附近，有时管路接得很长，压力损失大。这种回路多用于大批量生产的专机液压系统中。

2. 两种慢速的换接回路

如图 7-25 所示为调速阀 2 和 3 串联组成的慢速换接回路。当二位电磁换向阀通电时，压力油经调速阀 3 和左位进入液压缸左腔，液压缸右腔回油，运动部件得到由阀 3 调节的第一种慢速运动。当二位二通电磁阀 1 断电时，压力油须经调速阀 3 和调速阀 2 进入液压缸的左腔，液压缸右腔回油。由于调速阀 2 的开口比调速阀 3 的开口小，因而运动部件得到由阀 2 调节的第二种更慢的速度，实现了两种慢速的转换。该种回路用于组合机床中实现二次进给的油路中。

如图 7-26 所示为调速阀并联的慢速换接回路。图中调速阀 2 和 3 并联。当二位三通电磁换向阀断电时，压力油经调速阀 2 进入液压缸左腔，液压缸右腔回油，工作部件得到由阀 2 调节的第一种慢速，这时阀 3 不起作用，当二位三通电磁换向阀通电时，压力油经调速阀 3 进入液压缸左腔，液压缸右腔回油，工作部件得到由阀 3 调节的第二种慢速运动，这时阀 2 不起作用。这种回路当一个调速阀工作时，另一个调速阀油路被封死，其调速阀中的减压阀阀口全开。当电磁换向阀换位，其出油口与油路接通的瞬时，压力突然减小，调速阀中的减压阀阀口来不及关小，瞬时流量增加，使工作部件出现前冲现象。

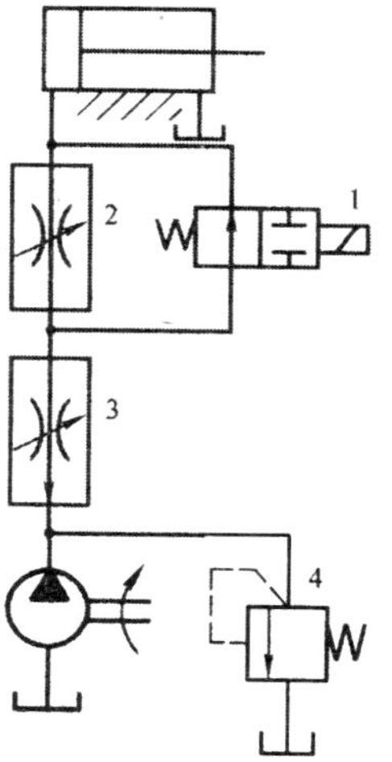

图 7-25　采用两个调速阀串联的慢速换接回路

1—二位二通电磁换向阀　2、3—调速阀
4—溢流阀

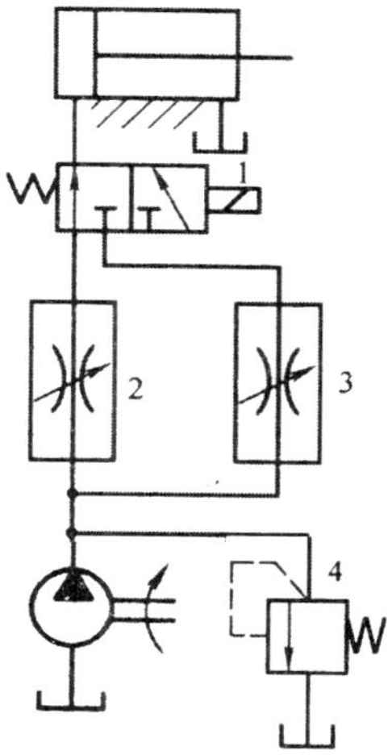

图 7-26　采用两个调速阀并联的慢速换接回路

1—二位三通电磁换向阀　2、3—调速阀
4—溢流阀

7.3　方向控制回路

方向控制回路的作用是控制液压系统中液流的通、断及流动方向的，进而达到控制执行元件启动、停止（包括锁紧）及改变运动方向的目的。

7.3.1　换向回路

对换向回路的基本要求是：换向可靠，灵敏平稳，换向精度合适。

二位阀可以使执行元件正反两个方向运动，但不能在任意位置停止。三位阀有中位，可以使执行元件在其行程中的任意位置停止，利用中位不同的滑阀机能又可使系统获得不同的性能（如 M 型中位滑阀机能可使执行元件停止和液压泵卸荷）。五通阀有两个回油口，执行元件正反向运动时，两回油路上设置不同的背压，可获得不同的速度。

如果执行元件是单作用液压缸或差动缸，则可用二位三通换向阀来换向，如图 7-27 所示为用二位三通换向阀使单作用缸换向的回路。

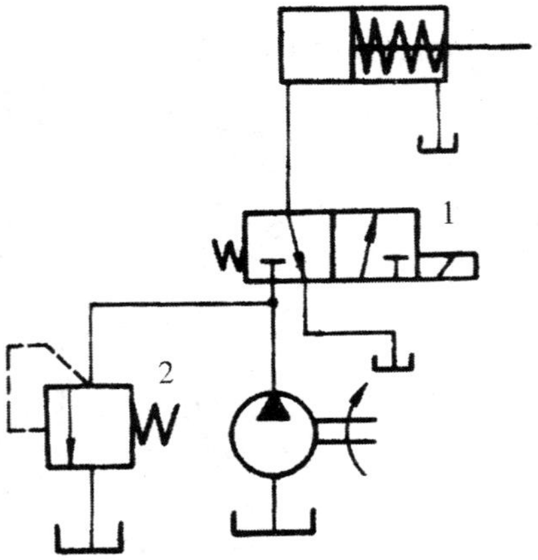

图 7-27 用二位三通换向阀使单作用缸换向的回路

1—二位三通电磁换向阀 2—溢流阀

换向阀的换向操作方式可根据工作需要来选择，如手动、机动、电磁或电液动等。

7.3.2 锁紧回路

锁紧回路的作用是使执行元件能在任意位置停留，且停留后即使有外力作用也不会改变原来的位置。对锁紧回路的要求是可靠、迅速、平衡、持久。

锁紧的原理就是将执行元件的进、回油路封闭。利用三位四通换向阀的中位机能（O 型或 M 型）可以使活塞在行程范围内的任意位置上停止运动，但由于换向阀（滑阀结构）的泄漏，锁紧效果差。要获得很好的锁紧效果，应采用液控单向阀（因单向阀为锥面密封，泄漏极小）。如图 7-28 所示为双向锁紧回路，在液压缸两侧油路上串接液控单向阀（亦称液压锁），换向阀处中位时，液控单向阀关闭液压缸两侧油路，活塞被双向锁紧，左右都不能窜动。这种回路被广泛用于工程机械、起重运输机械等有锁紧要求的场合。

用液控单向阀的锁紧回路中，换向阀中位应采用 Y 型或 H 型滑阀机能，这样，换向阀处中位时，液控单向阀的控制油路可立即失压，保证单向阀迅速关闭，锁紧油路。

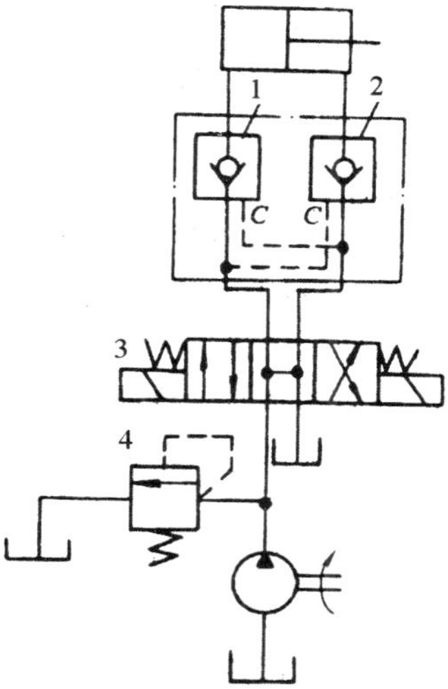

图 7-28　双向锁紧回路

1、2—液控单向阀　3—三位四通电磁换向阀　4—溢流阀

7.4　多缸动作控制回路

用一个液压泵驱动两个或两个以上的液压缸（或液压马达）工作的回路，称为多缸工作控制回路。多缸动作控制回路可以分为多缸顺序动作回路、同步回路、多缸互不干扰回路等。

7.4.1　顺序动作回路

顺序动作回路的功用是使多缸液压系统中的各液压缸按规定的顺序动作，按其控制方式不同分为行程控制和压力控制两种。

1. 行程控制的顺序动作回路

如图 7-29 所示为行程控制顺序动作回路。用行程阀 2 及二位四通电磁阀 3 控制 *A*、*B* 两液压缸实现①②③④工作顺序的回路。当电磁阀 3 左位通电时，压力油进入 *A* 缸左腔，*A* 缸右腔回油，其活塞右移实现动作①；当 *A* 缸工作部件上的挡块压下行程阀 2 后，压力油进入 *B* 缸左腔，*B* 缸右腔回油，其活塞右移，实现动作②；当电磁阀 3 断电时，压力油

进入 *A* 缸右腔，*A* 缸左腔回油，其活塞右移，实现动作③；当 *A* 缸运动部件上的挡块离开行程阀 2 使其恢复下位工作时，压力油经行程阀进入 *B* 缸右腔，*B* 缸左腔回油，其活塞左移，实现动作④。

这种回路工作可靠，动作顺序的换接平稳。但改变工作顺序困难，且管路长，压力损失大，不易安装。主要用于专用机械的液压系统。

如图 7-30 所示为用行程开关控制电磁换向阀 2、3 的通电顺序来实现 *A*、*B* 两液压缸按①②③④顺序动作的回路。当电磁阀 3 通电时，压力油进入 *A* 缸的左腔，其右腔回油，活塞右移，实现动作①；当 *A* 缸工作部件上的挡块碰到行程开关 1S 时，1S 发信号使电磁阀 2 通电换为左位工作，这时压力油进入 *B* 缸左腔，*B* 缸右腔回油，活塞右移，实现动作②；当 *A* 缸工作部件的挡块碰到行程开关 2S 时，2S 发信号使电磁阀 3 断电换为右位工作，这时压力油进入 *A* 缸右腔，其左腔回油，活塞左移，实现动作③；当 *B* 缸工作部件上的挡块碰到行程开关 3S 时，3S 发信号使电磁阀 2 断电换为右位工作，这时压力油又进入 *B* 缸右腔，其左腔回油，活塞左移，实现动作④。当 *B* 缸工作部件上的挡块碰到行程开关 4S 又发信号使电磁阀 3 通电时，开始了下一个工作循环。

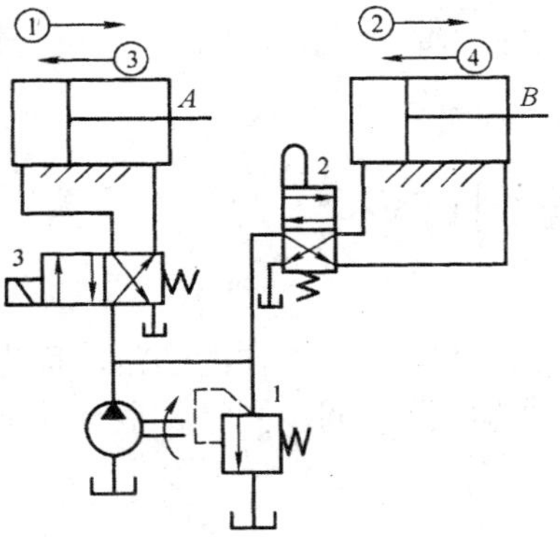

图 7-29　采用行程阀控制的顺序动作回路

1—溢流阀　2—行程换向阀　3—二位四通电磁换向阀

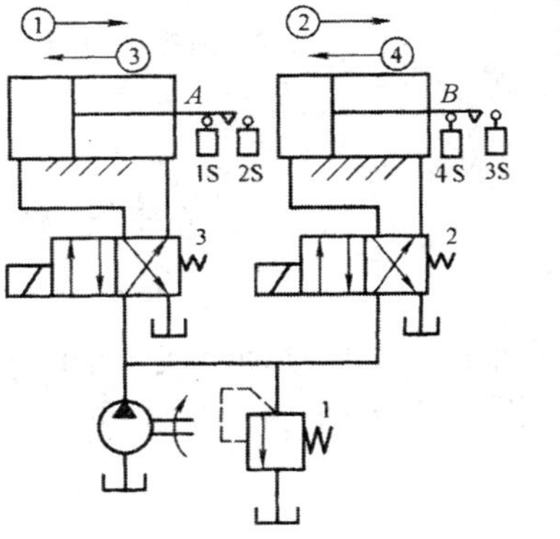

图 7-30　采用行程开关控制的顺序动作回路

1—溢流阀　2、3—二位四通电磁换向阀

这种回路的优点是控制灵活方便，其动作顺序更换容易，液压系统简单，易于实现自动控制。但顺序转换时有冲击声，位置精度不高。

2. 压力控制的顺序动作回路

压力控制的顺序动作可由顺序阀或压力继电器来实现。

如图 7-31 所示为使用顺序阀的顺序动作回路。当二位四通电磁换向阀 2 左位接回路时，压力油进入液压缸 8 的左腔，使活塞往右运动，完成动作①；当这项动作完成后，液压系统中的压力升高到单向阀 6 的调定压力，单向阀 6 开启，压力油进入液压缸 5 的左腔，使活塞向右运动，完成动作②；当二位四通电磁换向阀 2 右位接入回路时，压力油进入液压缸 5 的右腔，完成动作③；之后，液压系统中压力升高，压力油打开单向阀 3 进入液压缸 8 的右腔，完成动作④。

如图 7-32 所示为用压力继电器控制电磁换向阀来实现顺序动作的回路。当三位四通电磁换向阀 6 左位通电时，液压缸 4 的活塞实现动作①；动作完成后，油路压力升高，压力继电器 2 动作，使三位四通电磁换向阀 1 左位通电，液压缸 3 的活塞实现动作②；按返回按钮，三位四通电磁换向阀 1、6 左位断电，三位四通电磁换向阀 1 右位通电，液压缸 3 的活塞运动实现动作③；这项动作完成后，油路压力升高，压力继电器 5 动作，使三位四通电磁换向阀 1 右位通电，液压缸 4 的活塞运动实现动作④。

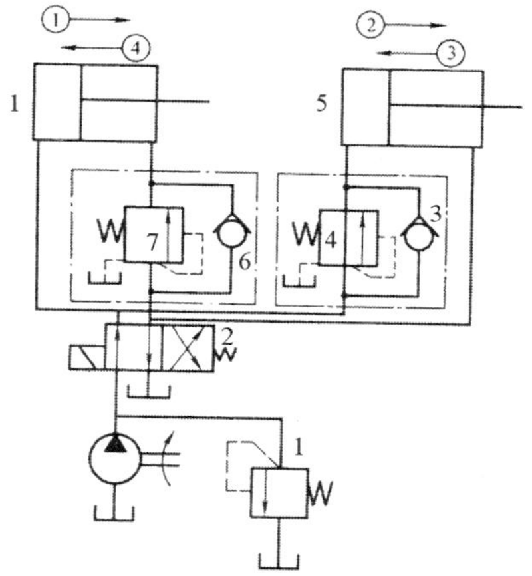

图 7-31　使用顺序阀的顺序动作回路

1、4、7—溢流阀　2—二位四通电磁换向阀
3、6—单向阀　5、8—液压缸

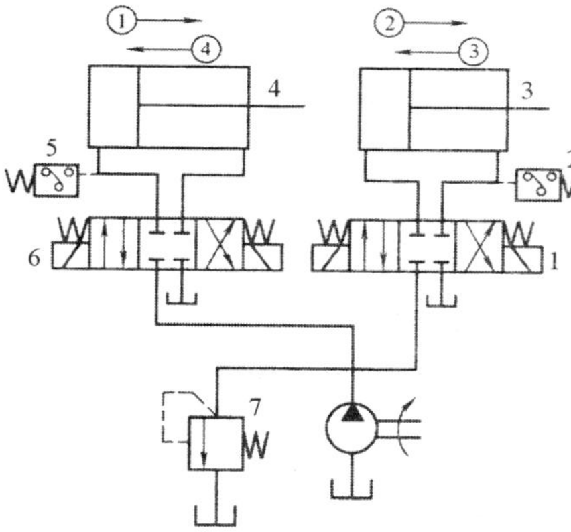

图 7-32　使用压力继电器的顺序动作回路

1、6—三位四通电磁　2、5—压力继电器
3、4—液压缸　7—溢流阀

在压力控制的顺序回路中，顺序阀或压力继电器的调定压力必须大于前一动作执行元件的最高工作压力的 10%～15%，否则在液压系统压力波动时会造成误动作，引起事故。这种回路只适用于液压系统中液压缸数目不多、负载变化不大的场合。

7.4.2　同步回路

同步回路的功用是保证系统中两个或两个以上液压缸在运动中位移量相同或以相同的

速度运动。在多液压缸液压系统中，影响多液压缸同步精度的因素较多，如液压缸的外负载、摩擦阻力、泄漏、制造质量、结构弹性变形以及油液中的含气量等。要减少或克服这些因素的影响，就要采用同步运动回路。同步运动回路分为位置同步回路和速度同步回路。

1. 位置同步回路

位置同步是指液压系统中各执行元件在运动中或停止时都保持相同的位移量。

如图 7-33 所示为带补偿装置的串联液压缸位置同步回路。图中两个液压缸 5 和 6 的有效工作面积是相等的。从理论上讲，两个有效工作面积相等的液压缸，当输入流量相同时，能够做出同步运动。但由于泄漏的影响，会使两个活塞产生同步位置误差，且经多次行程后，将积累为两液压缸显著的位置差别。为此，回路中应设置位置补偿装置，来消除积累误差。补偿装置的工作原理如下：当两液压缸活塞同时下行时，若液压缸 4 活塞先达到行程终点，则挡块压下行程开关 1S，三位四通电磁换向阀 3 左位通电接入回路，压力油经换向阀 3 和液控单向阀 4 进入液压缸 5 的上腔，进行补油，使其活塞继续下行到达行程终点；反之，若液压缸 5 的活塞先达到行程终点，则挡块压下行程开关 2S，三位四通电磁换向阀右位通电接入回路，压力油经换向阀 3 进入液控单向阀 4 的控制腔，打开单向阀 4，使液压缸 6 下腔与油箱接通，其活塞继续下行到行程终点。这种回路只适应于负载较小、同步精度要求不高的液压系统。当液压系统的同步精度要求较高时，必须采用由比例调速阀或伺服阀组成的同步回路。

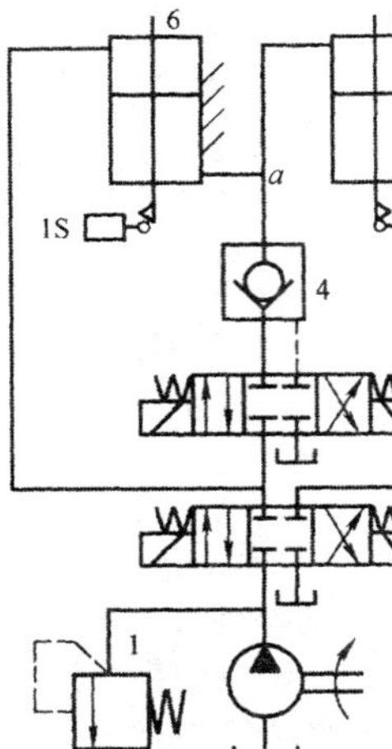

图 7-33 带补偿装置的串联缸位置同步回路

1—溢流阀 2、3—三位四通电磁换向阀 4—液控制单向阀 5、6—液压缸

2. 速度同步回路

速度同步是指液压系统中各执行元件的运动速度相等。

如图 7-34 所示为采用调速阀的速度同步回路。图中两个调速阀可分别调节进入两个并联液压缸下腔的流量，使两缸活塞向上伸出的速度相等。这种回路结构简单，使用方便，且可以调速。其缺点是受油温变化和调速阀性能差异影响，不易保证位置同步，速度同步的精度也较低。

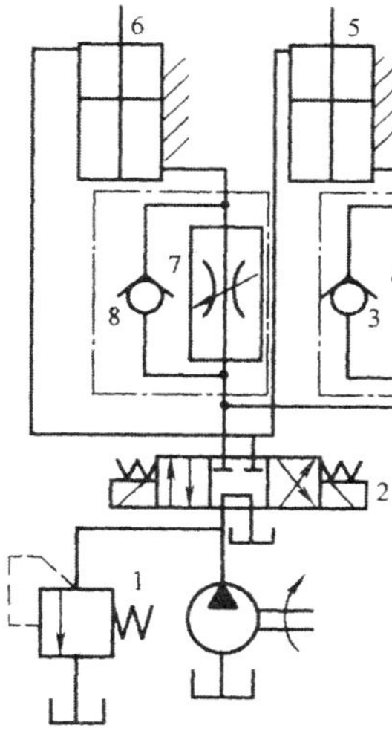

图 7-34 用调速阀的速度同步回路

1—溢流阀 2—三位四通电磁换向阀 3、8—单向阀 4、7—调速阀 5、6—液压缸

7.4.3 互不干扰回路

多缸快慢速互不干扰回路的功用是使互不干扰回路液压系统中几个执行元件在完成各自工作循环时彼此互不影响。如图 7-35 所示为多缸快慢速互不干扰的回路。液压缸 *A* 和 *B* 各自要完成“快进→工进→快退”自动工作循环。当二位四通电磁换向阀 9、10 左位通电，阀 7、8 断电时，两液压缸均由大流量液压泵 2 供油，并做差动连接实现快速向右运动，这时如果液压缸 *A* 先完成了快进动作，通过挡块和行程开关使

二位四通电磁换向阀 7 通电，阀 9 断电，大流量液压泵 2 流入液压缸 *A* 的油路被切断，而改由小流量液压泵 1 供油，经调速阀 5 获得慢速工进，不受液压缸 *B* 快进的影响。当两液压缸都转换为工进，皆由小流量液压泵 1 供油时，若液压缸 *A* 先完成工进动作，通过挡块和行程开关使阀 8、9 都通电，液压缸 *A* 改由大流量液压泵供油，使活塞快速向左返回，

这时液压缸 *B* 仍由小流量液压泵 1 供油继续完成工进，不受液压缸 *A* 的影响。当所有电磁铁都断电时，两液压缸才都停止运动。由此可见，此回路之所以能够保证多液压缸快、慢运动互不干扰，是由于快、慢速各由一个液压泵分别供油，再通过相应电磁阀进行控制的缘故。

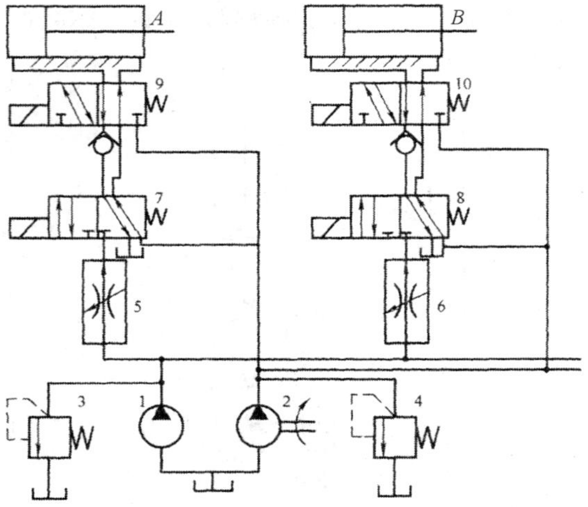

图 7-35　多缸快慢速互不干扰回路

1、2—液压泵　3、4—溢流阀　5、6—调速阀　7、8、9、10—二位四通电磁换向阀

7.5　小　　结

液压基本回路是指能实现某种功能的液压元件的集合。按其功能可分为压力控制回路、速度控制回路、方向控制回路和多执行元件控制回路。

1. 压力控制回路

压力控制回路是为满足执行元件对力或力矩的要求，利用压力控制阀来控制整个液压系统或局部油路的压力的回路。压力控制回路分为调压回路、卸载回路、减压回路、增压回路等。

（1）调压回路是每个液压系统必不可少的基本回路。系统中溢流阀要么作安全阀，要么作稳压阀。在系统工作过程中，若不同工作阶段的工作压力相差较大时，应采用多级调压或无级调压（电液比例系统），此时的溢流阀应是先导型溢流阀，利用其遥控口及远程调压阀来实现。

（2）卸载回路也是每个液压系统必不可少的回路，系统一般采用压力卸载。若用电液换向阀中位机能（M 型、H 型、K 型）卸载时，如系统中液动主阀采用内控的话，则一定要保持最低控制压力。采用先导型溢流阀卸载，为防止泄压或升压产生压力冲击，往往在溢流阀的遥控口与电磁滑阀之间设置阻尼。

（3）减压回路多用于工件的夹紧、导轨的润滑及系统的控制油路。减压支路的压力稳定在减压阀调定压力下的条件是支路负载压力大于或等于其调定压力、先导阀开启、主阀阀口关小。为了使减压支路压力不受主油路压力的影响，在减压阀与液压缸之间应串联一个单向阀。

（4）增压回路用于系统中局部油路压力要求高于系统压力且流量不大的场合。实现压力放大的关键元件是增压器，增压比为增压器大小活塞的面积比。

（5）平衡回路是具有重力负载的系统必须考虑的问题。若重力负载变化不大，可用单向顺序阀（内控外泄式）的平衡回路；若要执行元件在行程中长时间停留在任一位置，则需安装液控单向阀实现锁紧。

（6）保压回路是压力加工机械液压系统必须考虑的问题。最简单的是采用单向阀保压，若要求保压时间长、压力稳定性要求高，则可用蓄能器补充泄漏保压，泵的启动与停机利用电器（电接触式压力表或压力继电器）自动控制。

2. 速度控制回路

速度控制回路是调节和变换执行元件的速度的回路，分为调速回路，速度换接回路等。

（1）调速回路分为节流调速、容积调速回路、容积节流调速回路。节流调速回路按流量控制阀安装的位置不同分为进口节流、出口节流和旁路节流。它们都是由定量泵、流量控制阀、溢流阀和执行元件组成。在流量控制阀调速过程中，进口节流和出口节流调速回路的溢流阀开启，起压力补偿作用，并分流定量泵的多余流量，而旁路节流调速回路的溢流阀不开启，起安全保护作用。因此在同样元件组成的条件下，旁路节流调速回路的功率损失小、效率高，但速度稳定性差。它们的速度负载特性均可通过方程组（泵的流量连续性方程、活塞受力平衡方程及节流阀的流量特性方程）求解得出。因进、回油节流调速回路既有节流损失，又有溢流损失，故回路效率较低，多用于小功率场合。表 7-1 为节流阀调速的三种回路的性能比较。

为提高节流调速回路的速度刚性，可采用调速阀的调速回路，如同节流阀的调速回路一样，但是回路速度刚性的提高是增大功率损失（调速阀中定差减压阀的损失）换得的；变量泵（变量马达）系统采取改变泵（或马达）的排量来实现调速，常称为容积调速回路，常见的泵—马达闭式回路是典型的容积调速。闭式回路中溢流阀为系统安全阀，泵的供油全部进入马达，回路既无节流损失，又无溢流损失，回路效率高，用于大功率场合。但负载变化会引起泵和马达的泄漏量变化，故回路速度刚性较差；变量泵—定量马达调速回路为恒转矩调节，定量泵—变量马达调速回路为恒功率调节。变量泵—变量马达调速回路往往在低速段将马达置于最大排量，调节泵的排量，在高速段，泵为最大排量，将马达排量往小调。要求系统速度刚性好，又要求功率损失小的中小功率场合应采用容积节流调速。用流量控制阀调节进入执行元件或由执行元件流出的流量，由变量泵提供相应的流量。限压式变量泵与调速阀组成的调速回路，这种调速方式，是流量适应回路，无溢流损失。容积节流调速回路中节流阀前后压力差不因负载变化而变化，故执行元件速度稳定性好。

表 7-1 进油节流、回油节流、旁路节流调速回路的比较

特　　性	进口节流调速	出口节流调速	旁路节流调速
回路结构	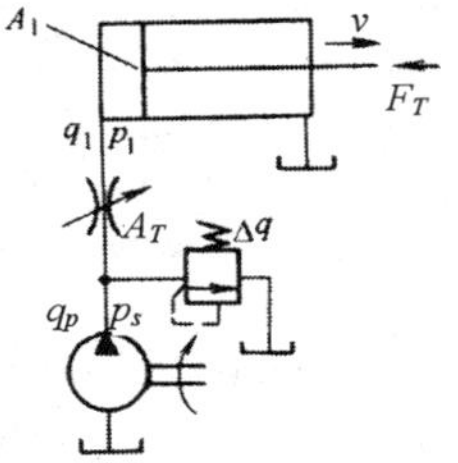	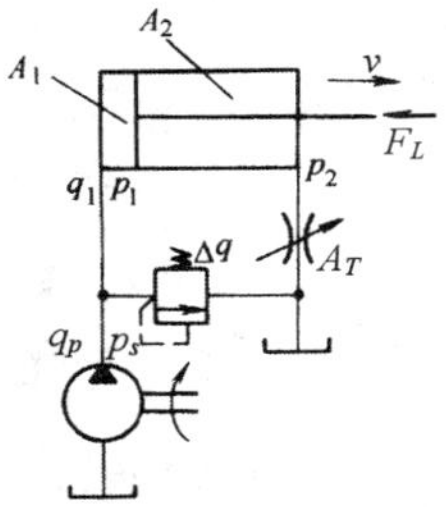	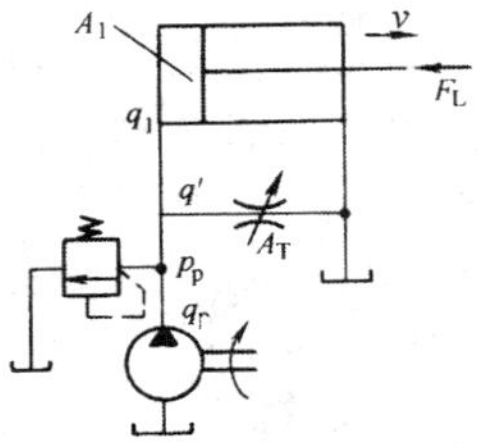
溢流阀作用	溢流阀作稳压阀	溢流阀作稳压阀	溢流阀作安全阀
速度负载特性曲线	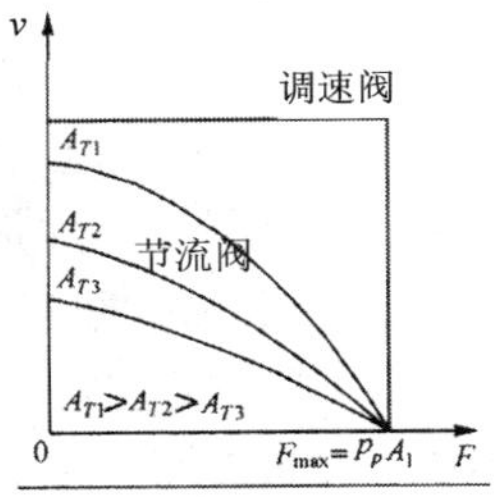	出口节流调速回路的速度负载特性曲线，与进油节流调速相似，最大承载能力 Fmax 相同	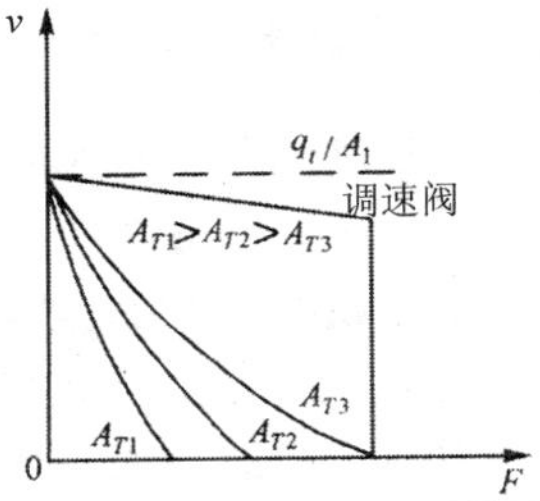
功率损失	既有溢流损失，又有节流损失	既有溢流损失，又有节流损失	仅有节流损失
其他性能	运动平稳性较差，不能承受负值负载，若需承受负值负载，需在回油路上安装背压阀	运动平稳性较好，能承受负值负载	运动平稳性较差，不能承受负值负载

（2）为了提高生产率，使执行元件获得尽可能大的工作速度，要采用快速运动回路。常用的快速运动回路有液压缸差动连接、双泵供油等。

采用二位三通换向阀或三位五通换向阀均可实现液压缸差动连接，此时对泵的流量和缸的小腔回油汇合流过的阀及管道应按合成流量来选择规格，否则会导致空载时泵的供油压力过高；在执行元件不同工作阶段的速度要求相差很远时，应考虑采用双联泵供油，快进时用大、小泵同时供油，工进时大泵卸载，小泵供油，再配以流量控制阀来实现调速。

（3）执行元件工作过程中往往需要两种以上的速度，则需要速度换接回路。速度换接回路应具有较高的换接平稳性和换接精度。快、慢速的换接有压力控制和行程控制两种，双泵供油及充液增速回路依靠压力自动控制实现快、慢速换接，行程控制则是利用行程阀或电磁阀来实现，采用行程阀的回路换接平稳且换接精度高，采用电磁阀则安装方便。

两种慢速的换接是利用调速阀的串、并联来实现。调速阀的串联回路，要求第二进给速度小于第一进给速度，调速阀的并联回路两次进给速度虽然互不影响，可以分别调整。

3. 方向控制回路

方向控制回路是控制执行元件的启动、停止或改变运动方向的回路，有换向、锁紧和制动等回路。

（1）所有的执行元件都需有换向回路，二位换向阀使执行元件具有两种状态，三位换向阀使执行元件具有三种状态，不同的中位机能可使系统获得不同性能。单作用缸只需采用三通阀实现换向，双作用缸必须采用四通或五通阀换向。

电磁阀、电液阀易实现自动控制，但不宜频繁换向；机动阀的换向频率不受限制，但当执行元件速度很低时，会出现换向死点。

（2）对于要求执行元件可靠地停在任意位置的系统，尤其是重力负载系统，必须考虑锁紧回路。最常用的方法是采用液控单向阀锁紧，为保证锁紧迅速、可靠，在执行元件锁紧时，其控制油必须接回油箱，如系统换向阀的中位机能选用 H 型、Y 型等。

4. 多缸执行元件控制回路

多缸执行元件控制回路包括顺序动作回路、同步回路、互不干扰回路等。

（1）顺序动作回路有压力控制、行程控制和时间控制三种控制方式。利用油路的压力变化，通过内控顺序阀或压力继电器自动控制顺序动作，是液压传动的特色。为保证顺序动作可靠，压力控制元件的调定压力应大于前一动作执行元件最高工作压力 10%～15%。这种回路只适用于执行元件不多、负载变化不大的场合。

采用行程阀或行程开关的顺序动作回路，动作可靠，尤其是采用行程开关控制电磁阀，因方便灵活而应用广泛。

时间控制的顺序动作回路因调节不易准确，且不如时间继电器控制电磁阀方便，一般用得不多。

（2）要求两个执行元件以相同的速度或相同的位移运动应采用同步回路，同步回路多数采用速度同步，严格地做到每瞬间速度同步就能保持位置同步。

（3）在多执行元件的系统中，若需执行机构同时动作而互不影响，则需考虑采取互不干扰措施。采用双泵分别供给快进和工进所需油液，可使多缸快、慢速互不干扰。

7.6 复习思考题

7-1 什么是液压基本回路？按其功用可分为哪几类基本回路？为什么要调整液压系统的压力？如何调整？

7-2 在哪些调速回路中溢流阀作稳压阀？在哪些调速回路中溢流阀作安全阀？

7-3 如何调节液压执行元件的运动速度？常用的调速方式有哪些？分别叙述它们的调速原理。

7-4 按流量控制阀的安装位置不同，节流调速回路分为哪几种？比较它们的速度负载特性，并说明它们的应用场合。

7-5 在图 7-36 所示调压回路中，已知先导式溢流阀 1 的调整压力为 8 MPa，远程调压阀 2、3 的调整压力分别为 4 MPa、2 MPa，试确定两回路在不同的电磁阀通、断电状态下的控制压力为多少？

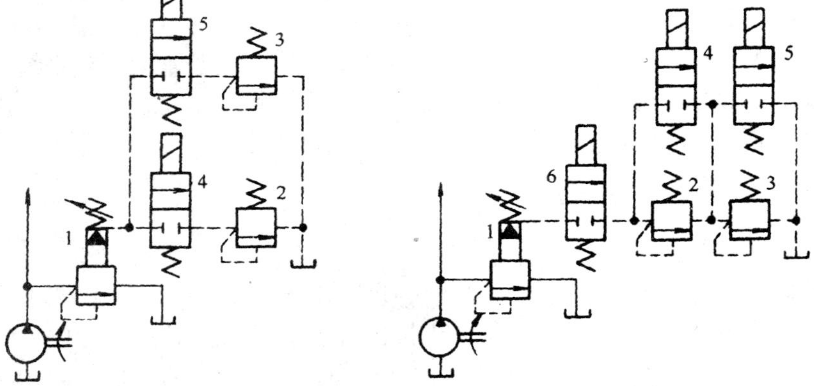

（a） （b）

图 7-36

7-6 如图 7-37 所示回路，已知 $F_1/A_1=15\times10^5$ Pa，$F_2/A_2=10\times10^5$ Pa，阀 1 调定压力为 50×10^5 Pa，阀 2 调定压力为 30×10^5 Pa，阀 3 调定压力为 40×10^5 Pa，初始状态液压缸活塞均处于左端死点，负载在活塞运动中出现。试回答：

（1）两液压缸是同时动作，还是先后动作？

（2）液压缸运动时及到达右端死点时 p_P、 p_1 及 p_2 各为多少？

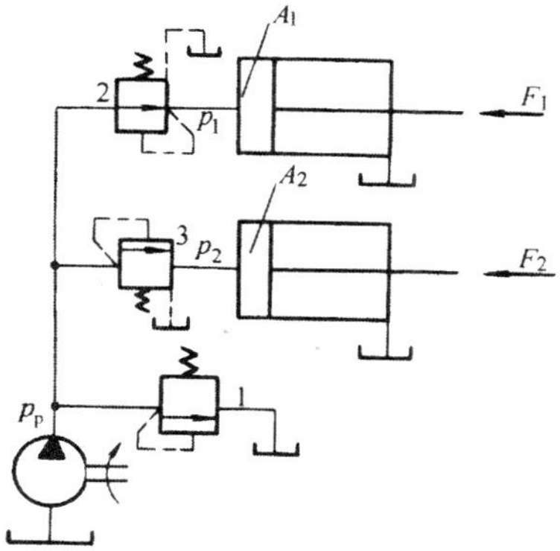

图 7-37

7-7　分析如图 7-38 所示的某专用机床定位夹紧回路，简述其工作过程，并确定：

（1）阀 1、阀 2、阀 3 调整压力之间的关系；

（2）在定位缸活塞运动过程中（无负载）A、B、C 三点的压力关系；定位缸到位，夹紧缸开始动作和夹紧工件后，A、B、C 三点的压力关系；

（3）为了使定位夹紧回路不受主油路工作的影响，应在该回路上增添什么元件？

7-8　如图 7-39 所示进口节流调速回路，已知液压泵 1 的输出流量 $q_p = 25$ L/min，负载 F=9 000 N，液压缸 5 的无杆腔面积 $A_1=50\times10^{-4}$ m²，有杆腔面积 $A_2=20\times10^{-4}$ m²，节流阀 4 的阀口为薄壁孔口，通流面积 $A_v=0.02\times10^{-4}$ m²，其前后压差 $\Delta p = 0.4$ MPa，背压阀 6 的调整压 p_b=0.5 MPa。当活塞向右运动时，不计管路压力损失和换向阀 3 的压力损失，试求活塞杆外伸时：

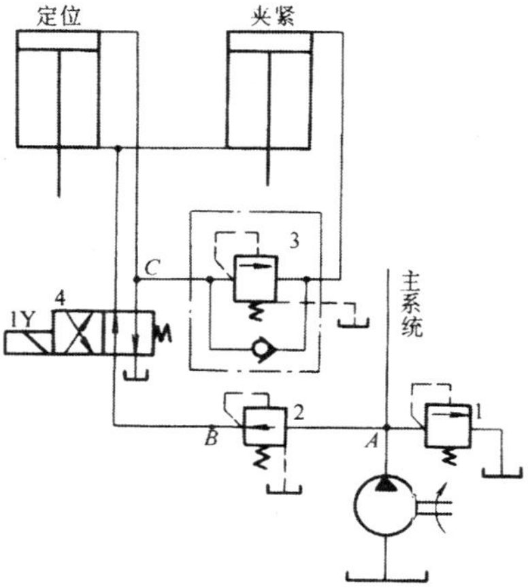

图 7-38

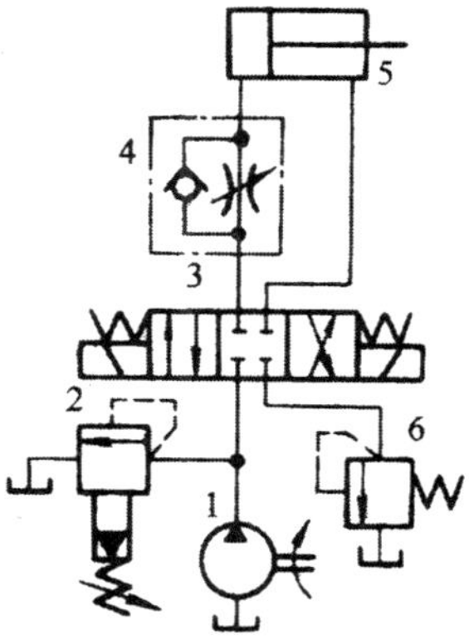

图 7-39

（1）液压缸进油腔的工作压力；

（2）溢流阀 2 的调整压力；

（3）液压缸活塞的运动速度；

（4）溢流阀 2 的溢流量和液压缸的回油量。

7-9 图 7-40 所示为限压式变量泵—调速阀—背压阀调速回路，已知调速阀正常工作所需的最小压差为 0.5 MPa，背压阀的调定压力为 0.4 MPa，液压缸大、小工作腔面积 $A_1=2A_2=50\times10^{-4}$ m^2，活塞运动速度 v=l m/min，限压式变量泵的特性曲线如图 7-40b 所示，不计元件及管道的损失。试求：

（1）液压缸能推动的最大负载；

（2）如需推动 16 kN 的负载，其他条件不变，应如何调整泵的特性曲线，绘出特性曲线。

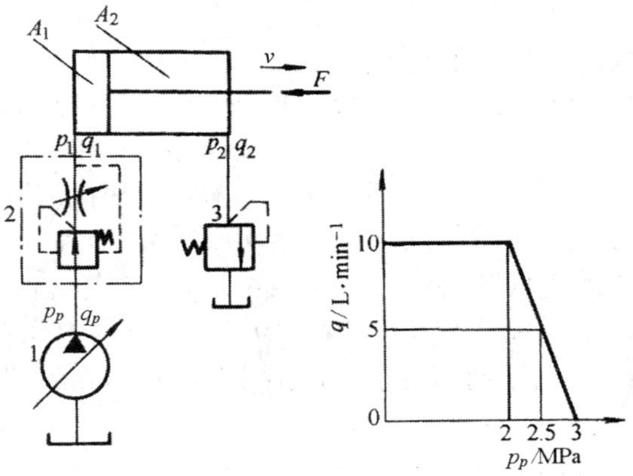

（a）（b）

图 7-40

第 8 章　典型液压传动系统

为了使液压设备实现特定的运动循环或工作要求，将实现各种不同运动的执行元件及其液压基本回路合理组合起来，用液压泵站集中供油，形成一个网络，就构成了设备的液压传动系统。液压传动系统图是用规定的图形符号来画出的，这种图表明了组成液压系统的所有元件及它们之间相互连接的情况，还表明了各元件所实现的运动循环及循环的控制方式等，从而表明了整个液压系统的工作原理。本章通过对几个典型液压传动系统的分析和学习，主要掌握液压系统的分析方法和步骤，加深理解液压元件的功用和基本回路的合理组合，为分析和设计液压传动奠定基础。

8.1　液压传动系统分析

8.1.1　液压传动系统的类型

液压传动在机械制造、工程机械、冶金机械、石化机械、航空、船舶等各个行业部门均有广泛的应用，根据主机不同的工况要求，液压系统有着不同的组成形式，形成了繁多的种类。根据液压传动系统的工况及特点可分为下列几种类型。

1. 以速度变换为主的液压系统

能实现工作部件的自动工作循环，生产率较高。快进与工进时，其速度与负载相差较大。要求进给速度平稳、刚性好，有较大的调速范围。进给行程终点的重复位置精度高，有严格的顺序动作，例如组合机床系统。

2. 以换向精度为主的液压系统

要求运动平稳性高，有较低的稳定速度。自动与制动迅速平稳、无冲击，有较高的换向频率（最高可达 150 次/min）。换向精度高，换向前停留时间可调，例如磨床系统。

3. 以压力变换为主的液压系统

系统压力要能经常变换调节，且能产生很大的推力。空程时速度大，加压时推力大，功率利用合理。多采用高低压泵组合或恒功率变量泵供油，以满足空程与压制时，其速度与压力的变化，例如液压机系统。

4. 多个执行元件配合工作的液压系统

在各执行元件动作频繁换接，压力急剧变化下，系统足够可靠，避免误动作。能实现严格的顺序动作，完成工作部件规定的工作循环。满足各执行元件对速度，压力及换向精度的要求。

8.1.2 阅读液压系统图的步骤

分析和阅读一个较复杂的液压系统图，大致可按以下几个步骤进行。

（1）了解机械设备工况对液压系统的要求，了解在工作循环中的各个工步对力、速度和方向这三个参数的质与量的要求。

（2）初读液压系统图，了解系统中包含哪些元件，且以执行元件为中心，将系统分解为若干个工作单元。

（3）先单独分析每一个子系统，了解其执行元件与相应的阀、泵之间的关系和包含哪些基本回路。参照电磁铁动作表和执行元件的动作要求，理清其液流路线。

（4）根据系统中对各执行元件间的互锁、同步、防干扰等要求，分析各子系统之间的联系以及如何实现这些要求。

（5）在全面读懂液压系统的基础上，根据系统所使用的基本回路的性能，对系统作综合分析，归纳总结整个液压系统的特点，以加深对液压系统的理解。

8.2 组合机床动力滑台液压系统

8.2.1 概述

组合机床是一种高效率的机械加工专用机床，它由通用部件和专用部件组成，加工范围较宽，自动化程度较高，在机械制造业的成批和大量生产中得到了广泛的应用。

动力滑台是组合机床上实现进给运动的一种通用部件，配上动力头和不同的主轴箱可以对工件完成钻、扩、铰、镗、刮端面、倒角、铣削及攻螺纹等加工工序。动力滑台有机械滑台和液压滑台之分。液压动力滑台是利用液压缸驱动，在电气和机械装置的配合下可以实现如图 **8-1** 所示的各种自动工作循环。它对液压系统性能的主要要求是速度换接平稳，进给速度稳定，功率利用合理，效率高，发热少。

现以 YT4543 型液压动力滑台为例分析组合机床动力滑台液压系统的工作原理和特点。该动力滑台要求进给速度范围为 6.6～600 mm/min，最大进给力为 4.5×10^4 N。如图

8-2 所示为 YT4543 型动力滑台的液压系统原理图，该系统用限压式变量泵供油、电液换向阀换向液压缸差动连接来实现快进；用行程阀实现快进与工进的转换；用二位二通电磁换向阀进行两个工进速度之间的转换；为了保证进给的尺寸精度，用止挡块停留来限位。通常实现的工作循环为：快进→第一次工作进给→第二次工作进给→止挡块停留→快退原位停止。

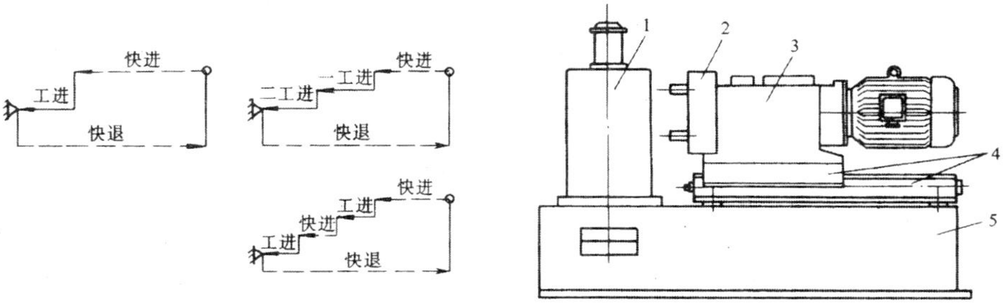

图 8-1　组合机床液压动力滑台的组成和工作循环图

1—夹具和工件　2—主轴箱　3—动力头　4—动力滑台　5—床身

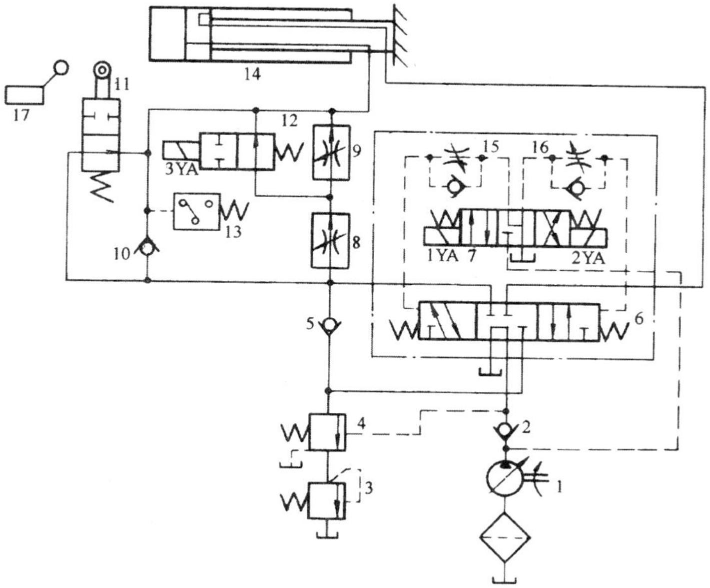

图 8-2　YT4543 动力滑台液压系统图

1—液压泵　2—单向阀　3—背压阀　4—外控顺序阀　5—单向阀　6—换向阀
7—先导阀　8—工进调速阀　9—二工进调速阀　10—单向阀　11—行程阀
12—电磁阀　13—压力继电器　14—液压缸　15、16—单向节流阀　17—行程开关

8.2.2 T4543 型动力滑台液压系统的工作原理

该系统的电磁铁及行程阀动作如表 8-1 所示。

表 8-1 YT4543 型动力滑台的动作循环顺序表

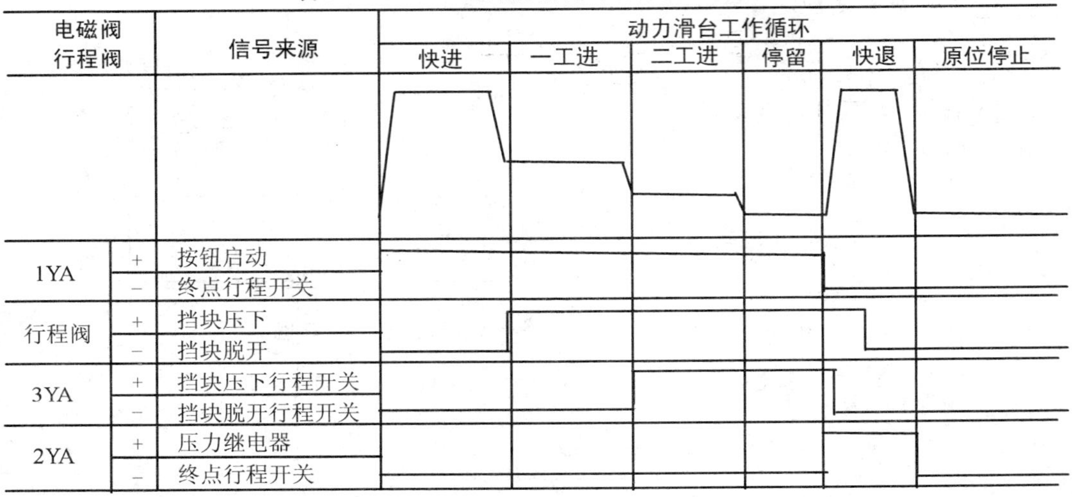

1. 快进

快速前进时，电磁铁 1YA 通电，先导阀 7（电磁换向阀）处左位，换向阀 6（液动换向阀）左位接入系统，顺序阀 4 因系统压力不高仍处于关闭状态。这时液压缸 14 差动连接，限压式变量泵 1 输出最大流量。系统中油液流动情况为：

进油路 变量泵 1→单向阀 2→换向阀 6（左位）→行程阀 11（下位）→缸 14 左腔；

回油路 缸 14 右腔→换向阀 6（左位）→单向阀 5→行程阀 11 （下位）→缸 14 左腔。

2. 一工进

一次工作进给在滑台前进到预定位置，挡块压下行程阀 11 时开始。这时系统压力高，顺序阀 4 打开，液压缸 14 非差动连接；限压式变量泵 1 自动减小其输出流量，以便与调速阀 8 的开口相适应。系统中油液流动情况为：

进油路 变量泵 1→单向阀 2→换向阀 6（左位）→调速阀 8→电磁阀 12（右位）→缸 14 左腔；

回油路 缸 14 右腔→换向阀 6（左位）→顺序阀 4→背压阀 3→油箱。

3. 二工进

二次工作进给在一次工作进给结束，挡块压下行程开关 17 使电磁铁 3YA 通电时开始。

这时顺序阀 4 仍开启，变量泵 1 输出流量与调速阀 9 的开口相适应。系统中油液流动情况为：

进油路　变量泵 1→单向阀 2→换向阀 6（左位）→调速阀 8→调速阀 9→缸 14 左腔；

回油路　缸 14 右腔→换向阀 6（左位）→顺序阀 4→背压阀 3→油箱。

4. 停留

停留是在滑台以二进速度行进到碰上死挡铁不再前进时开始，并在系统压力进一步升高，压力继电器 13 发出信号后终止。

5. 快退

快退是在压力继电器 13 发出信号，电磁铁 2YA 通电、1YA 断电时开始。这时系统压力下降，变量泵 1 流量又自动增大。系统中油液流动情况为：

进油路　变量泵 1→单向阀 2→换向阀 6（右位）→缸 14 右腔；

回油路　缸 14 左腔→单向阀 10→换向阀 6（右位）→油箱。

6. 停止

停止是当滑台快退到原位时，挡块压下终点行程开关，发出信号，电磁铁 2YA 断电，换向阀 6 处于中位，液压缸 14 两腔封闭，滑台停止运动，变量泵 1 卸荷。系统中油液流动情况为变量泵 1→单向阀 2→换向阀 6（中位）→油箱。

8.2.2　YT4543 型动力滑台液压系统的特点

（1）系统采用了限压式变量泵和调速阀组成的容积节流调速回路，无溢流功率损失，系统效率高，且能保证稳定的低速运动（最小进给速度可达 6.6 mm/min）、较好的速度刚性和较大的调速范围（达 100 左右）。

（2）用限压式变量泵与差动连接液压缸来实现快进，能量利用比较合理。滑台停止运动时，液压泵在低压下卸荷，减少了能量损耗。

（3）用行程阀和顺序阀实现快进与工进的换接，动作可靠，换接精度高。

（4）用电液换向阀换向，换向性能好。利用控制油路上的单向节流阀 15、16 可调节液动换向阀的换向时间，从而减小换向冲击，保证换向的平稳性。

8.3　压力机液压系统

压力机是一种用静压对各种材料（金属、木材、塑料、橡胶等）进行压力加工的机械。液压传动作为一种传动方式最早就应用在压力机上。由于液压传动具有易于传递很大力的突出优点，因此液压传动已成为压力机的主要传动形式。

8.3.1 液压压力机概述

液压压力机（简称液压机）的液压传动系统是以压力变换为主，系统压力高，流量大，功率大。因此，应特别注意提高原动机功率利用率和防止泄压时产生冲出和振动，保证安全可靠。

液压机类型很多，其中四柱式液压压力机最为典型，应用也最广泛。这种压力机由四个导向立柱、上、下横梁和滑块组成，在上、下横梁中安置着上、下两个液压缸，上缸驱动滑块，实现“快速下行→慢速加压→保压延时→快速返回→原位停止”的动作循环；下缸为顶出缸，实现“顶出→停留→退回”的动作循环，如图 8-3 所示。液压系统的压力要经常变换和调节，并能产生较大的压制力（吨位），工作平稳性和安全可靠性要高。在这种压力机上，可以进行冲剪、弯曲、翻边、拉伸、装配、冷挤、成形等多种压力加工工艺。

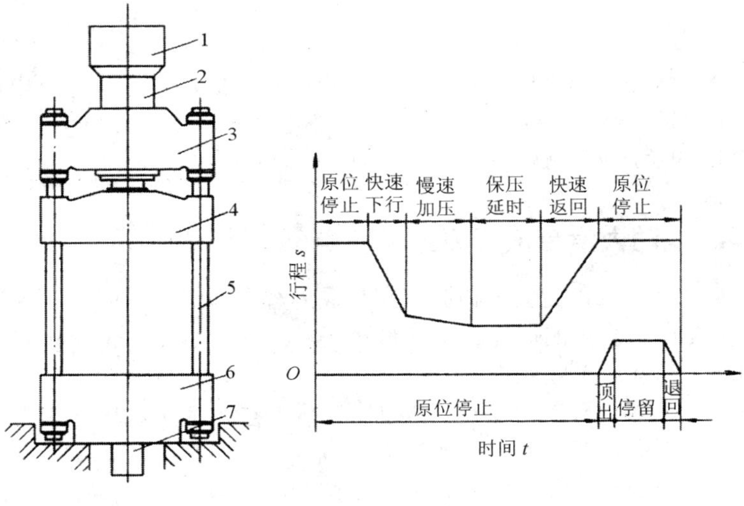

图 8-3 压力机的组成和动作循环图

1—充液箱 2—上缸 3—上横梁 4—滑块 5—导向立柱 6—下横梁 7—顶出缸

8.3.2 YB32—200 型液压压力机液压系统工作原理

如图 8-4 所示为 YB32—200 型压力机液压系统图，该系统由一高压泵供油，控制油路的压力油由减压阀 15 减压后得到。现以一般的定压成型压制工艺为例，说明该压力机液压系统工作原理，其中液压机的上滑块的工作情况如下所述。

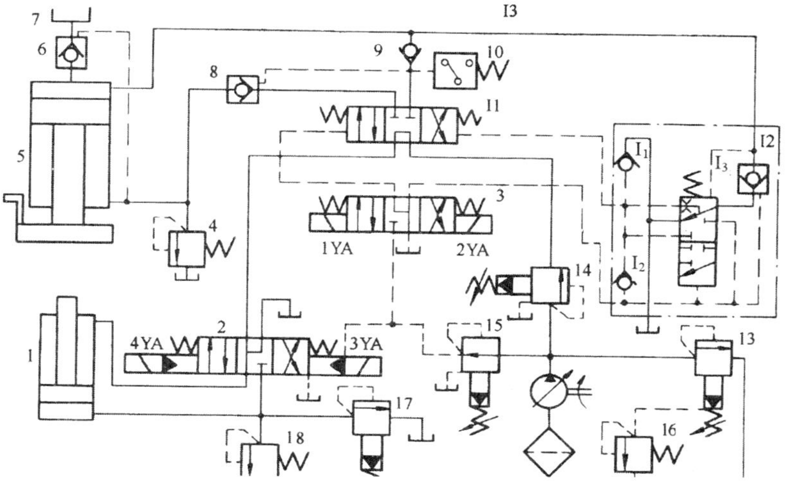

图 8-4　YB32—200 型压力机液压系统图

1—下缸　2—下缸电液换向阀　3—上缸先导阀　4—上缸安全阀　5—上缸　6、8—液控单向阀　7—充液筒　9—单向阀　10—压力继电器　11—上缸换向阀　12—预泄换向阀组　13—泵站溢流阀　14—顺序阀　15—减压阀　16—远程调压阀　17—下缸溢流阀　18—下缸安全阀

1. 快速下行

快速下行时，电磁铁 1YA 通电，先导阀 3（电磁换向阀）和上缸换向阀 11（液动换向阀）左位接入系统，液控单向阀 8 被打开，这时系统中油液进入液压缸上腔。因上滑块在自重作用下迅速下降，而液压泵的流量较小，所以液压机顶部充液筒中的油液经液控单向阀 6 也流入液压缸上腔，其油液流动的情况为：

进油路　液压泵→顺序阀 14→上缸换向阀 11（左位）→单向阀 9→上液压缸 5 上腔；

充液筒 7→单向阀 6→上液压缸 5 上腔；

回油路　上液压缸 5 下腔→液控单向阀 8→上缸换向阀 11（左位）→下缸换向阀 2（中位）→油箱。

2. 慢速加压

上滑块在运行中接触到工件，这时上液压缸 5 上腔压力升高，液控单向阀 6 关闭，加压速度便由液压泵的流量来决定，主油路的油液流动情况与快速下行时相同。

3. 保压延时

保压延时是当系统中压力升高到使压力继电器 10 起作用，电磁铁 1YA 断电，先导阀

3 和上液压缸换向阀 11 都处于中位时出现的。保压时间由时间继电器控制，可在 0～24 min 内调节。保压时除了液压泵在较低压力下卸荷外，系统中没有油液流动。其卸荷油路为：

液压泵→顺序阀 14→上缸换向阀 11（中位）→下缸换向阀 2（中位）→油箱。

4. 泄压快速返回

保压时间结束后，压力继电器 10 发出信号，使电磁铁 2YA 通电。为了防止保压状态向快速返回状态转变过快在系统中引起压力冲击并使上滑块动作不平稳，设置了预泄换向阀组 12。它的功用就是在 2YA 通电后，控制压力油必须在上液压缸上腔卸压后，才能进入主换向阀右腔，使主换向阀 11 换向。预泄换向阀 12 的工作原理是：在保压阶段，这个阀以上位接入系统。当电磁铁 2YA 通电，先导阀 3 右位接入系统时，控制油路中的压力油虽到达预泄换向阀组 12 阀芯的下端，但由于其上端的高压未曾卸除，阀芯不动。但是，由于液控单向阀 I_3 可以在控制压力低于其主油路压力下打开，所以有

上液压缸 5 上腔→液控单向阀 I_3→预泄换向阀组 12（上位）→油箱。

于是上液压缸 5 上腔的油液压力被卸除，预泄换向阀组 12 的阀芯在控制压力油作用下向上移动，以其下位接入系统。它一方面切断上液压缸 5 上腔通向油箱的通道，一方面使控制油路中的压力油输到上缸换向阀 11 阀芯的右端，使该阀右位接入系统。这时，液控单向阀 8 被打开，油液流动情况为：

进油路　液压泵→顺序阀 14→上缸换向阀 11（右位）→液控单向阀 8→上液压缸 5 下腔；

回油路　上液压缸 5 上腔→单向阀 6→充液筒。

所以，上滑块快速返回，从回油路进入充液筒中的油液，若超过预定位置时，可从充液筒中的溢流管流回油箱。由图可见，上缸换向阀 11 在由左位切换到中位时，阀芯右端由油箱经单向阀 I_1 补油，在由右位转换到中位时，阀芯右端的油经单向阀 I_2 流回油箱。

5. 原位停止

原位停止是上滑块上升至预定高度，挡块压下行程开关，电磁铁 2YA 失电，先导阀和上缸换向阀均处于中位时得到的。这时上缸停止运动，液压泵在较低压力下卸荷，由于阀 8 和安全阀 4 的支承作用，上滑块悬空停止。

6. 液压压力机下滑块（顶出缸）的顶出和返回

下滑块向上顶出时，电磁铁 3YA 通电，这时有：

进油路　液压泵→顺序阀 14→上缸换向阀 11（中位）→下缸换向阀 2（右位）→下液压缸 1 下腔；

回油路　下液压缸 1 上腔→下缸换向阀 2（右位）→油箱。

下滑块向上移动至下液压缸中活塞碰上缸盖时，便停留在这个位置上。向下退回是在

电磁铁 3YA 断电、4YA 通电时发生的，这时有：

进油路　液压泵→液控单向阀 8→上缸换向阀 11（中位）→下缸换向阀 2（左位）→下液压缸 1 上腔；

回油路　下液压缸 1 下腔→下缸换向阀 2（右位）→油箱。

原位停止是在电磁铁 3YA、4YA 均失电，下缸换向阀 2 处于中位时得到。系统中阀 18 为下缸安全阀，阀 17 为下缸溢流阀，由它可以调整顶出压力。

该液压机完成上述动作的电磁铁动作见表 8-2。

表 8-2　YB32—200 型压力机动作循环顺序表

电磁阀 预泄阀		信号来源	压力机工作循环								
			滑块					顶出缸			
			快速 下行	慢速 加压	保压 延时	快速 返回	原位 停止	向上 顶出	停留	向下 退回	原位 停止
1YA	+	按钮启动									
	−	压力继电器									
2YA	+	时间继电器									
	−	终点行程开关									
预　泄 阀	+	先导阀 3 右位									
	−										
3YA	+	按钮启动									
	−										
4YA	+	按钮控制									
	−										

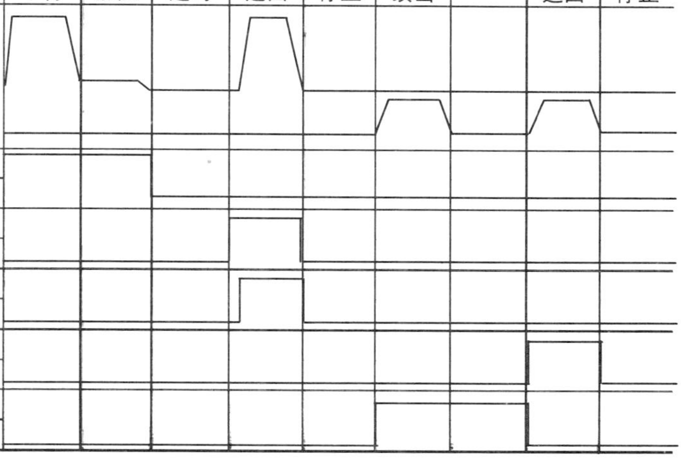

8.3.3　YB32—200 型液压压力机液压系统的特点

（1）系统中使用一个轴向柱塞式高压变量泵供油，系统工作压力由远程调压阀 15 调定。

（2）系统中的顺序阀 14 调定压力为 2.5 MPa，从而保证了液压泵的卸荷压力不致太低，也使控制油路具有一定的工作压力（>2.0 MPa）。

（3）系统中采用了专用的预泄换向阀组 12 来实现上滑块快速返回前的泄压，保证动作平稳，防止换向时的液压冲击和噪声。

（4）系统利用管道和油液的弹性变形来保压，方法简单，但对液控单向阀和液压缸等元件密封性能要求较高。

（5）系统中上、下两缸的动作协调由两换向阀 11 和 2 的互锁来保证，一个缸必须在另一个缸静止时才能动作。但是，在拉深操作中，为了实现“压边”这个工步，上液压缸活塞必须推着下液压缸活塞移动。这时上液压缸下腔的液压油进入下液压缸的上腔，而下液压缸下腔中的液压油则经下缸溢流阀排回油箱。此时虽两缸同时动作，但不存在动作不协调的问题。

（6）系统中的两个液压缸各有一个安全阀进行过载保护。

8.4 塑料注射成形机液压系统

8.4.1 概述

塑料注射成形机（简称注塑机）主要用于热塑性塑料制品的成形加工。塑料颗粒在注塑机的料筒内加热熔化至流动状态，以很高的压力和较快的速度注入闭合模具的模腔内，保压一段时间，经冷却凝固而成形为塑料制品。如图 8-5 所示为注塑机的组成和注塑工作程序。

注塑机由合模部件、注射部件、床身几等部分组成。塑料注射成型工艺是一个按照预定顺序进行的周期性动作过程，其工艺顺序动作多、成型周期短、需要很大的注射力和合模力、注射和合模速度可在较大范围内调节。注塑机采用液压传动，并在电气控制的配合下，完成闭模、注射、保压和启模等一系列周期性动作，实现了自动化操作，极大地提高了劳动生产率，因而得到了广泛的应用。

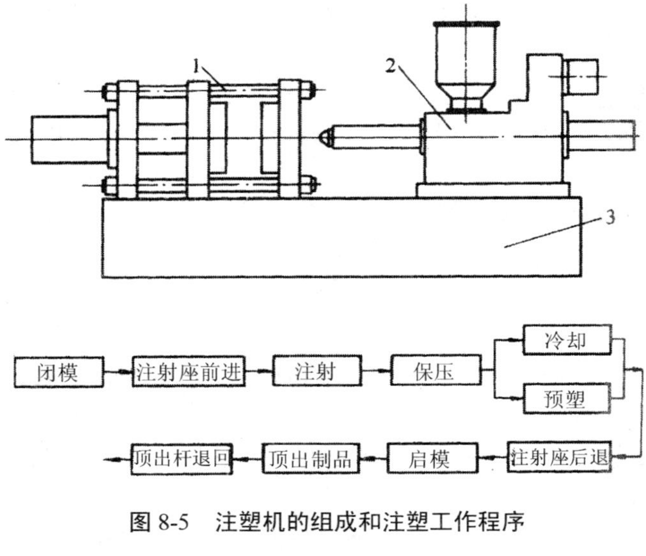

图 8-5 注塑机的组成和注塑工作程序

1—合模部件 2—注射部件 3—床身

8.4.2　注塑机液压系统工作原理

现以常用的 XS—ZY—250A 型注塑机为例说明注塑机液压系统的工作原理，如图 8-6 所示为 XS—ZY—250A 型注塑机的液压系统图。

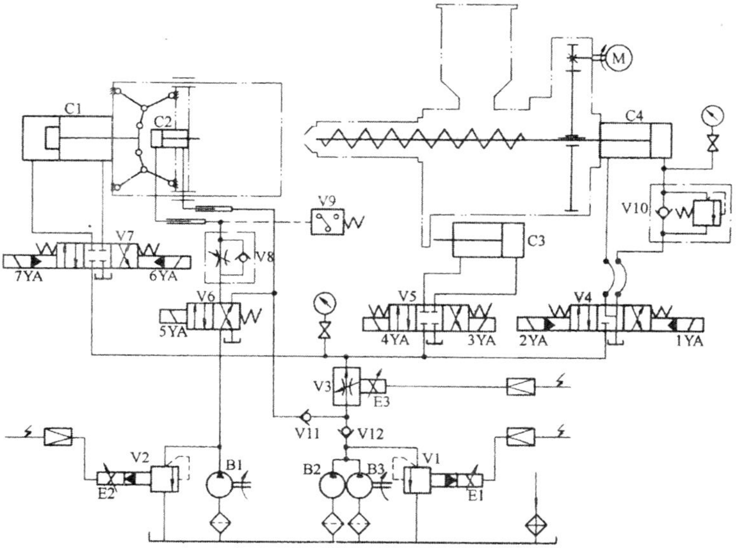

图 8-6　XS—ZY—250A 型注塑机液压系统工作原理

B1、B2、B3—液压泵　C1、C2、C3、C4—液压缸　V1、V2—比例溢流阀
V3—比例流量阀　V4、V7—电液换向阀　V5、V6—电磁换向阀　V8—单向节流阀
V9—压力继电器　V10—单向顺序阀　V11、V12—单向阀

表 8-3 列出 XS—ZY—250A 型注塑机液压系统电磁铁的动作顺序。

表 8-3　XS—ZY—250A 型注塑机液压系统电磁铁的动作顺序

动作 \ 电磁铁		1YA	2YA	3YA	4YA	5YA	6YA	7YA	E1	E2	E3
闭模	闭模	−	−	−	−	−	−	+	+	+	+
	低压保护	−	−	−	−	−	−	+	+	−	+
	锁紧	−	−	−	−	−	−	+	−	+	+
注射座整体前进		−	−	+	−	−	−	−	−	+	+
注射		+	−	−	−	−	−	−	+	+	+
保压		+	−	−	−	−	−	−	−	+	+
预塑		−	−	+	−	−	−	−	−	+	+

（续表）

动作＼电磁铁	1YA	2YA	3YA	4YA	5YA	6YA	7YA	E1	E2	E3
注射座整体后退	－	－	－	＋	－	－	－	－	＋	＋
启模	－	－	－	－	－	＋	－	＋	＋	＋
制品顶出	－	－	－	－	＋	－	－	－	＋	－
螺杆后退	－	＋	－	－	－	－	－	－	＋	＋

液压系统的工作原理按动作顺序说明如下所述。

1. 闭模

闭模动作包括以下三步。

（1）闭模　液压泵 B1、B2、B3 工作，系统压力由阀 V1 或 V2 控制，移模缸 C1 活塞杆通过连杆机构驱动动模板右移，此时顶出缸 C2 活塞杆退回在原位。油液流动情况为：

B1→V6→V11↘

V3→V7（左位）→C1（左腔）；C1（右腔）→V7（左位）→油箱。

B2、B3→V12↗

（2）低压保护　高压泵 B1 卸荷，其输出油液经阀 V2 返回油箱；低压泵 B2、B3 供油，低压由阀 V1 控制，油液流动情况同（1）。

（3）锁紧　低压泵卸荷，其输出油液经阀 V1 返回油箱；高压泵 B1 供油，高压由阀 V2 控制，油液流动情况同（1）。

2. 注射座整体前进

泵 B1 供油，注射座移动缸 C3 的活塞杆带动注射座左移，并使喷嘴靠在定模板上，系统压力由阀 V2 控制。油液流动情况为：

B1→V6→V11→V3→V5（右位）→C3（右腔）；C3（左腔）→V5（右位）→油箱。

3. 注射

泵 B1、B2、B3 供油，油液流动情况为：

B1、B2、B3→V3→V4（右位）→V10→C4（右腔）；C4（左腔）→V4（右位）→油箱。

4. 保压

泵 B1 供油，泵 B2、B3 卸荷，其输出油液经阀 V1 返回油箱；泵 B1 供油，保压压力由阀 V2 控制，油液流动情况同 3。

5. 预塑

电动机启动，经齿轮减速驱动螺杆旋转，料斗中加入的塑料被前推进行预塑，此时注射座不得后退，以保持喷嘴与模具始终接触，故由泵 B1 保压，油液流动情况同 2。

同时，注射缸 C4 右腔的油液在螺杆反推力的作用下经阀 V10→V4（中位）→油箱，其背压由阀 V10 控制。

6. 注射座整体后退

油液流动情况为：

B1→V6→V11→V3→V5（左位）→C3（左腔）；C3（右腔）→V5（左位）→油箱。

7. 启模

油液流动情况为：

泵 B1→V6→V11↘

　　　　　　　V3→V7（右位）→C1（右腔）；C1（左腔）→V7（右位）→油箱。

泵 B2、B3→V12↗

8. 制品顶出

油液流动情况为：

泵 B1→V6（左位）→V8（节流阀）→C2（左腔）；C2（右腔）→V6（左位）→油箱。

9. 螺杆后退

用于拆卸螺杆和清除螺杆包料，油液流动情况为：

泵 B1→V6→V11→V3→V4（左位）→C4（左腔）；C4（右腔）→V10→V4（左位）→油箱。

8.4.3　XS—ZY—250A 型注塑机液压系统的特点

（1）系统采用了液压—机械组合式锁模机构，实现了增力和自锁。这样，合模液压缸直径较小，易于实现高速，但锁模机构较复杂，制造精度较高，调整模板距离较麻烦。

（2）采用三泵分级容积调速，用三台定量泵的不同组合方式获得三级供油流量，又利用电液比例流量阀实现各级流量的无级调节，从而满足各工作机构的多种速度要求。

（3）利用电液比例溢流阀实现多级调压，以满足在整个动作循环过程中各工作阶段对压力的不同要求。

（4）各工作机构的自动工作循环的控制主要靠行程开关来实现。

总的来讲，此注塑机采用电液开关控制方式的多缸顺序动作、电液比例控制阀的多级压力调整和多级速度调节的液压系统，对各种塑料制品加工适应性强，自动化程度高，与以往全部采用普通阀的注塑机液压系统相比较，整个系统得到了简化。

8.5 液压传动系统的设计、安装和调试

正如液压传动系统是主机的一部分一样，液压传动系统的设计也是主机设计的一部分。设计时必须满足主机工作循环所需的全部技术要求，静、动态性能好，效率高，结构简单，工作安全可靠，寿命长，经济性好，使用维护方便。为此，要明确与液压系统有关的主机参数的确定原则，要与主机的总体设计（包括机械、电气设计）综合考虑，做到机、电、液相互配合，保证整机的性能最高。

8.5.1 液压传动系统设计的一般步骤

液压传动系统设计的一般步骤如下。

（1）明确设计要求　明确与液压系统有关的总体参数和主机对液压系统的技术要求。例如，运动方式、速度范围、行程、负载条件、运动平稳性和精度、动作循环和周期、同步或联锁要求、工作可靠性等。还要了解液压系统所处的工作环境。例如，安装空间、环境温度和湿度、污染程度、外界冲击和振动情况等。

（2）液压系统的方案设计　在液压传动系统设计任务明确之后，液压系统的方案设计包括回路方式的选择；流体介质的选定；初定系统压力；动力元件、执行元件的选择；调速、调压的方式确定等内容。

（3）分析液压系统工况，确定主要参数　根据以上主机对运动和动力的要求，分析每个执行元件在各自工作过程中的速度和负载的变化规律，并以此作为确定系统主要参数（压力和流量）的依据。一般可参考同类型机器液压系统的工作压力初步确定系统的工作压力，根据负载计算执行元件的参数（液压缸的工作面积或液压马达的排量），再根据速度计算出执行元件所需的流量。

（4）拟定液压系统原理图　这是液压系统设计成败的关键。首先根据主机的动作和性能要求，选择、设计主要的基本回路。例如，机床液压系统从选择调速回路入手；液压机液压系统从调压回路开始等。然后再配以其他辅助回路。例如，有超越负载工况的系统要考虑平衡回路；有空载运行的系统要考虑卸荷回路；有多个执行元件的系统要考虑顺序或同步回路等。最后将这些回路有机地组合成完整的系统原理图，组合回路还要避免回路之间的干扰。

（5）选择液压元件　依据系统的最高工作压力和最大流量选择液压泵，注意要留有一定的储备。一般泵的额定压力应比计算的最高工作压力高 25%～60%，以避免动态峰值压力对泵的破坏。考虑到元件和系统的泄漏，泵的额定流量应比计算的最大流量大 10%～30%。液压阀则按实际的最高工作压力和通过该阀的最大流量来选择。

（6）液压系统的性能验算　验算主要是压力损失和温升两项。计算压力损失是在元件的规格和管路尺寸等确定之后进行的。温升的验算是在计算出系统的功率损失和确定了油箱的散热面积之后，按照热平衡原理进行的。若压力损失过大、温升过高，须重新设计系统或加设冷却器。

（7）绘制工作图，编制文件　主要包括液压系统原理图、各种装配图（泵站装配图、管路装配图）、非标准件部件图和零件图、设计与使用说明书和液压元件、密封件、标准件明细表等。其中，液压系统原理图应按照 GB/T 786.1—1993 的规定绘制，图中应附有动作循环顺序表或电磁铁动作顺序表，还要列出液压元件规格型号的明细表。

以上设计步骤只是一般的设计流程；在实际的设计过程中并不是固定不变的，各步骤之间彼此关联，相互影响，往往是交叉进行并经多次反复才能完成。

8.5.2　液压系统的安装

液压系统的安装和调试是一项实践性很强的技术工作，正确的安装和调试是液压系统设计意图得以实现和保证系统可靠工作的重要环节，因此必须给予足够的重视。

1. 液压系统的安装

液压系统在安装前，首先要弄清主机对液压系统的要求、液压系统与机、电、气的关系和液压系统的原理，以充分理解其设计意图；然后验收所有的液压元件、辅助元件、密封件、标准件（型号、规格、数量和质量）。

（1）液压泵的安装　液压泵的安装是泵传动轴与电动机（或发动机）驱动轴的装配，其同轴度误差应小于 0.1 mm，一般采用弹性联轴器联接，不允许使用皮带等传动泵轴，以免泵轴受径向力的作用而破坏轴的密封。泵的进、出口不得接反，有外泄油口的必须单独接泄油管引回油箱。泵的吸入高度必须在设计规定的范围内，一般不超过 0.5 m。

（2）液压阀的安装　阀的连接方式有螺纹连接、板式连接、法兰连接三种，不管采用哪一种方式，都应保证密封，防止渗油和漏气。换向阀应保持轴线水平安装。板式阀安装前，要检查各油口密封圈是否合乎要求，几个固定螺钉要均匀拧紧，使安装平面与底板平面全部接触。防止油口装反。

（3）液压缸的安装　液压缸只能承受轴向力，安装时应避免产生侧向力。对整体固定的液压缸缸体，应一端固定，另一端浮动，允许因热变形或受内压引起的轴向伸长。液压缸的进、出油口应向上布置，以利于排气。

2. 管路的安装

管路的内径、壁厚和材质均应符合设计要求；管路敷设要便于装拆，尽量平行或垂直，少拐弯，避免交叉。长管路应等间距设置防振管卡；管路与管接头要紧固，密封，不得渗油和漏气。另外，管路安装分两次进行，一次试装后，拆下的管道经酸洗（在40～60℃的10%～20%的稀硫酸或稀盐酸溶液中洗30～40 min）、中和（用30～40℃的10%的苏打水）、清洗（用温水）、干燥和涂油处理，以备二次正式安装。正式安装应注意清洁和保证密封性。

3. 液压系统的清洗

液压系统安装后，还要对管路进行循环清洗。要求高的复杂系统可分两次进行。第一次为主要循环回路的清洗。将执行元件进、出油路短接（即执行元件不参与循环），构成循环回路。油箱注入其容量60%～70%的工作用油或试车油，油温适当升高清洗效果较好。将滤油车（由液压泵和过滤器组成）接入回路进行清洗，也可直接用系统的液压泵进行（回油口接临时过滤器）。清洗过程中，可用非金属锤棒轻击管路以便将管路中的附着物冲洗掉。清洗时间随系统的复杂程度、过滤精度要求及污染程度而异，通常为十几小时。第二次为全系统的清洗。将实际使用的液压油注入油箱，系统恢复到实际运转状态，启动液压泵，使油液在系统中进行循环，空负荷运转1～3 h。

4. 液压系统的压力试验

系统的压力试验应在系统清洗合格、并经过空负荷运转后进行。对于工作压力低于16 MPa的系统，试验压力一般为工作压力的1.5倍；对于工作压力高于16 MPa的系统，试验压力一般为工作压力的1.25倍。但最高试验压力不应超过设计规定的数值。试验压力应逐级升高，每升高一级（每一级为1 MPa）宜稳压5 min左右，达到试验压力后，持压10 min；然后降至工作压力，进行全面检查，以系统所有焊缝和连接处无渗、漏油，管道无永久变形为合格。

8.5.3 液压系统的调试

系统调试一般按泵站调试、压力调试、系统调试的顺序进行，各种调试项目均由部分到整体逐项进行，即：部件、单机、区域联动、机组联动等。调试前全面检查液压管路、电气线路的连接正确性；核对油液牌号，液面高度应在规定的液面线上；将所有调节手柄置于零位，选择开关置于“调整”、“手动”位置；防护装置要完好；确定调试项目、顺序和测量方法。

1. 泵站调试

先空载（即泵在卸荷状态下）启动液压泵，以额定转速、规定转向运转，观察泵是否有漏油和异常声响，泵的卸荷压力是否在允许的范围内。启动时通常采取点动（启动—停止），经几次反复确认无异常现象，才允许投入空载连续运转。

2. 压力调试

空载连续运转时间一般为 10～20 min，然后调节溢流阀的调压手柄，逐渐分挡升压（每档 3～5 MPa，时间 10 min），至溢流阀的调定值。同时观察压力表，压力波动值应在规定范围内。若压力波动过大（压力表针抖动），多数是由泵吸油不足引起的。

3. 系统调试

逐个调整每个分支回路上的各种压力阀，如溢流阀、减压阀、顺序阀等。调整压力时，应先对管路油液进行封闭，保证压力油仅从被调整阀中通过，然后逐渐分档升压至压力阀的调定值。例如，在调整溢流阀时，若换向阀的中位机能是 M 型，中位状态下则油液经换向阀卸荷而无压，此时应将换向阀处左位或右位，使液压缸活塞退回到原位，油液就只能经溢流阀返回油箱，才可进行溢流阀的压力调整。执行元件的速度调试，应将执行元件与工作机构脱开，操纵换向阀使液压缸做往复运动或使液压马达做回转运动，在此过程中，一方面检查液压阀、液压缸或液压马达、电气元件、机械控制机构等是否灵活可靠；一方面进行系统排气。排气时，最好是全管路依次进行。对于复杂或管路较长的系统，排气要进行多次。同时检查油箱液面是否下降。待空载运转正常后，再停机将工作机构与执行元件连接，重新启动执行元件从低速到高速带负载运转。如调试中出现低速爬行现象，可检查工作机构是否润滑充分、排气是否彻底等。速度调试应逐个回路（指带动一个工作机构的液压回路）进行。在调试一个回路时，其他回路均应处于关闭状态；全负荷程序运转，按设计规定的自动工作循环或顺序动作，一般可在空载、工作负载、最大负载三种情况下分别进行。检查各动作的协调性；同步和顺序的正确性；启动停止、换向、速度换接的平稳性；有无误信号、误动作和爬行、冲击等现象；最后还要检查系统在承受负载后，是否实现了规定的工作要求，如速度—负载特性如何、泄漏量如何、功率损耗及油温是否在设计允许值内、液压冲击和振动噪声是否在允许的范围内等。

调试期间，对主要的调试内容和主要参数的测试应有现场记录，经核准归入设备技术档案，作为以后维修时的原始技术数据。

8.5.4 液压系统的使用与维护

据统计表明，液压系统发生的故障有 90%是由于使用管理不善所致，因此在生产中合理使用和正确维护液压设备，可以防止元件与系统遭受不应有的损坏，从而减少故障的发生，并能有效地延长使用寿命；进行主动保养和预防性维护，做到有计划地检修，可以使液压设备经常处于良好的技术状态，发挥其应有的效能。

1. 液压系统的使用要求

按设计规定和工作要求，合理调节系统的工作压力和工作速度。压力阀和流量阀调节到所要求的数值后，应将调节机构锁紧，防止松动。不得随意调节，严防调节失误造成事故。不准使用有缺陷的压力表，不允许在无压力表的情况下调压或工作。系统运行过程中，要注意油质的变化状况，要定期进行取样化验，当油液的物理化学性能指标超出使用范围，不符合使用要求时，要进行净化处理或更换新油液。新更换的油液必须经过过滤后才能注入油箱。为保证油液的清洁度，过滤器的滤芯应定期更换。随时注意油液的温度，正常工作时，油液温度不应超过 60℃，一般控制在 35～55℃之间。冬季由于温度低，油液黏度较大，应升温后再启动。当系统某部位出现异常现象时，要及时分析原因进行处理，不要勉强运行，造成事故。不准任意调整电控系统的互锁装置，不准任意移动各行程开关和限位挡铁的位置。液压设备若长期不用，应将各调节手轮全部放松，防止弹簧产生永久变形而影响元件的性能。

2. 液压设备的维护和保养

液压设备的维护保养分日常维护、定期检查、综合检查三个阶段进行。日常维护通常用目视、耳听及手触感觉等较简单的方法。在泵启动前、后和停止运转前，检查油量、油温、压力、漏油、噪声及振动等情况，并随之进行维护和保养，对重要的设备应填写“日常维护卡”。定期检查包括调查日常维护中发现异常现象的原因并进行排除。对需要维修的部位，必要时进行分解检修。一般与过滤器的检修期相同，通常为 2～3 个月。通过日常维护、定期检查可以把液压系统中存在的问题排除在萌芽状态，还可以为设备维修提供第一手资料，从中确定修理项目、编制检修计划，并可以找出液压系统出现故障的规律，以及液压油、密封件和液压元件的更换周期。综合检查主要内容是检查液压装置的各元件和部件，判断其性能和寿命，并对产生故障的部位进行检修，对经常发生故障的部位提出改进意见，大约一年一次。由于液压设备类别繁多，各有其特定用途和使用要求，具体维护保养的内容应根据实际情况来确定。

8.6 液压系统常见故障的分析和排除方法

8.6.1 液压系统发生故障的规律

建立严格的维护和保养制度虽然可以减少故障的发生，但不能完全杜绝故障。液压设备发生出现故障的概率随使用时间而变化，大致可分为三个阶段，即初期故障阶段、正常工作阶段和寿命故障阶段。初期故障阶段故障频率高，但持续时间不长。此阶段发生故障的主要原因，一是新系统设计可能存在一定问题，这时要按对系统的性能要求进行改进设计；二是系统安装工艺不合理及系统调试不当。对于此类故障，一般由泵站到执行元件依次进行诊断。保证安装精度并进行合理调试后，故障会逐渐减少，从而转入正常工作阶段。在正常工作阶段中，系统故障只有偶然发生。对于此类故障，可根据发生故障的现象寻找造成故障的元件，给予修复或更换，不一定非得从液压泵开始依次查找。由于液压元件的磨损和疲劳等原因，使系统进入一个新的故障阶段，即寿命故障阶段。原本在安全使用期处于隐发状态的故障此时就显露出来，以致系统的效率和精度都将随时间的推移而下降。这就要对液压元件和系统进行全面检查和彻底维修，已严重磨损的元件必须更换。随着时间的延长，发生故障的机率越来越高。

8.6.2　液压系统常见故障的分析和排除方法

掌握故障发生的规律，有助于针对性地做好各个时期的使用维护工作。一个液压系统产生故障的原因是多方面的，而且液压传动是在封闭情况下进行的，不能从外部直接观察，不像机械传动那样看得清楚；在测量和管路连接方面也不如电路那样方便。因此，当系统出现故障时，要寻找故障产生的原因往往是有一定难度的。能否分析故障产生的原因和排除故障，一方面取决于对液压传动基本知识的理解程度，另一方面有赖于实践经验的不断积累。

1. 液压系统故障的分析方法

当液压系统发生故障时，应进行认真仔细的分析，列出可能产生故障的一切原因，再逐个分析，排除次要因素，最后找出产生故障的主要原因。有时一种故障可能是由某一元件的毛病所引起的，也可能是几个问题的综合。这不仅要了解液压系统的工作原理，而且还要了解每个元件的结构原理及其作用。熟悉液压系统原理图，搞清各回路和液压元件的功能是分析故障的基础；深入实际，了解液压设备的使用及维修状况，是找出故障产生原因的关键。诊断方法有耳听、目测、手感等方式，必要时可用专用仪器和试验设备进行检测。一般应在作出正确结论之后，才考虑排除故障的具体方法。总之，通过理论知识的学习和不断积累实践经验，便可逐渐学会液压系统故障的分析和排除方法。

2. 液压系统常见故障的排除方法

液压设备在运行中常见出现的故障大致有五类，即漏油、发热、振动和噪声、压力、速度不稳定。液压系统的故障发生有相当一部分是由液压元件的故障所致，因此，应首先熟悉和掌握各种液压元件的常见故障及排除方法，可参见前几章的有关这方面的内容。表

8-4 为液压系统常见故障的分析和排除方法。

表 8-4 液压系统常见故障的分析和排除方法

<table>
<tr><th>故障类别</th><th>故障现象</th><th>故障元件</th><th>故障原因</th><th>排除方法</th></tr>
<tr><td rowspan="12">振动和噪声</td><td rowspan="12">产生振动和噪声</td><td rowspan="7">液压泵</td><td>进油口密封不严，以致空气进入</td><td>拧紧进油管接头螺帽，或更换密封件</td></tr>
<tr><td>液压泵轴径处油封损坏</td><td>更换油封</td></tr>
<tr><td>进口过滤器堵塞或通流面积过小</td><td>清洗或更换过滤器</td></tr>
<tr><td>吸油管径过小、过长</td><td>更换管路</td></tr>
<tr><td>油液黏度太大，流动阻力增加</td><td>更换黏度适当的液压油</td></tr>
<tr><td>吸油管距回油管太近</td><td>扩大两者距离</td></tr>
<tr><td>油箱油量不足</td><td>补充油液至油标线</td></tr>
<tr><td colspan="2">固定管卡松动或隔振垫脱落</td><td>加装隔振垫并紧固</td></tr>
<tr><td colspan="2">压力管路管道长且无固定装置</td><td>加设固定冒卡</td></tr>
<tr><td colspan="2">溢流阀阀座损坏、调压弹簧变形或折断</td><td>修复阀座、更换调压弹簧</td></tr>
<tr><td colspan="2">电动机底座或液压泵架松动</td><td>紧固螺钉</td></tr>
<tr><td colspan="2">泵与电动机的联轴器安装不同轴或松动</td><td>重新安装，保证同轴度小于0.1mm</td></tr>
<tr><td rowspan="7">压力不稳定</td><td rowspan="7">系统无压力或压力不足</td><td rowspan="4">溢流阀</td><td>在开口位置被卡住</td><td>修理阀芯及阀孔</td></tr>
<tr><td>阻尼孔堵塞</td><td>清洗</td></tr>
<tr><td>阀芯与阀座配合不严</td><td>修研或更换</td></tr>
<tr><td>调压弹簧变形或折断</td><td>更换调压弹簧</td></tr>
<tr><td colspan="2">液压泵、液压阀、液压缸等元件磨损严重或密封件破坏造成压力油路大量泄漏</td><td>修理或更换相关元件</td></tr>
<tr><td colspan="2">压力油路上的各种压力阀的阀芯被卡住而导致卸荷</td><td>清洗或修研，使阀芯在阀孔内运动灵活</td></tr>
<tr><td colspan="2">动力不足</td><td>检查动力源</td></tr>
<tr><td rowspan="13">速度不稳定</td><td rowspan="9">系统流量不足</td><td colspan="2">液压泵吸空</td><td>见表 3-4</td></tr>
<tr><td colspan="2">液压泵磨损严重，容积效率下降</td><td>修复达到规定的容积效率或更换</td></tr>
<tr><td colspan="2">液压泵转速过低</td><td>检查动力源将转速调整到规定值</td></tr>
<tr><td colspan="2">变量泵流量调节变动</td><td>检查变量机构并重新调整</td></tr>
<tr><td colspan="2">油液黏度过小，液压泵泄漏增大，容积效率降低</td><td>更换黏度适合的液压油</td></tr>
<tr><td colspan="2">油液黏度过大，液压泵吸油困难</td><td>更换黏度适合的液压油</td></tr>
<tr><td colspan="2">液压缸活塞密封件损坏，引起内泄漏增加</td><td>更换密封件</td></tr>
<tr><td colspan="2">液压马达磨损严重，容积效率下降</td><td>修复达到规定的容积效率或更换</td></tr>
<tr><td colspan="2">溢流阀调定压力值偏低，溢流量偏大</td><td>重新调节</td></tr>
<tr><td rowspan="4">液压缸爬行（或液压马达转动不均匀）</td><td colspan="2">液压泵吸空</td><td>见表 3-4</td></tr>
<tr><td colspan="2">接头密封不严，有空气进入</td><td>拧紧接头或更换密封件</td></tr>
<tr><td colspan="2">液压元件密封损坏，有空气进入</td><td>更换密封件保证密封</td></tr>
<tr><td colspan="2">液压缸排气不彻底</td><td>排尽缸内空气</td></tr>
</table>

（续表）

故障类别	故障现象	故障元件	故障原因	排除方法
发热	油液温度过高		系统在非工作阶段有大量压力油损耗	改进系统设计，增设卸荷回路或改用变量泵
发热	油液温度过高		压力调整过高，泵长期在高压下工作	重新调整溢流阀的压力
			油液黏度过大或过小	更换黏度适合的液压油
			油箱容量小或散热条件差	增大油箱容量或增设冷却装置
			管道过细、过长、弯曲过多，造成压力损失过大	改变管道的规格及管路的形状
			系统各连接处泄漏，造成容积损失过大	检查泄漏部位，改善密封性

8.7　小　　结

为了更好地分析液压传动系统，要求掌握分析液压系统的步骤和方法，掌握已有的典型液压系统的特点；了解液压传动系统的设计，学会液压系统常见故障的分析和排除方法。

1. 分析液压系统

液压传动系统的分析要从设备的功能要求入手，从子系统到基本回路再到具体元件，步步深入。了解设备对液压系统的要求，将其作为分析系统的依据；以执行元件为中心，将整个系统划分为若干“子系统”，分析油路流向；根据对执行元件的动作要求，分析其方向控制、速度控制及压力控制的方法，弄准各控制回路的组成及其关键元件的作用；然后，根据对各执行元件之间的顺序、同步、互锁、防干扰等要求，综合分析各“子系统”之间的联系，总结整个液压系统的特点，以加深对系统的理解。

2. 典型液压系统

YT4543 型组合机床动力滑台液压系统以速度变换为主特点，运动部件要求能自动实现“快进→一工进→二工进→死挡铁停留→快退→原位停止”，且快进与工进时的速度与负载相差较大。系统采用限压式变量泵供油和由三位五通电液换向阀、单向阀与行程阀组成的液压缸差动连接快速运动回路两项措施，实现运动部件的快进；采用限压式变量泵→调速阀→背压阀组成的容积节流调速回路保证了液压缸较好的速度刚性和较大的调速范围；采用行程阀和外控外泄顺序阀实现快进与工进的速度换接；采用两个调速阀串联与电磁滑阀组成的速度变换回路实现两次工进速度的换接。另外，M 型中位机能电液换向阀的换向回路同时使泵低压卸载。总之，系统使用元件不多，油路布置简单灵活，能量利用合理。

YB32—200 型通用液压机液压系统以压力变换为主特点，压力机上滑块液压缸要求实现“快速下行→慢速加压→保压延时→泄压、快速回程→原位停止”的动作循环，返回时速度快，加压时推力大；下滑块顶出缸要求实现“向上顶出→停留→向下退回→原位停止”的动作循环。系统由高压大流量恒功率变量泵供油及利用活塞自重充液的快速运动回路实现上缸的快速下行；采用背压阀与液控单向阀组合的平衡回路控制上缸下腔的回油压力，满足了主机对力和速度的要求；采用单向阀的保压回路和用顺序阀的泄压回路保证了压力变换过程的平稳。辅助泵作为系统中液控阀的控制油源，控制上下缸的电液阀换向和液控单向阀的启闭。

XS—ZY—250A 型塑料注射成型机液压系统以多执行元件配合工作为主特点，它的动作循环为“合模缸合模→注射座缸前进→注射缸注射→保压→冷却→注射座缸后退→合模缸开模→顶出缸顶出制品→顶出缸后退”，在制品冷却的同时，液压马达带动螺杆旋转对颗粒状塑料预塑。动作循环中，不同工作阶段的速度、压力要求相差较大。这里采用了双联泵供油系统，速度高时采用双泵供油，速度低时采用一个泵供油，另一个泵卸载；不同工作阶段的工作压力则由先导型溢流阀与多个远程调压阀、电磁滑阀组成的多级调压回路控制；注射、顶出、预塑的速度微调由节流阀或旁通型调速阀调节；各执行元件的换向回路视实际通过的流量，或采用电液换向阀，或采用电磁换向阀；多个执行元件的动作顺序由行程开关控制，这种控制方式机动灵活，系统较简单。

3. 液压传动系统的设计、安装、调试和维护

液压传动系统的设计、安装、调试和维护是加深理解液压传动系统的重要组成部分。液压传动系统设计一般步骤的内容是理论基础；液压系统的安装、调试及常见故障的分析和排除方法是重要的实践积累。

8.8 复习思考题

8-1 说明在如图 8-4 所示的压力机液压系统中，使上液压缸 5 快速下降的措施，并指出压力阀 4、6、9 的作用有哪些？

8-2 如图 8-2 所示动力滑台液压系统是由哪些基本回路组成的？单向阀 5 在系统中起什么作用？

8-3 如图 8-6 所示的注塑机液压系统，假设液压泵 B1 的输出流量为 25 L/min，B2 的输出流量为 75 L/min，B3 的输出流量为 100 L/min，怎样实现多级流量输出？各级流量的数值是多少？并说明单向阀 V11 和 V12 的作用。

8-4 为什么液压系统要进行两次清洗。

8-5 为什么液压系统安装后要进行清洗？新更换的液压油为什么必须经过过滤后才能注入油箱？

8-6　如图 8-7 所示为专用铣床液压系统，要求机床工作台一次可安装两个工件，并能同时加工。工件的上料、卸料由手工完成，工件的夹紧及工作台进给运动由液压系统完成。机床的工作循环为“手工上料→工件自动夹紧→工作台快进→铣削进给→工作台快退→夹具松开→手工卸料”。分析系统回答下列问题：

（1）填写电磁铁动作顺序表。

（2）系统由哪些基本回路组成？

（3）哪些工况由双泵供油，哪些工况由单泵供油？

（4）说明元件 6、7 在系统中的作用。

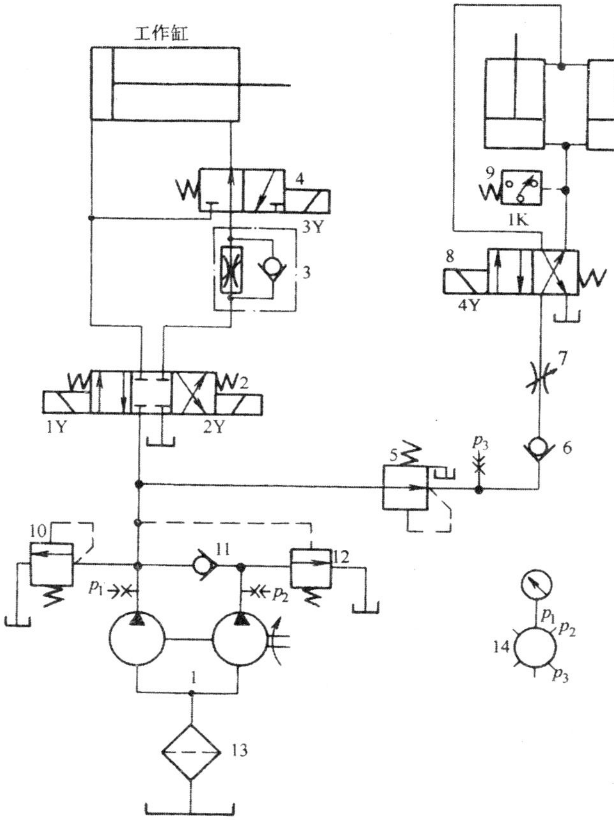

图 8-7

1—双联叶片泵　2、4、8—换向阀　3—单向调速阀　5—减压阀　6、11—单向阀　7—节流阀　9—压力继电器　10—溢流阀　12—外控顺序阀　13—过滤器　14—压力表开关

第 9 章　液压伺服控制系统

液压伺服控制系统是一种闭环控制系统，是随着液压传动技术发展和应用而发展起来的新型的液压控制技术。其控制精度和响应的快速性远远高于普通的液压传动，因而在现代工业生产中被广泛采用。

9.1　概　　述

伺服系统（又称随动系统或跟踪系统）是一种自动控制系统，在这种系统中，系统的输出量能自动、快速而准确地复现输入量的变化规律。液压伺服控制系统是以液压动力元件作驱动装置所组成的反馈控制系统。在这种系统中，输出量能以一定的精度，自动地按照输入信号的变化规律运动。输出量可以是机械位移、速度、加速度或者力。

液压伺服控制系统除了具有液压传动的各种优点外，还具有响应速度快、系统刚性大和控制精度高等优点，因此广泛应用于机床、重型机械、汽车、飞机、船舶、和军事装备等方面。

9.1.1　液压伺服控制系统的工作原理及特点

1. *液压伺服控制系统的工作原理*

如图 9-1 所示为一个简单的液压伺服控制系统的原理图。液压泵 4 是系统的动力源，它以恒定的压力向系统供油，供油压力由溢流阀 3 调定。伺服阀 1 是控制元件，液压缸 2 是执行元件。伺服阀按节流原理控制进入液压缸的流量、压力和流动方向，使液压缸带动负载运动。伺服阀阀体与液压缸缸体刚性连接，从而构成机械反馈控制。

按图示给伺服阀阀芯一个输入位移 x_i，则窗口 a、b 便有一个相应的开口 $x_v(x_v = x_i)$，压力油经窗口 b 进入液压缸右腔，液压缸左腔油液经窗口 a 排出，缸体右移 x_p。与此同时阀体也右移，使阀的开口减小，即 $x_v = x_i - x_p$ 直到 $x_p = x_i$，即 $x_v = 0$，阀的输出流量为零，缸体才停止运动，处在一个新的平衡位置上，从而完成液压缸输出位移对阀输入位移的跟随运动。如果阀芯反向运动，液压缸也反向跟随运动。在此系统中，输出量（缸体位移 x_p）

之所以能够迅速、准确地复现输入量（阀芯位移 x_i）的变化，是因为阀体与缸体是一个整体，构成了机械的负反馈控制。由于缸体的输出位移 x_p 能够连续不断地反馈至阀体上并与阀芯的输入位移 x_i 进行比较，有偏差（阀的开口）缸体就向着减小偏差的方向运动，直到偏差消除为止，即以偏差来消除偏差。如图 9-2 所示为用方块图表示的液压伺服控制系统的工作原理。

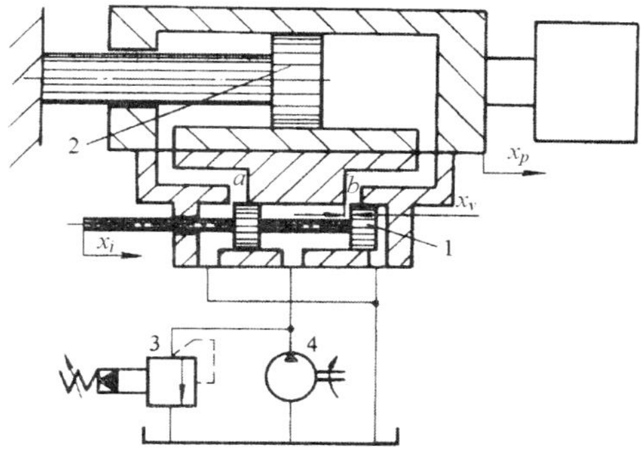

图 9-1 液压伺服控制系统原理图

1—伺服阀 2—液压缸 3—溢流阀 4—液压泵

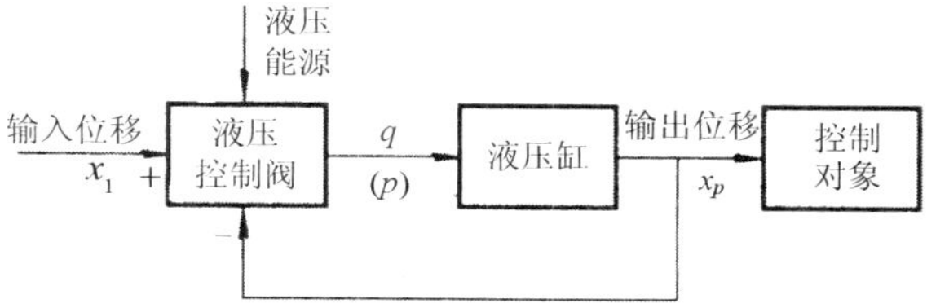

图 9-2 控制系统工作原理方块图

2. 液压伺服控制系统的基本特点

通过上述分析，可以看出液压伺服系统具有下列基本特点。

（1）液压伺服系统是一个自动跟踪系统（或随动系统），输出量能够自动地跟随输入量变化规律而变化。

（2）液压伺服系统是一个有差系统。系统的输出信号和输入信号之间存在偏差是液压伺服系统工作的必要条件，也可以说液压伺服系统是靠偏差信号进行工作的。

（3）液压伺服系统必须具有负反馈环节。

（4）液压伺服系统是一个功率放大装置（系统），执行元件输出的功率远大于输入信号的功率，多达几百倍，甚至几千倍。伺服控制过程的物理本质是利用偏差信号去控制液压能源输入到系统的能量，所以液压伺服装置一般也称为液压伺服放大器。

9.1.2 液压伺服系统的类型及组成

1. 液压伺服系统的类型

（1）按控制信号的类别和回路的组成分为：机液、气液、电液伺服系统。

（2）按控制元件的不同可分为：滑阀式、射流管式，喷嘴挡板式、转阀式。
（3）按控制方式不同可分为：阀控和泵控系统。
（4）按所控制的物理量分为：位置、速度和力控制系统。

2. 液压伺服系统组成

液压伺服系统尽管分类方法不同、结构各异，但都是由一些基本元件所组成。根据元件的功能，系统的组成可用图 9-3 表示，说明如下。

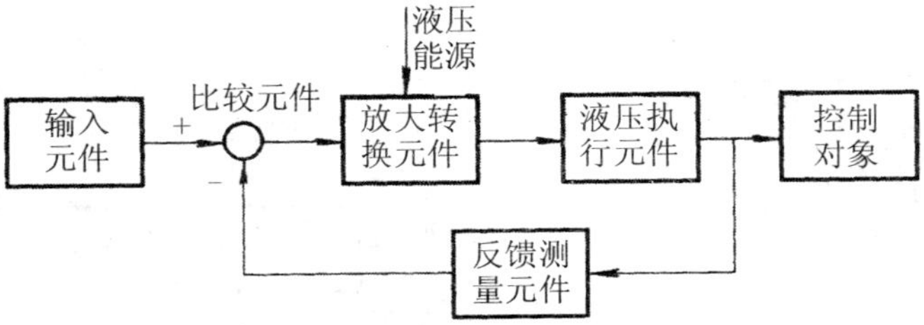

图 9-3　液压伺服控制系统的组成

（1）输入元件　给出输入信号（指令信号）加于系统的输入端。
（2）反馈测量元件　测量系统的输出量，并转换成反馈信号。如上例中缸体与阀体的机械连接。
（3）比较元件　将反馈信号与输入信号进行比较，给出偏差信号。反馈信号与输入信号应是相同的物理量，以便进行比较。比较元件有时不单独存在，而是与输入元件、反馈测量元件或放大元件一起组合为同一结构元件。如上例中伺服阀同时具有比较和放大两种功能。
（4）放大转换元件　将偏差信号放大并进行能量形式的转换。如放大器、伺服阀等。放大转换元件的输出级是液压的，前置级可以是机械的、电的、液压的、气动的或它们的组合形式。
（5）执行元件　与液压传动系统中的相同，是液压缸、液压马达或摆动缸。

9.2　液压伺服控制

液压伺服控制是以液压伺服阀为核心的高精度控制系统。液压伺服阀是一种通过改变输入信号，连续、成比例地控制流量和压力进行液压控制的。常用的伺服阀有滑阀、射流管阀和喷嘴挡板阀，其中以滑阀应用最为普遍。

9.2.1　滑阀

按滑阀工作边数（起控制作用的阀口数）可分为：单边滑阀、双边滑阀和四边滑阀。

如图 9-4a 所示为单边滑阀的工作原理，它只有一个控制边。压力油直接进入液压缸左腔，并经活塞上的固定节流孔 a 进入液压缸右腔，压力由 p_s 降为 p_1，再通过滑阀唯一的控制边（可变节流口）流回油箱。这样固定节流口与可变节流口控制液压缸右腔的压力和流量，从而控制了液压缸缸体运动的速度和方向。液压缸在初始平衡状态下，有 $p_1A_1 = p_sA_2$，对应此时阀的开口量为 x_{v0}（零位工作点）。当阀芯向右移动时，开口 x_v 减小，p_1 增大，于是 $p_1A_1 > p_sA_2$，缸体向右运动。阀芯反向移动，缸体亦反向运动。

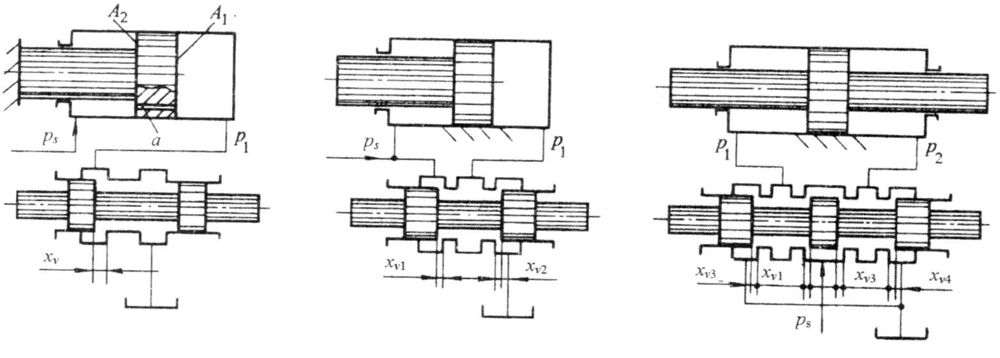

图 9-4　滑阀的工作原理

（a）单边滑阀　（b）双边滑阀　（c）四边滑阀

如图 9-4b 所示为双边滑阀的工作原理，它有两个控制边，压力油一路直接进入液压缸左腔，另一路经左控制边开口 x_{v1} 与液压缸右腔相通，并经右控制边开口 x_{v2} 流回油箱。所以是两个可变节流口控制液压缸右腔的压力和流量。当滑阀阀芯移动时，x_{v1} 与 x_{v2} 此增彼减，共同控制液压缸右腔的压力，从而控制液压缸活塞的运动方向。显然，双边滑阀比单边滑阀的调节灵敏度高，控制精度也高。

单边、双边滑阀控制的液压缸是差动缸（单活塞杆缸），为了得到两个方向上相同的控制性能，须使 $A_1 = 2A_2$。

如图 9-4c 所示为四边滑阀，它有四个控制边，开口 x_{v1} 和 x_{v2} 分别控制液压缸两腔的进油，而开口 x_{v3} 和 x_{v4} 分别控制液压缸两腔的回油。当阀芯向右移动时，进油开口 x_{v1} 增大，回油开口 x_{v3} 减小，使 p_1 迅速提高；与此同时，x_{v2} 减小，x_{v4} 增大，p_2 迅速降低，导致液压缸活塞迅速右移。反之，活塞左移。与双边阀相比，四边阀同时控制液压缸两腔的压力和流量，故调节灵敏度更高，控制精度也更高。四边滑阀既可用来控制双活塞杆缸，也可控制差动缸。

由上可知，单边、双边和四边滑阀的控制作用基本上是相同的。从控制质量上看，控制边数越多越好；从结构工艺上看，控制边数越少越容易制造。

滑阀在零位时有三种开口形式：负开口（$x_{v0}<0$）、零开口（$x_{v0}=0$）和正开口（$x_{v0}>0$），如图 9-5 所示。零开口阀的控制性能最好，但加工精度要求高；负开口阀有一定的不灵敏区，较少应用；正开口阀的控制性能较负开口的好，但零位功率损耗较大。

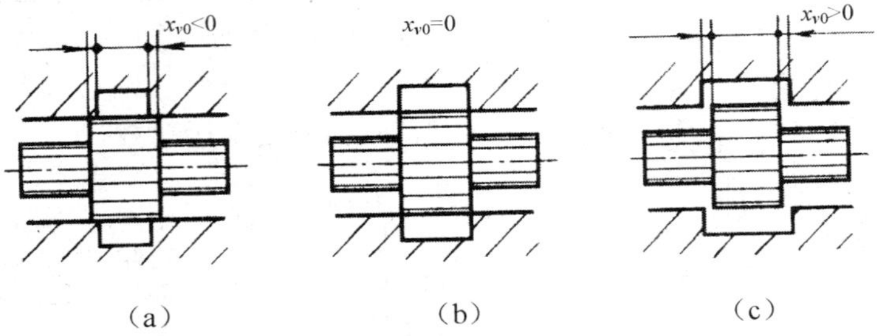

图 9-5　滑阀的开口形式

(a) 负开口　(b) 零开口　(c) 正开口

9.2.2　喷嘴挡板阀

喷嘴挡板阀有单喷嘴和双喷嘴两种结构形式，它们的工作原理基本相同，如图 9-6 所示为双喷嘴挡板阀的工作原理。它由挡板 1、喷嘴 2 和 3、固定节流孔 4 和 5 等组成。挡板与喷嘴之间形成两个可变节流缝隙 δ_1 和 δ_2。当挡板处于中间位置时，两缝隙所形成的节流阻力相等，两喷嘴内的油液压力也相等，即 $p_1=p_2$，液压缸不动。压力油经固定节流孔 4 和 5、节流缝隙 δ_1 和 δ_2 流回油箱。当输入信号使挡板向左摆动时，缝隙 δ_1 变小，δ_2 变大，p_1 上升，p_2 下降，液压缸缸体向左移动。因机械负反馈作用，当喷嘴跟随缸体移动到挡板两边缝隙对称时，液压缸停止运动。

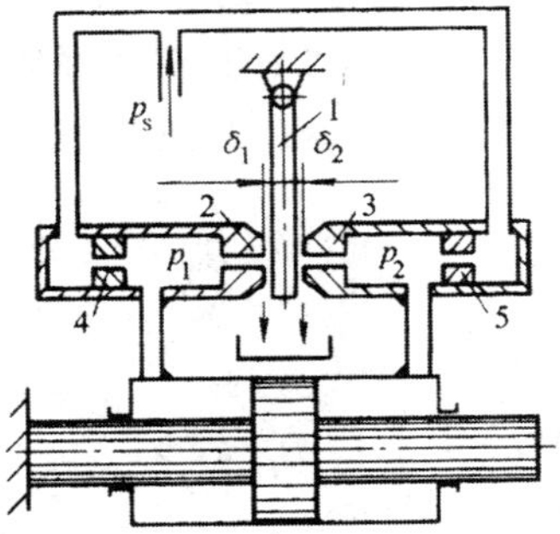

图 9-6　双喷嘴挡板阀的工作原理

1—挡板　2、3—喷嘴　4、5—固定节流孔

喷嘴挡板阀的优点是：结构简单，加工方便，挡板运动部件惯性小，位移小，因而反应快，灵敏度高；抗污染能力较滑阀强。它的缺点是无功损耗大。常用作多级放大元件中的前置级。

9.2.3　射流管阀

射流管阀由射流管 1 和接受器 2 组成，见图 9-7。射流管在输入信号的作用下可绕轴 O 摆动，压力油经轴孔进入射流管，从喷嘴射出的液流冲到接受器的两个接受孔内，两接受孔分别与液压缸的两腔连通。液压能通过射流管的喷嘴转换为液流的动能，液流被接受孔接受后，又将其动能转变为压力能。当射流管喷嘴处于两接受孔的中间位置（零位）时，两接受孔所接受的射流动能相同，因此恢复压力也相同，液压缸不动。当射流管偏离中间位置时，两接受孔所接受的射流动能不再相等，恢复压力也不相等，一个增加，另一个减小，形成液压缸两腔的压差，推动活塞运动。

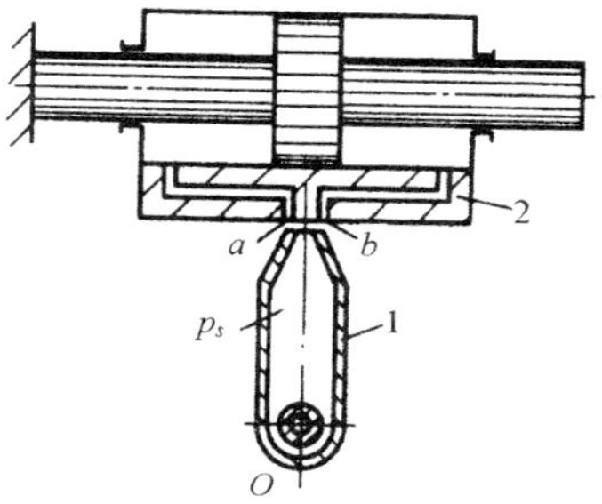

图 9-7　射流管阀的工作原理

1—射流管　2—接受器

射流管阀的优点是：结构简单，加工精度要求较低；抗污染能力强，对油液的清洁度要求不高；单级功率比喷嘴挡板阀高。它的缺点是：受射流力的影响，高压易产生干扰振动；射流管运动惯量较大，响应不如喷嘴挡板阀快；无功损耗较大。因此，射流管阀适用于低压小功率的伺服系统。

9.3　电液伺服阀

电液伺服阀是电液转换元件，又是功率放大元件，它能将很小功率的输入电信号转换为大功率的液压能输出，是电液伺服控制系统的关键元件。

如果图 9-8 所示为一种典型的电液伺服阀的结构原理，它由电磁和液压两部分组成。电磁部分是一个力矩马达，主要由一对永久磁铁 1、一对导磁体 2、衔铁 3、线圈 4、和弹簧管 5 组成。衔铁、弹簧管与液压部分是一个两级功率放大器，第一级采用双喷嘴挡板阀，称前置放大级；第二级采用四边滑阀，称功率放大级。衔铁 3、弹簧管 5 与喷嘴挡板阀的挡板 6 连接一起，挡板下端为一小球，嵌放在滑阀 8 的中间凹槽内，构成反馈杆。它们的工作原理如下所述。

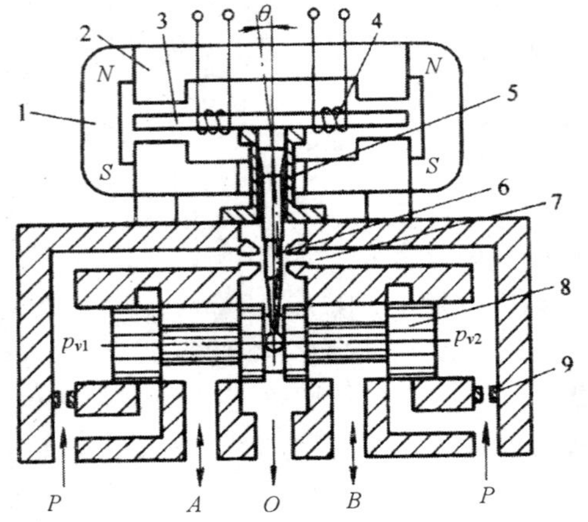

图 9-8 电液伺服阀的结构原理

1—永久磁铁 2—导磁体 3—衔铁 4—线圈 5—弹簧管
6—挡板 7—喷嘴 8—滑阀 9—固定节流孔

当线圈中无信号电流输入时，衔铁、挡板和滑阀都处于中间对称位置，如图 **9-8** 所示。当线圈中有信号电流输入时，衔铁被磁化，与永久磁铁和导磁体形成的磁场合成产生电磁力矩，使衔铁连同挡板偏转。挡板的偏转，使两喷嘴与挡板之间的缝隙发生相反的变化，滑阀阀芯两端压力 p_{v1}、 p_{v2} 也发生相反的变化，一个压力上升，另一个压力下降，从而推动滑阀阀芯移动。阀芯移动使反馈杆产生弹性变形，对衔铁挡板组件产生一反力矩。当作用在衔铁挡板组件上的电磁力矩与弹簧管反力矩、反馈杆反力矩达到平衡时，滑阀停止运动，保持在一定的开口上，有相应的流量输出。由于衔铁、挡板的转角，滑阀的位移都与信号电流成比例变化，在负载压差一定时，阀的输出流量也与输入电流成比例。输入电流反向，输出流量亦反向。所以，这是一种流量控制电液伺服阀。

9.4 液压伺服控制系统举例

9.4.1 机液伺服系统

机液伺服系统主要用来进行位置控制，由于它结构简单、工作可靠、使用维修也比较容易，因而广泛地用于飞机舵面操纵系统、汽车动力转向装置、液压仿形机床等。下面以液压仿形刀架为例来说明机液伺服系统的应用。

如图 **9-9a** 所示，仿形刀架倾斜安装在车床拖板 5 的上面，工作时随拖板做纵向运动。

靠模样板 11 安装在床身后侧支架上固定不动。仿形刀架液压缸的活塞杆固定在拖板上，缸体、阀体和刀架联成一体，可在刀架底座的导轨上沿液压缸轴向移动。伺服阀阀芯 9 在弹簧的作用下通过阀杆使杠杆 8 的触销 10 靠在样板 11 上。

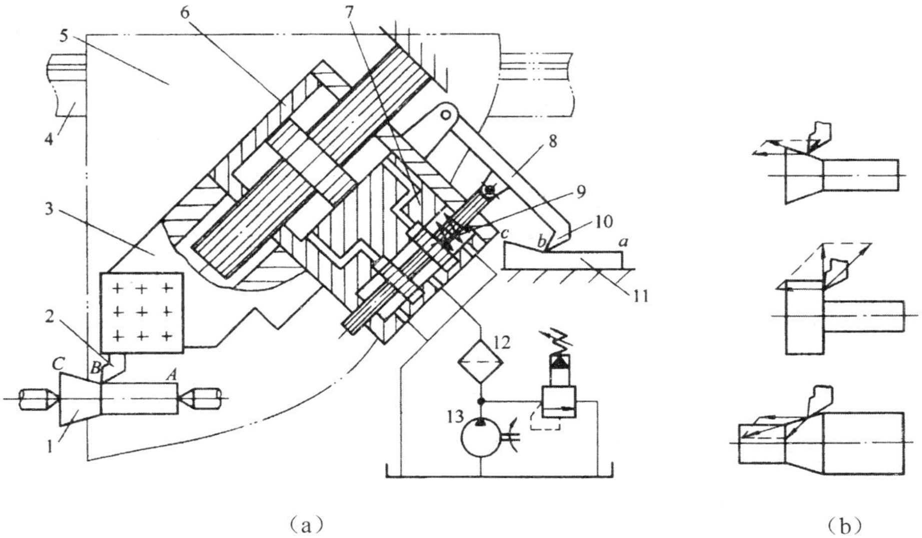

图 9-9　液压仿形刀架

（a）工作原理图　（b）运动速度合成图

1—工件　2—车刀　3—刀架　4—导轨　5—拖板　6—缸体　7—阀体

8—杠杆　9—阀芯　10—触销　11—样板　12—过滤器　13—液压泵

车削圆柱面时，拖板沿床身导轨纵向移动，杠杆和触销在样板 *ab* 段内水平移动，伺服阀处于零位状态，液压缸不运动，刀架只能随拖板一起做纵向移动，车刀在工件 1 上车出圆柱面。

车削圆锥面时，触销沿样板 *bc* 段移动，使杠杆向上方偏摆，从而带动阀芯上移，阀口开大，压力油进入液压缸上腔，推动缸体连同阀体和刀架沿轴向后退。阀体后退又使阀口逐渐关小，直至恢复到零位为止。在拖板不断做纵向运动的同时，触销在样板上不断抬起，刀架也就不断地做轴向后退运动，此二运动的合成就使车刀在工件上车削出 *BC* 段圆锥面来。其他曲面或台肩也都是这样合成的结果，如图 9-9b 所示。为了能车削直角台肩，仿形刀架的液压缸的轴线一般安装成 45～60° 斜角。

从以上工作过程可知，输入信号、反馈信号都是机械量，刀架液压缸以一定的仿形精度按着触销输入位移的变化规律而动作，所以这是一个机液位置伺服系统，它的系统方块图与图 9-2 相同。

9.4.2 电液伺服控制系统

电液伺服控制系统是由电的信号处理部分和液压的功率输出部分组成的闭环控制系统。由于电检测器的多样性，所以可以组成许多物理量的闭环控制系统。最常见的是电液位置伺服系统、电液速度控制系统和电液力或压力控制系统。电液伺服控制系统综合了电和液压两方面的优势，具有控制精度高、响应速度快、信号处理灵活、输出功率大、结构紧凑和重量轻等优点，因此得到了广泛的应用。下面分别举例说明。

（1）电液位置伺服系统　如图 9-10a 所示为一电液位置伺服系统。它控制工作台的位置，使之按照指令电位器给定的规律变化。系统由指令电位器 5、反馈电位器 4、电放大器 6、电液伺服阀 1、液压缸 2 和工作台 3 组成。

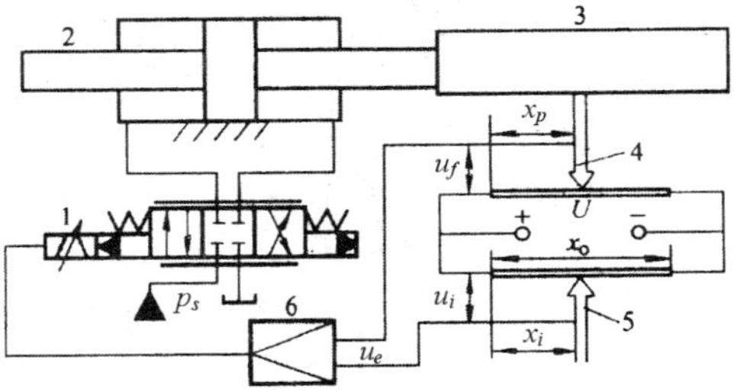

（a）

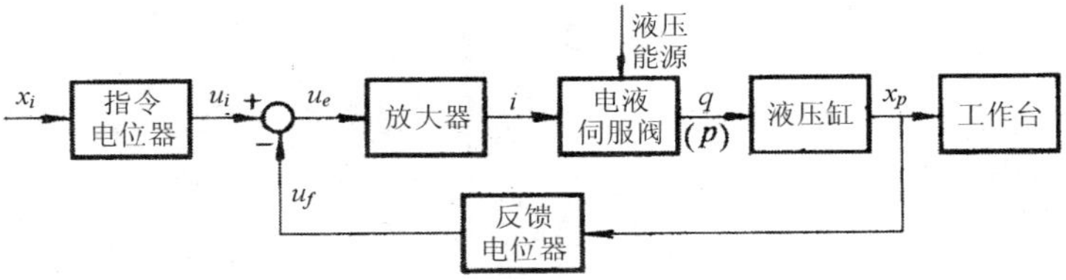

（b）

图 9-10　电液位置伺服系统及其方块图

（a）系统原理图　（b）方块图

1—电液伺服阀　2—液压缸　3—工作台　4—反馈电位器　5—指令电位器　6—电放大器

指令电位器将滑臂的位置指令 x_i 转换成指令电压轨，工作台的位置 x_p 由反馈电位器检测转换为反馈电压 u_f。两个线性电位器接成桥式电路，从而得到偏差电压：

$$u_e = u_i - u_f = K(x_i - x_p)，\quad K = U/x$$

当工作台位置与指令位置相一致时，偏差电压 u_e=0，此时放大器输出电流为零，电液伺服阀处于零位，液压缸和工作台不动，系统处在一个平衡状态。当指令电位器滑臂位置发生变化时，如向右移动Δx_i，在工作台位置变化之前，电桥输出的偏差电压$u_e = K\Delta x_i$，经放大器放大后转变为电流信号去控制电液伺服阀，电液伺服阀输出压力油，推动工作台右移。随着工作台的移动，电桥输出的偏差电压逐渐减小，直至工作台位移等于指令电位器位移时，电桥输出偏差电压为零，工作台停止运动。如果指令电位器反向移动，则工作台也反向跟随运动。所以，此系统中的工作台能够精确地跟随指令电位器滑臂位置的任意变化，实现位置的伺服控制。如图 9-10b 所示为此系统的方块图。

（2）电液速度控制系统　如图 9-11a 所示为一种电液速度控制系统的工作原理图，该系统控制滚筒的转动速度，使之按照速度指令变化。系统的主回路就是一个变量泵和定量马达组成的容积调速回路。这里变量泵既是液压能源又是主要的控制元件。由于操纵泵的变量机构所需的力较大，通常采用一个小功率的液压放大装置作为变量控制机构，这又构成了本系统中一个局部的电液位置伺服系统（与图 9-10 所示系统相同）。

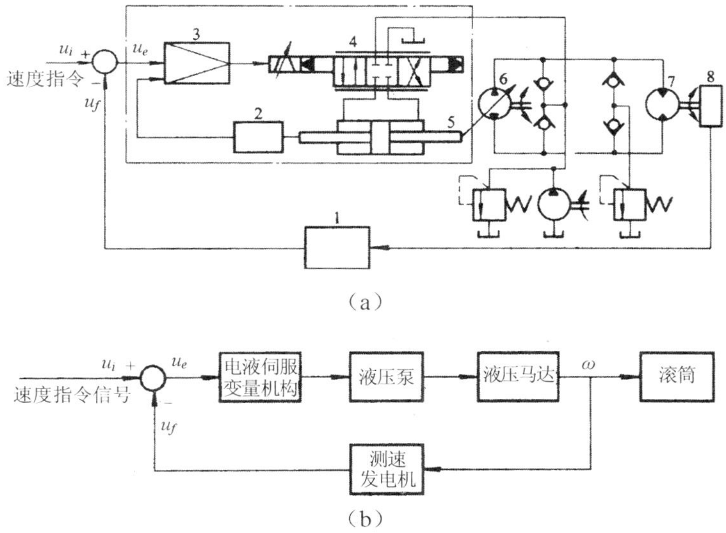

图 9-11 电液速度伺服控制系统

（a）系统原理图　（b）方块图

1—测速发电机　2—位移传感器　3—电放大器　4—电液伺服阀

5—变量液压缸　6—变量泵　7—定量马达　8—滚筒

系统输出速度由测速发电机 1 检测，并转换为反馈电压信号u_f，与输入速度指令信号u_f相比较，得出偏差电压信号$u_e = u_i - u_f$，作为变量机构的输入信号。当速度指令u_i给定时，滚筒 8 以一定的速度旋转，测速机输出电压为u_{f0}则偏差电压$u_{e0} = u_i - u_{f0}$，此偏差电压对应于一定的变量液压缸 5 位置（如控制轴向柱塞泵斜盘成一定的倾斜角），而对应于一定的泵流量输出，此流量为保持工作速度 ω_0 所需之流量。可见这里偏差电压 u_{e0} 是保持工作速度所必需的。在滚筒转动过程中，如果负载力矩、摩擦、泄漏、温度等因素引起速度变化时，则 $u_f \neq u_{f0}$，假如 $\omega < \omega_0$，则 $u_f < u_{f0}$ 而 $u_e = u_i - u_f > u_{e0}$。使得变量液压缸输出位移增大，于是泵的输出流量增加，马达速度便自动上升至给定值。反之，如果速度超过 ω_0，则 $u_f > u_{f0}$，因而 $u_e < u_{e0}$，使变量液压缸输出位移减小，泵的输出流量减少，速度便自动下降至给定值。所以，马达转速是根据指令信号自动加以调节的，并总保持在与速度指令相对应的工作速度上。图 9-11b 表示了这个系统的方块图。

（3）电液力控制系统　如图 9-12a 所示是钢带张力控制系统。在带钢生产过程中，需要控制带材的张力，可用电液伺服控制系统来实现恒张力控制。牵引辊 2 牵引钢带，加载装置 5 使钢带产生一定的张力。当张力由于某种原因发生波动时，通过设置在转向辊 4 轴承上的力传感器 9 检测出钢带的张力，并和给定值进行比较，得到偏差信号，经电放大器 6 放大后，控制电液伺服阀 7，进而控制输入液压缸 1 的流量，驱动浮动辊 8 来调节钢带的张力，使之回复到原来的给定值上。如图 9-12b 所示为此系统的方块图。

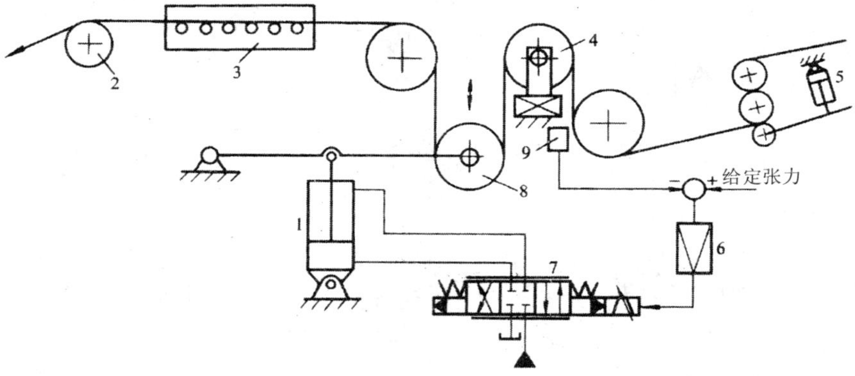

（a）

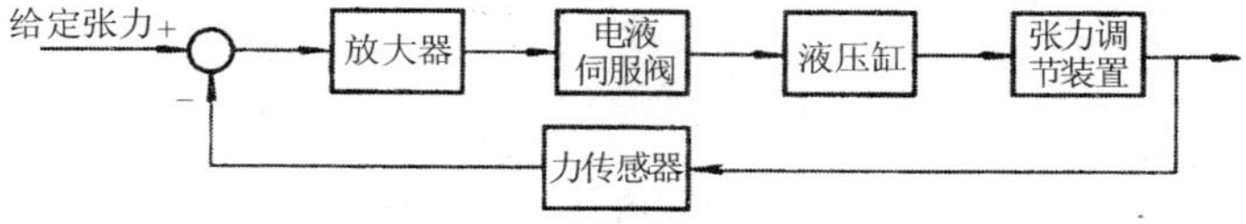

（b）

图 9-12 电液力控制系统（钢带张力控制系统）

（a）系统原理图　（b）方块图

1—张力调整液压缸　2—牵引辊　3—热处理炉　4—转向辊　5—加载装置
6—电放大器　7—电液伺服阀　8—浮动辊　9—力传感器

9.5 小　　结

1．液压伺服系统能使执行元件以一定的精度自动跟随微弱的输入信号而动作。它是一个具有检测反馈装置的闭环控制系统；根据输入信号的类型，分为机械液压式伺服系统和电液伺服系统。

2．液压伺服阀是伺服系统中的核心，起信号转换、功率放大及反馈等控制作用，分为机液和电液伺服阀两种。其最常见的控制元件是有节流作用的四通换向阀，如果采用电信号控制其节流口大小，便成为电液伺服阀。

9.6 复习思考题

9-1　液压伺服控制系统与一般的液压传动系统有何不同？

9-2　液压伺服控制系统由哪些基本元件所组成？

9-3　图 9-6 中的双喷嘴挡板阀，若有一个喷嘴被堵塞，会发生什么现象？单喷嘴挡板阀可控制哪种形式的液压缸？试设计出单喷嘴挡板阀控制液压缸的结构原理图。

9-4　机液伺服系统和电液伺服系统有什么不同？

第 10 章　气压传动基础知识

10.1　空气的性质

10.1.1　空气的组成

自然界的空气是由若干气体混合而成的，其主要成分是氮（N_2）和氧（O_2），其他气体占的比例极小。此外空气中常含有一定量的水蒸气，对于含有水蒸气的空气称为湿空气，不含有水蒸气的空气称之为干空气。标准状态下（即温度 T=0℃、压力 P=0.1013MPa，重力加速度 g=9.8066 m/s^2，分子量 M=28.962），干空气的组成如表 10-1 所示。

表 10-1　空气的组成

比值＼成份	氮（N_2）	氧（O_2）	氩（Ar）	二氧化碳（CO_2）	其他气体
体积 V/%	78.03	20.93	0.935	0.03	0.078
质量 M/%	75.50	23.10	1.28	0.035	0.075

10.1.2　空气的密度和黏度

（1）密度

空气的密度是单位体积 V 内的空气的质量 m，用 ρ 表示，即

$$\rho=\frac{m}{V} \tag{10-1}$$

（2）黏度

空气的黏度是空气质点相对运动时产生阻力的性质。空气黏度的变化只受温度变化的影响，且随温度的升高而增大，主要是由于温度升高后，空气分子运动加剧，使原本间距较大的分子之间碰撞增多。而压力的变化对黏度的影响很小，可忽略不计。

10.1.3　空气的湿度与露点

由于湿空气在一定的温度和压力条件下能在气动系统的局部管道和气动元件中凝结成水滴，促使气动管道和气动元件腐蚀和生锈，导致气动系统工作失灵。因此，必须采取适当措施，减少压缩空气中所含的水分。

1. 湿度

为了表明空气中所含水分的程度，可用湿度来表示，湿度分为绝对湿度和相对湿度两种。

（1）绝对湿度　空气的绝对湿度是指单位湿空气体积中所含的水蒸气质量，即

$$x = \frac{m_s}{V} \tag{10-2}$$

式中　x—— 绝对湿度（kg/m^3）；

m_s—— 水蒸气质量（kg）；

V—— 湿空气体积（m^3）。

若在一定湿度下，当空气中水蒸气的含量超过某一限度时，空气中就有水滴析出，这就表明湿空气中能容纳水蒸气的数量是有一定限度的，把这种极限状态的湿空气称为饱和湿空气。此条件下的绝对湿度称为饱和绝对湿度，用 x_b 表示。

绝对湿度表明了湿空气中所含水蒸气的多少，但它还不能说明湿空气所具有的吸收水蒸气的能力大小。因此，要了解湿空气的吸湿能力以及它离饱和状态的程度，就需要引出相对湿度的概念。

（2）相对湿度　相对湿度是指在某温度和总压力不变的条件下，其绝对湿度 x 与饱和绝对湿度 x_b 的比值，用 Φ 表示，即

$$\Phi = \frac{x}{x_b} \times 100\% \tag{10-3}$$

湿空气的 Φ 值在 0%～100%之间变化，空气绝对干燥时，$\Phi=0$；空气达到饱和时，$\Phi=100\%$。通常空气的 Φ 值在 60%～70%范围内人体感到舒适。气动技术规定各种阀的相对湿度不得超过 90%～95%。必须指出，当湿度下降时，空气中水蒸气的含量是降低的。因此，从减少空气中所含水分来说，降低进入气动设备的空气温度是十分有利的。

2. 露点

露点是指在规定的空气压力下，当温度一直下降到成为饱和状态时，水蒸气开始凝结的一刹那的温度。降温除湿就是利用湿空气在温度降到露点以下时有水滴析出来完成的。

10.1.4　气体体积的易变特性及压缩空气

1. 气体体积的易变特性

气体与固体、液体相比，最大的特点是分子间的距离相当长，分子运动较自由，分子间的内聚力小，体积随压力和温度的变化而变化。因此，气体与液体相比有明显的可压缩性。

2. 压缩空气

气动技术采用的压缩空气是通过空气压缩机获得的，压缩机压缩的空气称为压缩空气，

未经压缩的空气称为自由空气。空气压缩机压缩空气时，温度可高达 250℃，而快速排气时，温度可降至-100℃。湿空气被压缩后，单位容积里所含水蒸气量增大，同时温度升高。当压缩空气冷却时，其相对湿度增加，待温度降至露点后便有水滴析出。

10.2 气体状态方程

气体的三个状态参数是压力 p、温度 T 和体积 V。气体状态方程是描述气体处于某一平衡状态时，这三个参数之间的关系。本节介绍几种常见的状态变化过程。

10.2.1 理想气体的状态方程

所谓理想气体，是指不计黏性的气体。一定质量的理想气体在状态变化的某一稳定瞬时，有以下气体状态方程成立

$$\frac{p_1V_1}{T_1}=\frac{p_2V_2}{T_2} \tag{10-4}$$

式中 p_1、p_2——气体在 1、2 两状态下的绝对压力（Pa）;

V_1、V_2——气体在 1、2 两状态下的体积（m^3）;

T_1、T_2——气体在 1、2 两状态下的热力学温度（K）。

由于实际气体具有黏性，因而严格地讲它并不完全符合理想气体方程式。实验证明：理想气体状态方程适用于绝对压力不超过 20 MPa、温度不低于 20℃的空气、氧气、氮气、二氧化碳等，不适用于高压状态和低温状态下的气体。

10.2.2 理想气体的状态变化过程

1. 等容过程（查理定律）

一定质量的气体，在体积不变的条件下，所进行的状态变化过程，称为等容过程。等容过程的状态方程为

$$\frac{p_1}{T_1}=\frac{p_2}{T_2} \tag{10-5}$$

式（10-4）表明：当体积不变时，压力上升，气体的温度随之上升；压力下降，气体的温度随之下降。

2. 等压过程（盖-吕萨克定律）

一定质量的气体，在压力不变的条件下，所进行的状态变化过程，称为等压过程。等压过程的状态方程为

$$\frac{V_1}{V_2}=\frac{T_1}{T_2} \tag{10-6}$$

式（10-6）表明：当压力不变时，温度上升，气体的体积增大（气体膨胀）；温度下降，气体的体积缩小。

3. 等温过程（波意耳定律）

一定质量的气体，在温度保持不变的条件下，所进行的状态变化过程，称为等温过程。气体状态变化很慢时，可视为等温过程，如气动系统中的气缸运动、管道送气过程等。等温过程的状态方程为

$$p_1V_1=p_2V_2 \tag{10-7}$$

式（10-7）表明：在温度不变的条件下，气体压力上升时，气体体积被压缩；气体压力下降时，气体体积膨胀。

4. 绝热过程

一定质量的气体，在其状态变化过程中，和外界没有热量交换的过程称为绝热过程。当气体状态变化很快时，如气动系统的快速充、排气过程，可视为绝热过程。绝热过程状态方程式为

$$p_1V_1^k=p_2V_2^k=\text{常数} \tag{10-8}$$

由式（10-4）和式（10-8）可得

$$\frac{p_1}{p_2}=\left(\frac{T_2}{T_1}\right)^{\frac{k}{k-1}} \tag{10-9}$$

在式（10-9）中，k 为绝热指数，对于干空气 $k=1.4$，对于饱和蒸汽 $k=1.30$。

在绝热过程中，系统靠消耗自身内能对外做功。

例 10-1　由空气压缩机向储气罐内充入压缩空气，罐内绝对压力 p=0.1 MPa，把温度为 20℃的某容积为 V 的干空气压缩为 $1/10V$，试分别按等温、绝热过程计算压缩后的压力和温度。

解　（1）按等温过程（$t_1=t_2$=20℃）计算，由式（10-7），因气体质量 m 一定时，得

$$p_2=p_1\frac{V_1}{V_2}=0.1\times\frac{V}{1/10V}=1.0\ \text{MPa}$$

（2）按绝热过程 k=1.4 计算，由式（10-8）和式（10-9），可得，

$$\frac{p_1}{p_2}=\left(\frac{V_2}{V_1}\right)^k$$

所以

$$p_2=p_1\left(\frac{V_1}{V_2}\right)^k=0.1\left(\frac{V}{1/10V}\right)^{1.4}=2.51\ \text{MPa}$$

$$\frac{T_1}{T_2}=\left(\frac{V_2}{V_1}\right)^{k-1}$$

所以

$$T_2=T_1\left(\frac{V_2}{V_1}\right)^{k-1}=(273.1+20)\left(\frac{V}{1/10V}\right)^{1.4-1}=736.2\ \text{K}$$

所以

$$t_2=(T_2-273.1)\ ℃=(736.2-273.1)\ ℃=463.1℃$$

10.3 小　　结

在学习气压传动之前应掌握空气的有关知识，尤其是气体与液体的差异。

（1）自然界的空气是由若干种气体混合而成，按是否含有水蒸气，空气又分为干空气和湿空气。空气的体积随压力和温度的变化而变化的性质，分别表征为压缩性和膨胀性。空气的压缩性和膨胀性都远大于液体和固体。

空气中含水分的多少对气动系统的稳定性有直接的影响，因此需采取措施除去压缩空气中的水分。湿空气所含水分的程度用湿度（绝对湿度、相对湿度）来评价。湿空气被压缩后绝对湿度增加，同时温度也上升，当压缩空气冷却时，相对湿度增加，温度降到露点后有水滴凝析出来。

（2）为便于研究，一般视假想的没有黏性的气体为理想气体，一定质量的理想气体在状态变化的某一瞬间满足气体状态方程气体由一种状态变化到另一种状态，按其特性不同分为等容过程、等压过程、等温过程、绝热过程和多变过程。

10.4 复习思考题

10-1　何谓湿空气？什么是露点？

10-2　何谓理想气体？说明理想气体状态方程的物理意义。

10-3　何谓气体的等温变化过程？在等温过程中，加入系统的热能变成了什么？气动系统中哪些工作过程可视为等温过程？

10-4　何谓气体的绝热过程？在绝热过程中，状态参数之间存在什么关系？气动系统中哪些过程可视为绝热过程？

第 11 章　气源装置及气动辅助元件

11.1　气 源 装 置

自由空气经过空气压缩机压缩后，压缩空气要经过冷却、干燥、净化等处理才能使用于气动系统。气源装置是用来产生具有足够压力和流量的压缩空气并将其净化、处理及储存的一套装置。

11.1.1　气源系统的组成

常见的气源装置如图 11-1 所示。空气首先经过滤气器过滤出部分灰尘、杂质后进入压缩机 1，压缩机输出的空气先进入后冷却器 2 进行冷却，然后进入油水分离器 3，使部分油、水和杂质从气体中分离出来，得到初步净化的压缩空气送入储气罐 4 中，即可供给对气源要求不高的一般气动装置使用（一般称为一次净化）。但对仪表用气和质量要求高的工业用气，则必须二次和多次净化处理。将经过一次净化的压缩空气送进干燥器 5 进一步除去气体中的水分和油。在净化系统中干燥器甲和乙交换使用，其中闲置的一个利用加热器吹入的热空气进行再生，以备交替使用。四通阀用于转换两个干燥器的工作状态，过滤器 6 的作用是进一步清除压缩空气中的渣子和油气。经过处理的气体进入储气罐 7 以便供给气动设备和仪表使用。下面分别介绍气源装置和气源辅助装置。

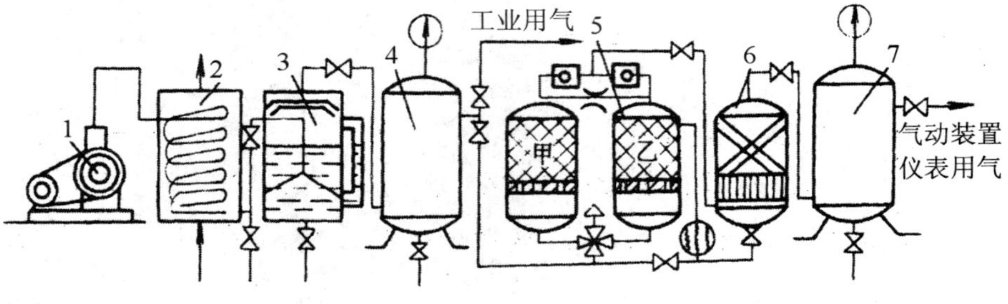

图 11-1　气源装置组成示意图

1—空气压缩机　2—后冷却器　3—油水分离器　4、7—储气罐　5—干燥器　6—空气过滤器

11.1.2　空气压缩机

空气压缩机是将机械能转变为气体压力能的装置，是气动系统的动力源。空气压缩机的种类很多，一般有活塞式、膜片式、叶片式、螺杆式等类型，其中气压系统最常使用的机型为活塞式压缩机。如图 11-2 所示为卧式空气压缩机的工作原理图。当活塞 3 向右运动时，由于左腔容积增加，压力下降，而当压力低于大气压力时，吸气阀 9 被打开，气体进入气缸 2 内，此为吸气过程。当活塞向左运动时，吸气阀 9 关闭，缸内气体被压缩，压力升高，此过程即为压缩过程。当缸内气体压力高于排气管道内的压力时，顶开排气阀，压缩空气被排入排气管道内，此过程为排气过程。至此完成一个工作循环，电动机带动曲柄做回转运动，通过连杆、滑块、活塞杆、推动活塞做往复运动，空气压缩机就连续输出高压气体。

工业中使用的活塞式空压机通常是两级的。如图 11-3 所示为两级活塞式空压机，它由两级三个阶段将吸入的大气压空气压缩到最终压力。如果最终压力为 0.7 MPa，第一级通过一级活塞将它压缩到 0.3 MPa，然后经过中间冷却器被冷却，压缩空气通过中间冷却器后温度大大下降，再输送到二级气缸的活塞压缩到 0.7 MPa。因此，相对于单级压缩机它提高了效率。

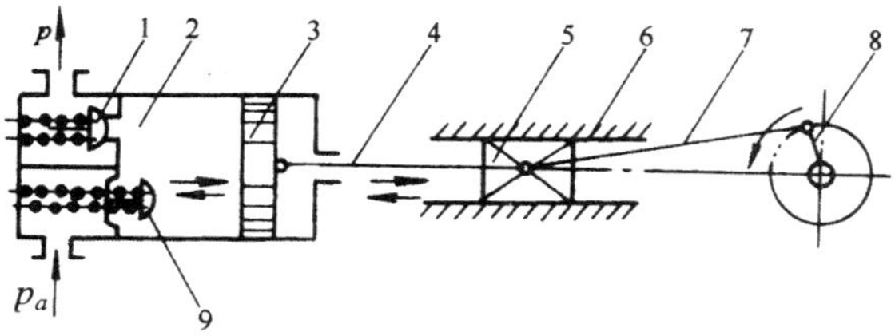

图 11-2　卧式空气压缩机的工作原理

1—排气阀　2—气缸　3—活塞　4—活塞杆　5—滑块　6—滑道　7—连杆　8—曲柄　9—吸气阀

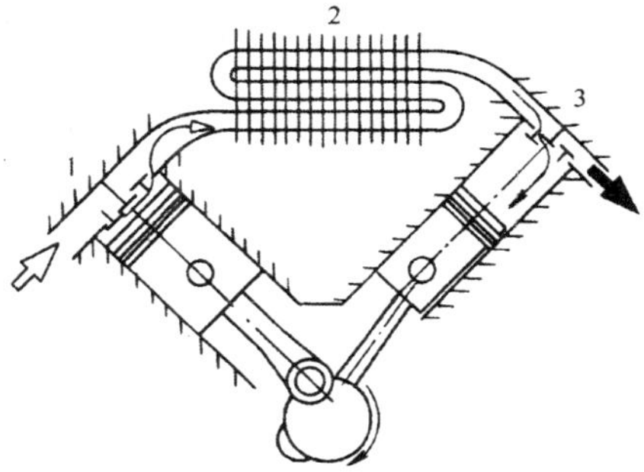

图 11-3　活塞式空压机

1—一级活塞　2—中间冷却器　3—二级活塞

在选择空气压缩机时，其额定压力应等于或略高于所需的工作压力，其流量等于系统设备最大耗气量并考虑管路泄漏等因素。

11.1.3　气源净化装置

1. 后冷却器

后冷却器安装空气压缩机出口管道上，将压缩机排出的压缩气体温度由 140～170℃降至 40～50℃，使其中水汽、油雾汽凝结成水滴和油滴，便于经油水分离器排出。根据冷却介质不同可分为风冷和水冷两种。风冷式冷却器的工作原理如图 11-4 所示。它靠风扇产生的冷空气流吹向带散热片的热气管道来降温的。其优点为不需水源，占地面积小，重量轻，运转成本低和易于维修。缺点是冷却能力较小，入口空气温度一般不高于 100℃。水冷式冷却器的结构形式有列管式、散热片式、套管式、蛇管式和板式等。如图 11-5 所示为常用的水冷式后冷却器工作原理。热压缩空气在浸没于冷水中的蛇形管内流动，冷却水在水套中流动，经管壁进行热交换，使压缩空气得到冷却。

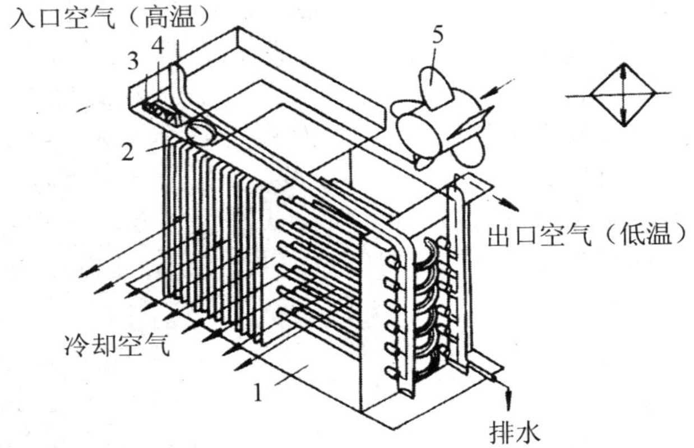

图 11-4 风冷式后冷却器工作原理图

1—冷却器 2—出口温度计 3—指示灯 4—按钮天关 5—风扇

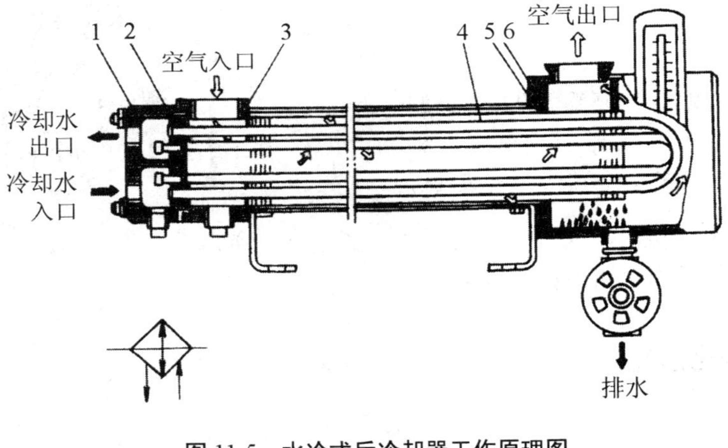

图 11-5 水冷式后冷却器工作原理图

1—水室盖 2、5—垫圈 3—外筒 4—带散热片管束 6—气室盖

2. 油水分离器

油水分离器又名除油器，用于分离压缩空气中凝聚的水分和油分等杂质，使压缩空气得到初步净化。油水分离器工作原理是：当压缩空气进入油水分离器后产生流向和速度的急剧变化，再依靠惯性作用，将密度比压缩空气大的油滴和水滴分离出来。如图 11-6 所示为常见的撞击式和环形回转式油水分离器。压缩空气自入口进入分离器壳体后，气流先受隔板阻挡撞击折回向下，继而又回升向上，产生环形回转。这样使水滴和油滴在离心力和惯性力作用下，从空气中分离析出并沉降在壳体底部，定期打开底部阀门即可排出油滴水滴。经初步净化的空气从出口送往全过程储气罐。

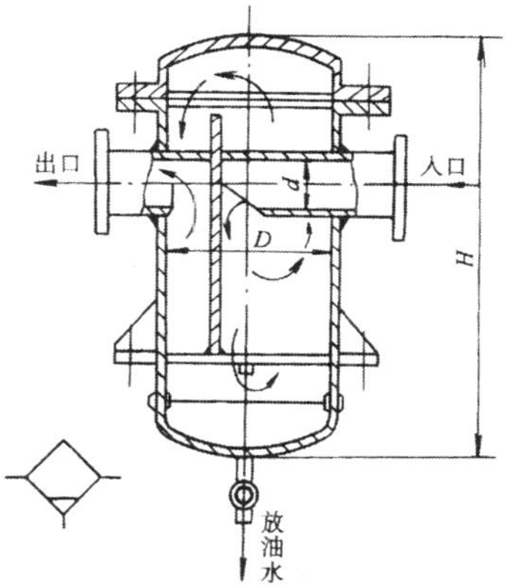

图 11-6　撞击并环形回转式油水分离器

3. 储气罐

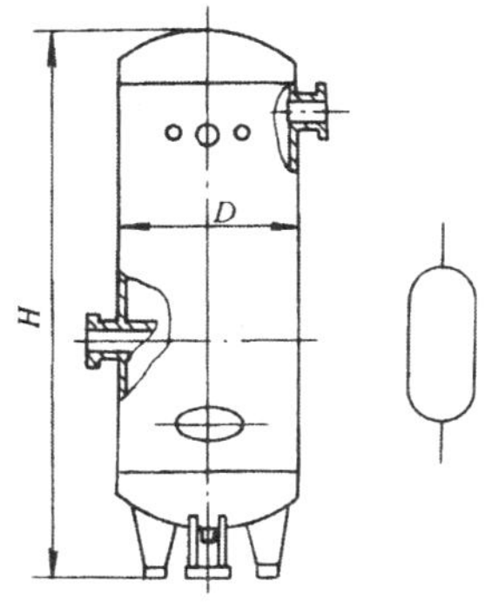

图 11-7　立式储气罐

储气罐主要用来调节气流，减少输出气流的压力脉动，使输出气流具有流量连续性和气压稳定性。并且储罐存一定量的压缩空气，作备用和应急气源。

储气罐一般采用圆筒状焊接结构，有立式和卧式两种。如图 11-7 所示为立式储气罐的结构图。储气罐、油水分离器、后冷却器均属受压容器，在使用之前，应按技术要求进行测压试验。

目前，在气压传动中，后冷却器、油水分离器和储气罐三者一体的结构形式已被采用，这使压缩空气站的辅助设置大为简化。

4. 干燥器

干燥器的作用是为了满足精密气动装置用气，把初步净化的压缩空气进一步净化以吸收和排除其中的水分、油分及杂质，使湿空气变成干空气。目前使空气干燥的方法主要是冷却法和吸附法。冷却法是利用制冷设备使压缩空气冷却到露点温度，析出相应的水分，降低含湿量，提高空气的干燥程度。吸附法则是使空气通过栅板、干燥吸附剂、滤网等除去杂质，干燥吸附剂有硅胶、铝胶、焦炭等。

如图 11-8 所示为吸附式干燥器。湿空气从管 1 进入干燥器，通过吸附剂层 21、过滤网 20、上栅板 19 和下部吸附剂层 16 后，其中的水分被吸附剂吸收而变得干燥。然后再经过铜丝网 15，下栅板 14 和过滤网 12，干燥、洁净的压缩空气便从管 8 排出。4、6、7 是供再生吸附剂使用的，一般设置两套干燥器，一套使用，另一套使干燥吸附剂再生，交替使用。

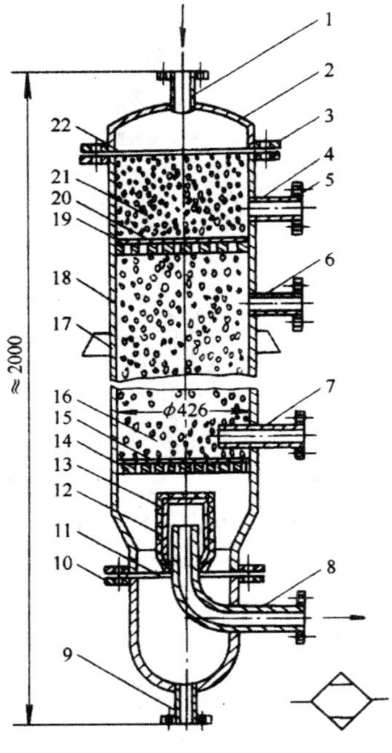

图 11-8 吸附式干燥器

1—空气进气管　2—顶盖　3、5、10—法兰　4、6—再生空气排气管　7—再生空气进气管
8—干燥空气输出管　9—排水管　11、22—密封垫　12、15、20—铜丝过滤网
13—毛毡　14—下栅板　16、21—吸附剂层　17—支承板　18—筒体　19—上栅板

5. 空气过滤器

空气过滤器又名分水滤气器、空气滤清器，空气过滤器的作用是滤除压缩空气的水分、油滴及杂质，以达到气动系统所要求的净化程度。空气过滤器属于二次过滤器，大多与减压阀，油雾器一起构成气动三联件，安装在气动系统的入口处。

如图 11-9 所示为分水滤气器结构原理图。其工作原理是：间隙过滤、离心分离。压缩空气从入口流入，经导流片 5 的切线方向缺口强烈旋转，液态油、水及固态杂质受离心作用，被甩到水杯 8 内壁上，流至杯底，除去液态油水和较大杂质的压缩空气，再通过滤芯 6 进一步除去微小固态颗粒而从出口流出。挡水板 7 用来防止水杯底部液态油、水被卷回气流中。按动按钮 1 时可将杯底液态油、水排出。

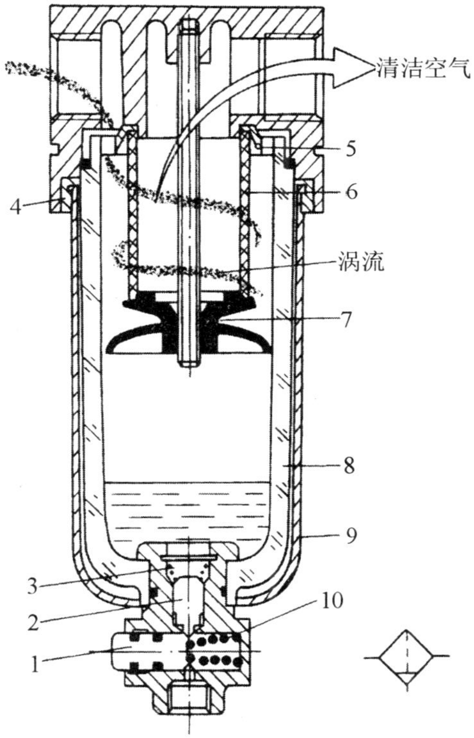

图 11-9　分水滤气器结构原理

1—按钮　2—阀芯　3—锥形弹簧　4—卡圈　5—导流片　6—滤芯
7—挡水板　8—水杯　9—保护罩　10—复位弹簧

11.2　气动辅件

气源装置除了压缩空气净化装置外，还有一些辅助元件，下面介绍几种常用的气动辅件。

11.2.1　油雾器

油雾器是一种特殊的注油装置，它以压缩空气为动力，将润滑油喷射成雾状并混合于压缩空气中，使压缩空气具有润滑气动元件的能力，满足润滑的需要。目前气动控制阀、气缸和气马达主要是靠这种带有油雾的压缩空气来实现润滑的，其优点是方便、干净、润滑质量高。

普通油雾器（也称一次油雾器）的结构原理如图 11-10 所示。压缩空气由输入口输入后，通过喷嘴组件 8 起引射作用，并通过组件前小孔进入阀座 12 的腔内。阀座 12 与钢球 10，弹簧 11 组成一个所泄漏的特殊单向阀，如图 11-11 所示。初始通过时钢球被压下（见图 11-11c），由于此单向阀密封不严，压缩空气会漏入存油杯 13 中，使其内部压力升高。结果钢球 10 上下压差减小，在弹簧 11 的作用下使钢球处于中间位置（见图 11-11b）。这样压缩空气通过阀座 12 上小孔进入存油杯 13 的上腔 *C*，油面受压，润滑油经吸油管 1 将钢球 2 顶起，油便不断地经节流阀 9 流入滴油管，再滴入喷嘴组件 8 中，被主通道中气流射出，雾化后从输出口输出，送入气动系统。

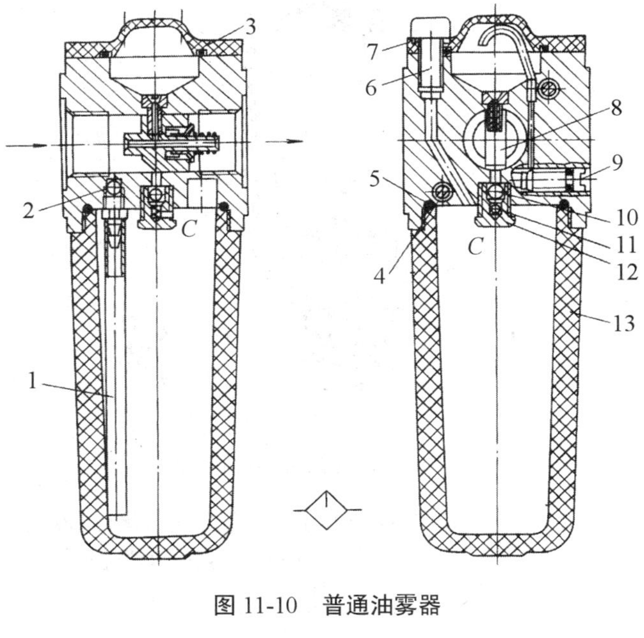

图 11-10　普通油雾器

1—吸油管　2、10—钢球　3—视油器　4—螺母螺钉　5—密封圈　6—油塞
7—密封垫　8—喷嘴组件　9—节流阀　11—弹簧　12—阀座　13—存油杯

普通型油雾器可以在不停气状态加油，拧松油塞 6 后，存油杯上腔 *C* 与大气相通，钢

球 10 被压缩空气压在阀座上，基本上切断了压缩空气进入 *C* 腔的通路，见图 11-11c。由于钢球 2 的作用，压缩空气也不会从吸油管倒灌入罐油杯中，所以可在不停气的情况下从油塞口往杯内加油。但上述过程必须在气源压力大于一定数值才能实现，否则特殊单向阀关闭不严而使压缩空气进入杯内，将油液从油塞口中喷出。油雾器最低不停气加油压力为 0.1MPa。加油后，拧紧油塞，由于特殊单向阀有少许泄漏，罐油杯 *C* 腔气压逐渐升高，直至把特殊单向阀打开，见图 11-11b，油雾器又重新工作。

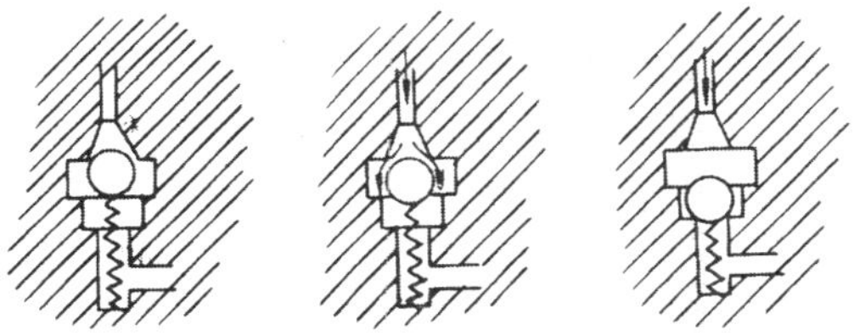

（a）　　（b）　　（c）

图 11-11　特殊单向阀的工作情况

（a）不工作时　（b）工作（进气）时　（c）初始通气（加油）时

油雾器的选择主要根据气压系统所需额定流量和油雾粒度大小来确定油雾器的形式和通径，所需油雾粒度在 50 μm 左右选用普通型油雾器。油雾器在使用中一定要垂直安装。它可以单独使用，也可以与空气过滤器、减压阀一起构成气动三联件联合使用，组成气源调节装置，使之具有过滤、减压和油雾的功能。气动三联件联合使用时，其顺序应为空气过滤器→减压阀→油雾器，不能颠倒。安装中气源调节装置尽量靠近气动设备，距离不应大于 5 m。油雾器供由一般以 10 m^3 自由空气供给 1 ml 的油量为标准，在使用中可根据实际情况进行修正。

11.2.2　消声器

气动系统一般不设排气回路，用后的压缩空气通常经方向阀直接排入大气。消声器的作用是排除压缩气体高速通过气动元件排到大气时产生的刺耳噪声污染。气动系统中的消声器主要有吸收型、膨胀干涉型、膨胀干涉吸收型。

现以如图 11-12 所示的膨胀干涉型消声器为例说明其工作原理。气流经过对称斜孔分成多束，进入扩散室 *A* 后膨胀。减速后与反射套碰撞，然后反射到 *B* 室，在消声器中心处，气流束互相撞击、干涉。进一步减速，而使“噪声减弱”。最后气流经过吸声材料从侧壁的许多小孔排入大气，噪声再一次削弱。

在气动元件上使用的消声器，可按气动元件排气口的通径选择相应的型号，但应注意消声器的排气阻力不宜过大，应以不影响控制阀的切换速度为宜。

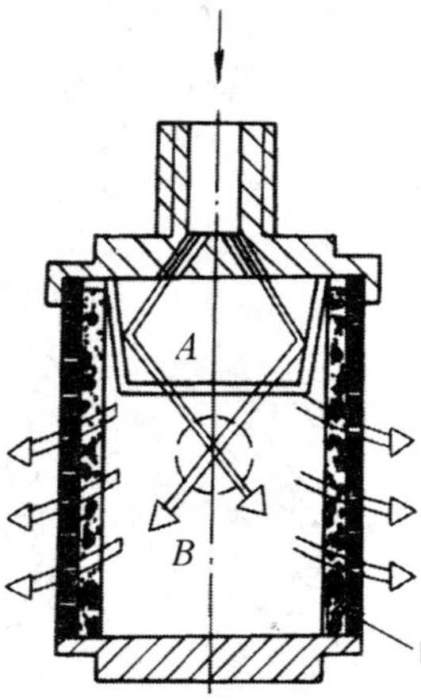

图 11-12 膨胀干涉型消声器

11.2.3 转换器

气动系统与其他自动控制系统一样，都有发讯、控制和执行部分。其工作介质是压缩空气，而讯号传感部分不一定全用气动，可能用电感液体及其他介质，这就需要转换器。

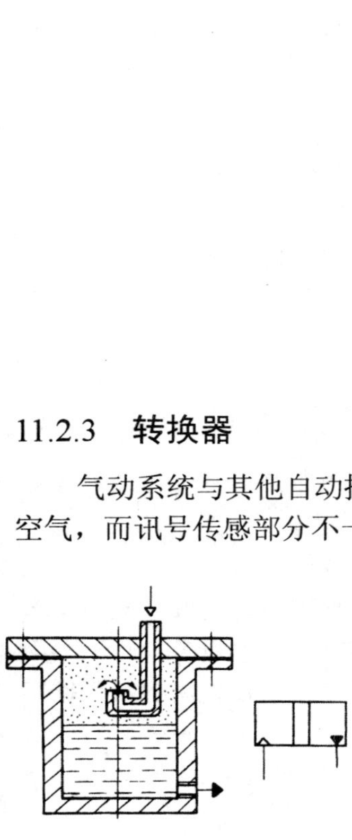

图 11-13 气液转换器

转换器是将电、液、气信号相互间转换的辅件，用来控制气动系统工作。气动系统中的转换器主要有气→电、电→气、气→液等。

现以气液转换器为例说明其转换工作原理，如图 11-13 所示为气液转换器。它是直接接触式的，当压缩空气由上部输入管输入后，经过管道末端的缓冲装置使压缩空气作用在液压油面上，因而液压油即以压缩空气相同的压力，由转换器主体下部的排油孔输出到液压缸，使其动作。气液转换器的储油量应不小于液压缸最大有效容积的 1.5 倍。

11.3 小 结

气源装置，产生、处理和储存压缩空气的装置称为气源装置，它为气动系统提供足够清洁、干燥且具有一定压力和流量的压缩空气。气源装置一般由气压发生装置（空气压缩机）、净化与储存压缩空气的装置和设备、气动三联件等组成。

（1）气压发生装置——空气压缩机将原动机输出的机械能转换为气体的压力能，供气动机械使用。空压机按工作原理分为容积型和速度型两种，常用往复活塞式（容积型）。

（2）由空压机排出的压缩空气必须经过净化处理，除去油分、水分、灰尘等杂质，并使之降温、干燥，达到一定品质要求。常用的净化与贮存压缩空气的装置和设备包括后冷却器、油水分离器、储气罐、干燥器。气动三联件包括分水滤气器、减压阀和油雾器，它们之间依次无管化连接成组件，又称为三联件，工作时安装在用气设备的近处。压缩空气经过三联件的最后处理，进入各气动元件及系统，因此是气动元件及气动系统使用压缩空气质量的最后保证。

空气压缩机是气动系统的动力源，它把电动机的机械能转换为气压能，给整个气动系统提供压缩空气，是气动系统的核心。但由空气压缩机输出的压缩空气必须经过干燥和净化处理后才能使用，故气动系统必须建立由空气压缩机以及辅助元件组成的压缩空气站。其他气动辅助元件也是气动系统所必不可少的元件。压缩空气站中各元件的设置顺序参照图 11-1。

11.4 复习思考题

11-1 为什么压缩机排出的压缩空气不能直接输送给气动设备设备使用？

11-2 气动系统由哪些装置及元件组成？

11-3 空气压缩机在气动系统中起何作用？如何选用？

11-4 压缩空气的净化装置和设备包括哪些？它们各起什么作用？

11-5 依次说明气动三联件的名称及其用途。

11-6 简述分水滤气器的结构原理。

11-7 简述油雾器的工作原理。什么场合需用油雾器？什么场合不需要油雾器？

11-8 为什么气动系统需要用消声器？消声器一般安装在什么地方？

第 12 章　气动执行元件

12.1　气　　缸

气缸是气动系统的执行元件之一。它是将压缩空气的压力能转换为机械能并驱动工作机构做往复直线运动或摆动的装置。与液压缸比较，它具有结构简单，制造容易，工作压力低和动作迅速等特点。故应用十分广泛。

12.1.1　气缸的分类

气缸种类很多，结构各异、分类方法也多，常用的有以下几种。

（1）按压缩空气在活塞端面作用力的方向不同分为单作用气缸和双作用气缸。

（2）按结构特点不同分为活塞式、薄膜式、柱塞式、摆动式气缸等。

（3）按安装方式可分为耳座式、法兰式、轴销式和凸缘式、嵌入式、回转式气缸等。

（4）按功能分为普通式、缓冲式、气—液阻尼式、冲击、步进气缸等。

12.1.2　气缸的工作原理

大多数气缸的工作原理与液压缸相同，以下介绍几种具有特殊用途的气缸工作原理。

（1）气—液阻尼缸　普通气缸工作时，由于气体具有可压缩性，当外界负载变化较大时，气缸可能产生“爬行”或“自走”现象，因此，气缸不易获得平衡的运动；也不易使活塞有准确的停止位置。而液压缸则因液压油在通常压力下是不可压缩的，故其运动平稳，且速度调解方便。在气压传动中，需要准确的位置控制和速度控制时，可采用综合了气压传动和液压传动优点的气—液阻尼缸。

气—液阻尼缸按其组合方式不同可分为串联和并联式两种。

如图 12-1 所示为气—液阻尼缸工作原理图。

如图 12-1a 所示为串联式气—液阻尼缸，它由气缸和液压缸串联而成。两缸的活塞用一根活塞杆带动，在液压缸进出口之间装有单向节流阀当气缸右腔气进时，气缸带动液压缸活塞向左运动，此时液压缸左腔排油。由于单向阀关闭，油液只能通过节流阀缓慢流入液压缸右腔，对运动起阻尼作用。调节节流阀的开口量，即可调节活塞的运动速度。活塞杆的输出力等于气缸的输出力和液压缸活塞上的阻力之差。当换向阀换向至气缸左腔进气时，液压缸右腔的油液可通过单向阀迅速流向液压缸左腔，活塞快速返回原位。

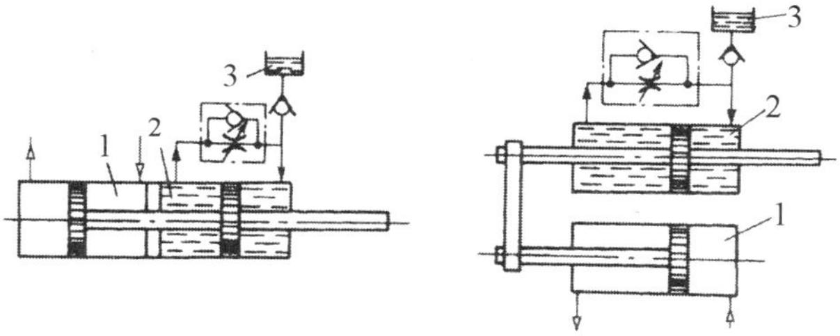

（a）　（b）

图 12-1　气—液阻尼缸

（a）串联式　（b）并联式

1—气缸　2—液压缸　3—高位油箱

串联式气—液阻尼缸的缸体较长，加工和安装时对同轴度要求较高，并要注意解决气缸和液压缸之间的油与气的互窜。油箱是为了克服液压缸两腔面积差和补充漏油用的。

如图 12-1b 所示为并联式气—液阻尼缸，它由气缸和液压缸并联而成，其工作原理和作用与串联气—液阻尼缸相同。这种气—液阻尼缸的缸体短，结构紧凑，消除了气缸和液压缸之间的窜气现象。但由于气缸和液压缸不在同一轴线上，安装时对其平行度要求较高。

（2）薄膜式气缸　薄膜式气缸是一种利用膜片在压缩空气作用下产生变形来推动活塞杆做直线运动的气缸。如图 12-2 所示为薄膜式气缸结构简图。它由缸体 1、膜片 2、膜盘 3 及活塞杆 4 等组成，可以是单作用的，也可以是双作用的。薄膜气缸的膜片有盘形膜片和平膜片两种，一般用夹织物橡胶制成，厚度为 5～6 mm，也可用钢片，锡磷青铜片制成，但只限于在行程小的薄膜式气缸中使用。

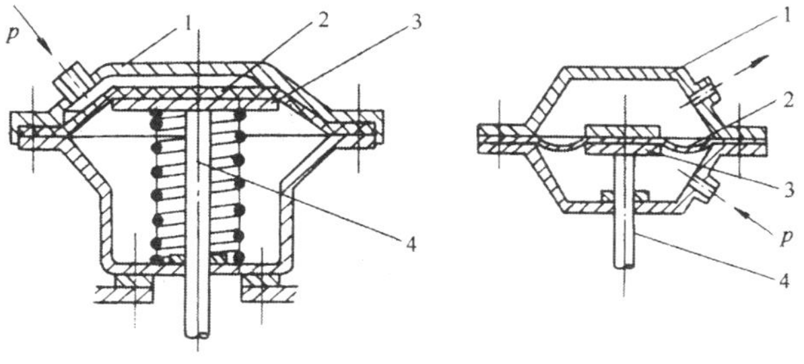

（a）　（b）

图 12-2　薄膜式气缸

（a）单作用式　（b）双作用式

1—缸体　2—膜片　3—膜盘　4—活塞杆

膜式气缸与活塞式气缸相比较，具有结构紧凑、简单、成本低、维修方便、寿命长、效率高等优点。但因膜片的变形量有限，其行程较短，一般不超过 40～50 mm，且气缸活塞上的输出力随行程的加大而减小，因此它的应用范围受到一定限制。

（3）无杆气缸　无杆气缸没有普通气缸的刚性活塞杆，它利用活塞直接或间接地实现往复运动。行程为 L 的有活塞杆气缸，沿行程方向的实际占有安装空间约为 $2.2L$。没有活塞杆，则占有安装空间仅为 $1.2L$，且行程缸径比可达 50～100。没有活塞杆，还能避免由于活塞杆及杆密封圈的损伤而带来的故障。而且，由于没有活塞杆，活塞两侧受压面积相等，双向行程具有同样的推力，有利于提高定位精度。

这种气缸的最大优点是节省了安装空间，特别适用于小缸径、长行程的场合。无杆气缸现已广泛用于数控机床、注塑机等的开门装置上及多功能坐标机械手的位移和自动输送线上工件的传送等。

无杆气缸常见的有机械接触式和磁性耦合式两种。

磁性耦合式无杆气缸结构如图 12-3 所示。它由缸筒及两端头盖组成缸体；活塞组件是由活塞、几块内导磁板、几块内磁铁、缓冲垫、耐磨环、密封件等用两活塞锁母夹紧在轴上形成一体；移动体组件是由几块外导磁板、几块外磁铁、两端压盖、防尘圈等用弹性挡圈卡在移动体上。当一侧输入气压力，推动活塞组件在缸筒内运动时，它借助磁性保持力带动移动体组件与活塞组件做同步运动。

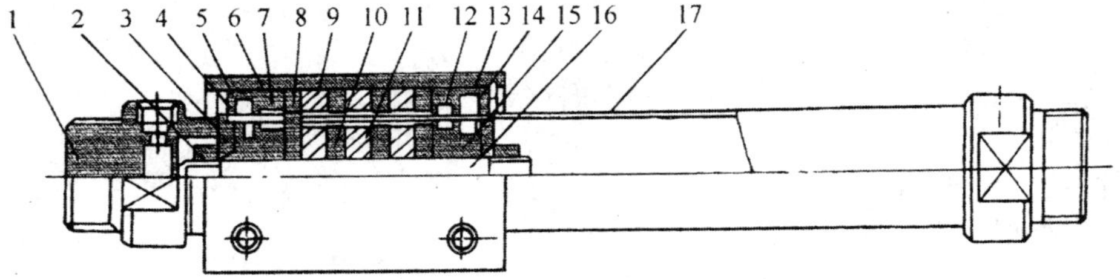

图 12-3　磁性耦合式无杆气缸结构原理图

1—头盖　2—活塞锁母　3—缓冲垫　4—弹性挡圈　5—活塞密封件　6—压盖
7、12—耐磨环　8—外导磁板　9—外磁铁　10—内导磁板　11—内磁铁
13—移动体　14—防尘圈　15—活塞　16—轴　17—缸筒

磁性无杆气缸重量轻、结构简单、占用空间小、无外泄漏，但外部限位器使负载停止时，活塞组件有与移动体组件脱开的可能，承载能力较小。

机械接触式无杆气缸如图 12-4 所示，它在不等壁厚的铝质缸筒较薄处沿长度方向开槽，槽上设有内、外密封带。内密封带在气压力作用下压向缸筒起密封作用，外密封带作防尘用。有一马鞍形活塞架由槽缝突出于外侧并将活塞运动直接传于连接架上。活塞架又将内外密封带分开，内密封带从活塞架中穿过，外密封带则在活塞架顶部与连接架之间。未被活塞架分开处的内外密封带相互夹持在缸筒槽上起密封作用，它们的两端都固定在缸盖上。气压力推动活塞并通过活塞架带动连接架运动，活塞架推开两密封带，等活塞通过后两密封带又互相夹持保持密封。这种无杆气缸有较大承载能力，最大行程可达 10 m，并可在两侧都有缓冲，但结构复杂，维修困难，有轻微外泄漏。

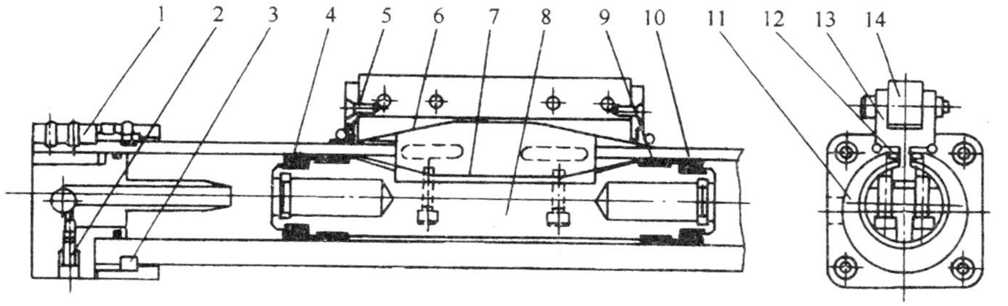

图 12-4 机械接触式无杆气缸结构原理图

1—缸盖 2—缓冲阀 3—卡环 4—缓冲密封圈 5—除尘器 6—外密封带 7—内密封带 8—活塞 9—耐磨环 10—活塞密封圈 11—缸筒 12—滑动支撑片 13—活塞架 14—连接架

（4）冲击气缸 冲击气缸是把压缩空气的压力能转换为活塞、活塞杆的高速运动，输出动能产生较大，打击工件做功的一种气缸。

如图 12-5 所示为冲击气缸原理图。冲击气缸与普通气缸相比较增加了蓄能腔和具有排气小孔的中盖 2，中盖 2 与缸体 1 固接在一起，与活塞 6 把气缸分隔成蓄能腔、活塞腔与活塞杆腔三部分，中盖 2 中心开有一个喷气口。

当压缩空气从 A 口输入蓄能腔时，其压力只能通过喷气口的小面积作用在活塞上，还不能克服活塞杆腔的排气压力所产生的向上的推力以及活塞与缸体间的摩擦力，喷气口处于关闭状态，从而使蓄能腔的充气压力逐渐升高。当充气压力升高到能使活塞向下移动时，活塞的下移使喷气口开启，聚集在蓄能腔中的压缩空气通过喷气口突然作用于活塞的全面积上。高速气流进入活塞腔进一步膨胀并产生冲击波，波的阵面压力可高达气源压力的几倍到几十倍，给予活塞很大的向下的推力。此时活塞杆腔内的压力很低，活塞在很大的压力差作用下迅速加速，在很短的时间内以极高的速度向下冲击，从而获得很大的动能。利用这个能量实现冲击做功，可产生很大的冲击力。

冲击气缸结构简单、成本低，耗气功率小，且能产生相当大的冲击力，应用十分广泛。它可完成下料、冲孔、弯曲、打印、铆接、模锻、破碎等多种作业。为了有效地应用冲击气缸，应注意正确地选择工具，并正确地确定冲击气缸尺寸，选用适用的控制回路。

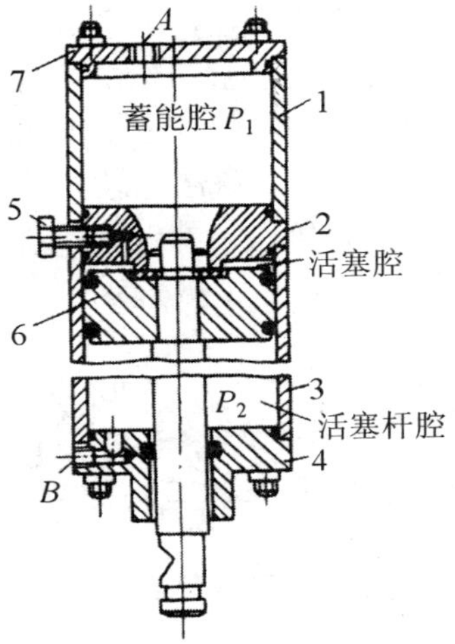

图 12-5 冲击气缸

1—缸体 2—中盖 3—缸体 4—端盖 5—排气塞 6—活塞 7—端盖

12.1.3 标准化气缸

我国目前已生产出五种从结构到参数都已经标准化、系列化的气缸（简称标准化气缸）供用户优先选用，在生产过程中应尽可能使用标准化气缸，这样可使产品具有互换性，给设备的使用和维修带来方便。

1. 标准化气缸的系列和标记

标准化气缸的标记是用符号“QG”表示气缸，用符号“A、B、C、D、H”表示五种系列。具体的标志方法是：

QG	A、B、C、D、H	缸径×行程

五种标准化气缸的系列为：

QGA—无缓冲普通气缸；

QGB—细杆（标准杆）缓冲气缸；

QGC—粗杆缓冲气缸；

QGD—气—液阻尼缸；

QGH—回转气缸。

例如：标记为 QGA80×100，表示气缸的直径为 80 mm、行程为 100 mm 的无缓冲普通气缸。

2. 标准化气缸的主要参数

标准化气缸的主要参数是缸径 D 和行程 L。因缸径标志了气缸活塞杆的输出力，行程标志了气缸的作用范围。

标准化气缸的缸径工有下列 11 种规格：

缸径 D（mm）：40、50、63、80、100、125、160、200、250、320、400。

行程 L（mm）：无缓冲气缸和气—液阻尼缸　$L=(0.5\sim2)D$；

有缓冲气缸　$L=(1\sim10)D$。

12.2 气 动 马 达

气动马达是将压缩空气的压力能转换成力矩和转速而输出，来驱动回转运动的执行元件。它的作用相当于电动机或液压马达，即输出力矩，驱动机构做旋转运动。气动马达有叶片式、活塞式、齿轮式等多种类型，在气压传动中使用最广泛的是叶片式和活塞式马达。

12.2.1 气动马达的工作原理

现以叶片式气动马达为例简单介绍气动马达的工作原理。如图 12-6 所示为双向旋转叶片式气动马达的工作原理图。当压缩空气从进气口进入气室后立即喷向叶片 1，作用在叶片的外伸部分，产生转矩带动转子 2 做逆时针转动，输出机械能，废气从排气口 C 排出，残余气体则经 B 排出（二次排气）。若进排、出气口互换，则转子反转，输出相反方向的机械能。转子转动的离心力和叶片底部的气压力、弹簧力（图中未画出）使得叶片紧密地在定子 3 的内壁上，以保证密封，提高容积效率。

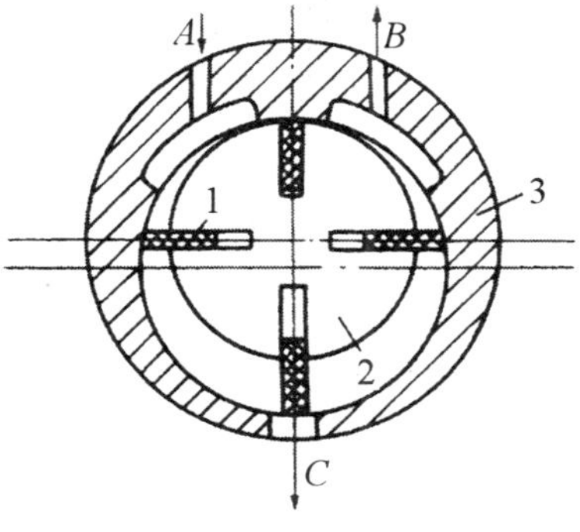

图 12-6　双向旋转的叶片式马达

1—叶片　2—转子　3—定子

12.2.2 气动马达的特点及应用

（1）气动马达的特点

① 工作安全，具有防爆性能，适用于恶劣的环境，在易燃、易爆、高温、振动、潮湿、粉尘等条件下均能正常工作。

② 有过载保护作用。过载时，马达只是降低或停止转速；当过载解除，继续运转，并不产生故障。

③ 可以无级调速。只要控制进气流量，就能调节马达的功率和转速。

④ 比同功率的电动机轻 1/10～1/3，输出功率惯性比较小。

⑤ 可长期满载工作，而温升较小。

⑥ 功率范围及转速范围均较宽，功率小至几百瓦，大至几万瓦，转速可从几转每分到上万转每分。

⑦ 具有较高的启动转矩，可以直接带负载启动，启动、停止迅速。

⑧ 结构简单，操纵方便，可正、反转，维修容易，成本低。

⑨ 速度稳定性差，输出功率小，效率低，耗气量大，噪声大，容易产生振动。

（2）气动马达的应用

气动马达的工作适应性较强，可用于无级调速、启动频繁、经常换向、高温潮湿、易燃易爆、负载启动、不便人工操纵及有过载可能的场合。目前，气动马达主要应用于矿山机械、专业性的机械制造业、油田、化工、造纸、炼钢、船舶、航空、工程机械等行业，许多气动工具如风钻、风扳手、风砂轮等均装有气动马达。随着气压传动的发展，气动马达的应用将更加广泛。如图 12-7 所示为气动马达的几个应用实例。

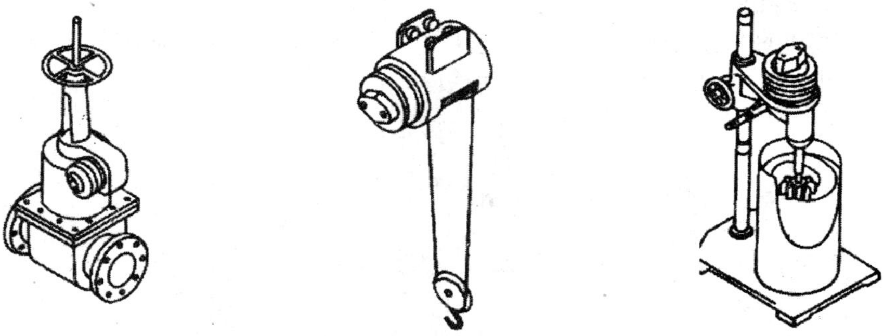

（a）　　　（b）　　　（c）

图 12-7　气动马达应用实例

（a）阀　（b）升降机　（c）搅拌机

12.3　小　　结

气动执行元件是将压缩空气的压力能转换为机械能输出的装置，包括做直线运动的气缸和做旋转运动的气马达。

（1）气缸的结构形式与液压缸基本相同，工作原理也极相似，但气缸的工作特性与液压缸有所不同。应该了解膜片式气缸、冲击气缸、无杆气缸等典型气缸的特点。膜片式气缸是利用压缩空气推动非金属膜片做往复运动的气缸，结构紧凑，无泄漏损失，但行程较小，适用于气动夹具、自动调节阀等场合；冲击气缸是将压缩空气的压力能转换为活塞的动能，产生很大冲击力的气缸，可胜任冲床的工作；无杆气缸是通过独特的无杆设计使活塞直接驱动运动部件的气缸，安装空间小，结构紧凑，且能承受偏载。

（2）气动马达按结构形式分为叶片式、活塞式、齿轮式等，常用叶片式和活塞式气动马达，其工作原理和结构形式也与同类型的液压马达类似。具有防爆、高速等优点。

12.4　复习思考题

12-1　膜片气缸、无杆气缸与活塞式气缸相比较，各有什么特点？

12-2　简述气—液阻尼缸工作原理。

12-3　简述膜片式气缸的工作原理。

12-4　标准化气缸的主要参数有哪些？

12-5　气动马达有哪些突出特点？

第 13 章　气动控制元件

气动控制元件按其功能和作用分为压力控制阀、流量控制阀和方向控制阀三大类。此外，还有通过控制气流方向和通断实现各种逻辑功能的气动逻辑元件等。

13.1　压力控制阀

气动压力控制阀主要有减压阀、溢流阀和顺序阀。它们都是利用作用于阀芯上的流体（空气）压力和弹簧力相平衡的原理来进行工作的。而在气压传动中，一般都是由空气压缩机将空气压缩后储存于储气罐中，然后经管路输送给各传动装置使用，储气罐提供的空气压力高于每台装置所需的压力，且压力波动也较大，因此必须在每台装置入口处设置减压阀，以将入口处的空气降低到所需的压力，并保持该压力值的稳定。

13.1.1　减压阀

气动减压阀也称调压阀。同液压减压阀一样也是以出口压力为控制信号的。现以调压阀（减压阀）为例介绍调压阀的工作原理。减压阀按调节方式分为直动式和先异式，按压力调节方式可分为溢流式、非溢流式和恒量排气三种。如图 13-1 所示为 QTA 型直动型调压阀的结构简图。

其工作原理是：阀工作时，压缩空气从左侧入口 P_1 流入，经阀口 8 后再从阀出口 P_2 流出。当顺时针方向调整手柄 1 时，调压弹簧 2、推动膜片 4 下凹，再通过阀芯 5 下移，打开进气阀口 8，压缩空气通过阀口 8 的节流作用，使输出压力低于输入压力；以实现减压作用。与此同时，有一部分气流经阻尼孔 7 进入膜片室，在膜片下部产生一向上的推力。当推力与弹簧的作用相互平衡后，阀口开始稳定在某一值上，减压阀就输出一定压力的气体。阀口 8 开度越小，节流作用越强，从而使阀口 8 的开度减小，节流作用增强。使输出压力降低到调定值为止。反之，若输入压力下降，则输出压力也随之下降，膜片下移，阀口开度增大，节流作用降低，使输出压力回升到调定压力，以维持压力稳定。
调节手柄 1 以控制阀口开度的大小，即可控制输出压力的大小。

如图 13-1a 所示的直动式调压阀，由于在工作过程中常常会从溢流孔 *a* 中排出少量气体，因而它属于溢流减压阀，其图形符号见图 13-1b，它不能用于有害工作介质的气路中。在工作介质有害时，为了防止大气污染则应选用如图 13-1c 所示的非溢流式减压阀（普通减压阀）。对于有些气动装置和气动实验设备中需要精确的气源压力时，就要采用高精度减压阀（又叫定值器）。

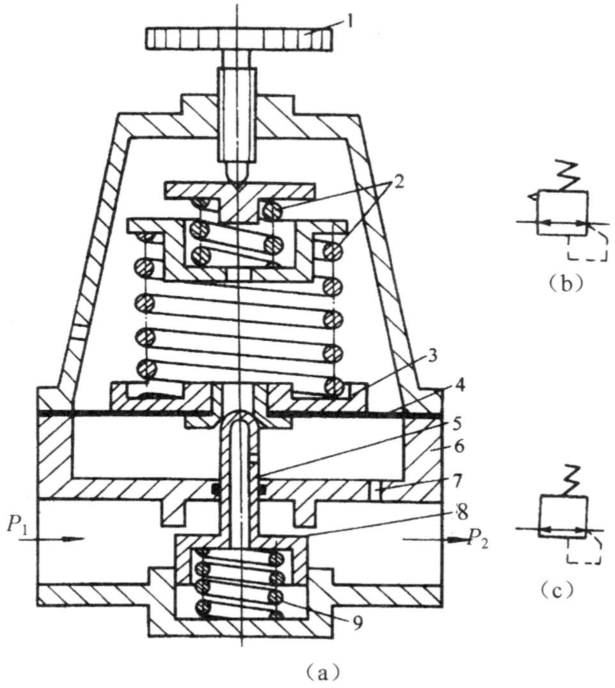

图 13-1　直动型调压阀

1—调整手柄　2—调压弹簧　3—下弹簧座　4—膜片　5—阀芯
6—阀套　7—阻尼孔　8—阀口　9—复位弹簧

13.1.2　单向顺序阀

顺序阀一般很少单独使用，往往顺序阀与单向阀组合而成单向顺序阀。它依靠气路中压力的作用而控制元件的单向顺序动作，反向时单向阀打开，顺序阀不起作用。其工作原理如图 13-2 所示。当压缩空气进入气腔 4 后，作用在活塞 3 上的气压超过压缩弹簧 2 上的力时，将活塞顶起。压缩空气从 *P* 经气腔 4、5 到 *A* 输出，如图 13-2a 所示。此时单向阀 6 在压力差及弹簧力的作用下处于关闭状态。反向流动时，输入侧 *P* 变成排气口，输出侧压力将顶开单向阀 6 由 *T* 口排气，如图 13-2b 所示。调节旋钮 1 就可改变单向顺序阀的开启压力，以便在不同的开启压力下，控制执行元件的顺序动作。

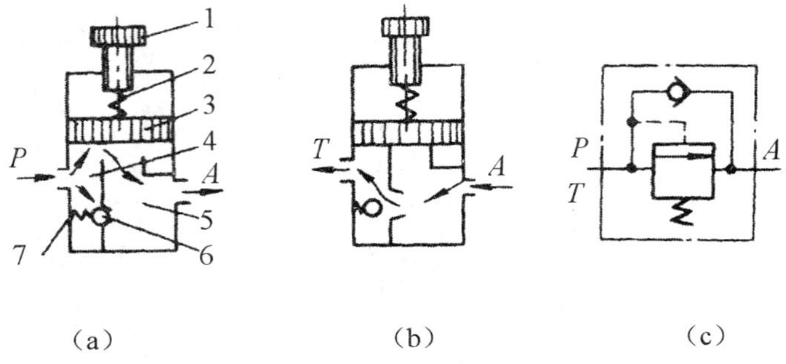

图 13-2　单向顺序阀工作原理

（a）开启状态（b）关闭状态（c）图形符号

1—旋钮　2、7—弹簧　3—活塞　4、5—气腔　6—单向阀

13.1.3　溢流阀（安全阀）

溢流阀当储气罐或回路中压力超过所规定的调定压力时，气流需经安全阀排出，以保证系统安全；当回路中仅靠减压阀的溢流孔排气难以保持执行机构的工作压力时，亦可并联一安全阀作溢流阀用。溢流阀的工作原理如图 13-3 所示。当气体作用在阀芯 3 上的力小于弹簧 2 的弹簧力时，阀处于关闭状态；当系统压力升高，作用在阀芯 3 上的力大于弹簧力时，阀开启；直至压力小于设定值时，阀重新关闭。

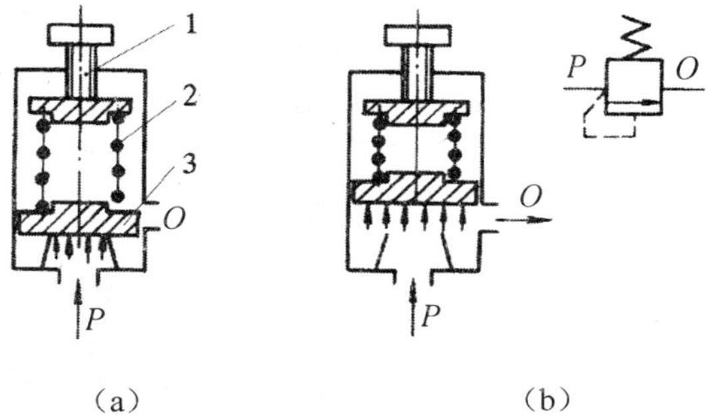

图 13-3　溢流阀的工作原理

（a）关闭状态　（b）开启状态

1—调节杆　2—弹簧　3—阀芯

13.2　流量控制阀

气动流量控制阀主要有节流阀，单向节流阀和排气节流阀等，都是通过改变控制阀的通流面积来实现流量的控制元件。

13.2.1　节流阀

1. 节流阀

如图 13-4 所示为圆柱斜切型节流阀的结构。压缩空气由 P_1 进入，经过节流后，由 *A* 口流出。旋转阀芯螺杆，就可改变节流口的开度，这样就调节了压缩空气的流量。由于这种节流阀的结构简单，体积小，故应用范围较广。

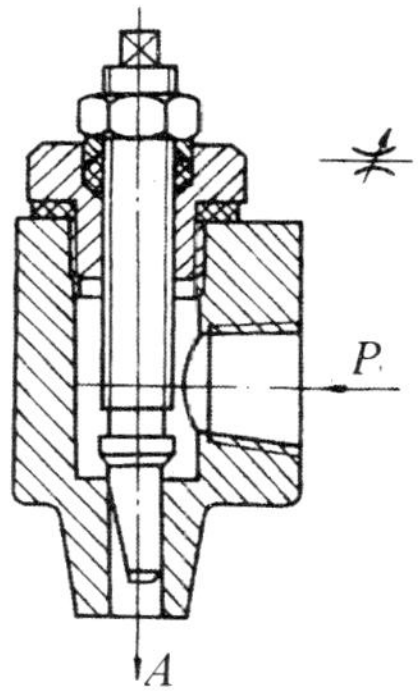

图 13-4　节流阀结构图

2. 单向节流阀

单向节流阀是单向阀和节流阀组合而成的单向起调速作用的阀，其工作原理如图 13-5 所示。当气流由 *P* 至 *A* 正向流动时，单向阀在弹簧和气压作用下关闭，气流以节流阀节流后流出，而当由 *A* 至 *P* 反向流动时，单向阀打开，不节流。

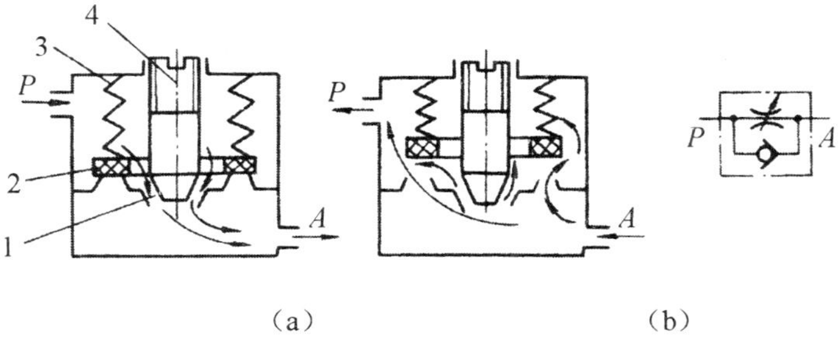

图 13-5　单向节流阀工作原理图

(a) *P*—*A* 状态　(b) *A*—*P* 状态

1—节流口（三角沟槽型）　2—单向阀　3—弹簧　4—调节杆

13.2.2　排气节流阀

排气节流阀是装在执行元件的排气口处，调节排入大气中气体流量的一种控制阀。它不仅能调节执行元件的运动速度，还常带有消声结构，所以也能起降低排气噪声的作用。如图 13-6 所示为排气节流阀的工作原理。其工作原理和节流阀相类似，靠调节节流口 1 处的通流面积来调节排气流量，由消声套 2 减少排气噪声。

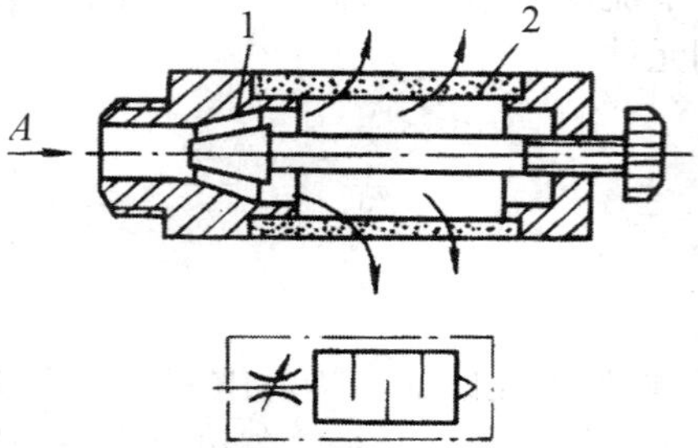

图 13-6 排气节流阀工作原理图

1—节流口 2—消声套

排气节流阀通常安装在换向阀的排气口处与换向阀联用，起单向节流阀的作用。

13.3 方向控制阀

气动方向控制阀和液压方向控制阀相似，分类方法也大致相同。在气压传动系统中改变压缩空气的流动方向和气流的通断，控制执行元件启动、停止及运动方向。按其作用特点可分为单向型和换向型两种，其阀芯结构主要有截止式和滑阀式。

13.3.1 单向型控制阀

单向型控制阀中包括单向阀、或门型梭阀、与门型梭阀和快速排气阀。其中单向阀与液压单向阀类似，其他阀工作原理介绍如下。

1. 或门型控制阀

在气压传动系统中，当两个通路 P_1 和 P_2 均与另一通路 A 相通，而不允许 P_1 与 P_2 相通时，就要用或门型梭阀。由于阀芯像织布梭子一样来回运动，因而称之为梭阀，该阀相当于两个单向阀的组合。在逻辑回路中，它起到或门的作用。如图 13-7 所示为或门型梭阀的工作原理图。

在图 13-7a 中，当 P_1 进气时，将阀芯推向右边，通路 P_2 被关闭，于是气流从 P_1 进入

通路 A；反之，气流则从 P_2 进入 A，如图 13-7b 所示。当 P_1、P_2 同时进气时，哪端压力高，A 就与哪儿相通，另端就自动关闭。如图 13-7c 所示为该阀的图形符号。

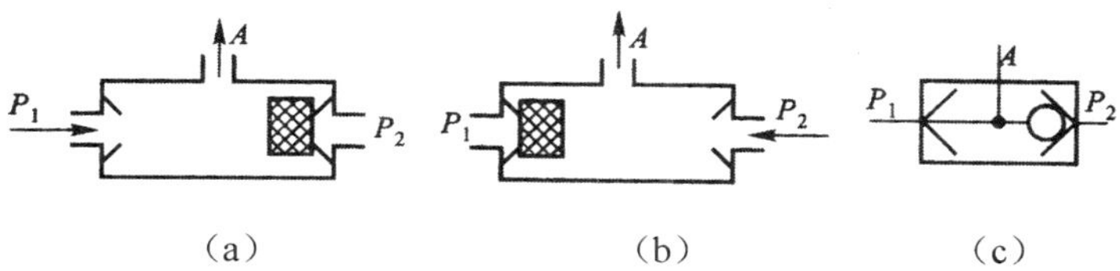

图 13-7　或门型梭阀

2. 与门型梭阀（双压阀）

与门型梭阀又称双压阀，该阀只有当两个输入口 P_1、P_2 同时进气时，A 口才能输出。如图 13-8 所示为与门型梭阀工作原理图。P_1 或 P_2 单独输入时，A 口才有输出如图 13-8a、b 所示，此时 A 口无输出。只有当 P_1、P_2 同时有输入时，A 口才有输出，如图 13-8c 所示。当 P_1、P_2 气体压力不等时，气压低的通过 A 口输出。如图 13-8d 所示为该阀的图形符号。

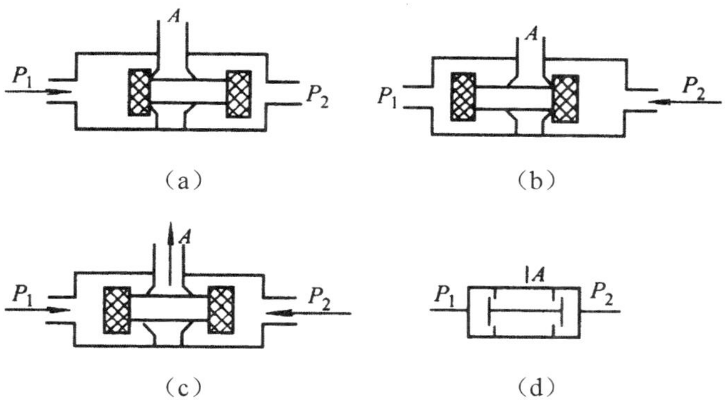

图 13-8　与门型梭阀

3. 快速排气阀

快速排气阀又称快排阀。它是为加快气缸运动速度作快速排气用的。如图 13-9 所示为膜片式快速排气阀结构图。当 P 口进气时，膜片被压下封住排气口，气流经膜片四周小孔，A 口流出，同时关闭下口。当气流反向流动时，A 口气压将膜片顶起封住 P 口，A 口气体经 T 口迅速排掉。本阀常装在气缸和换向阀之间，使气缸的排气不经换向阀而快速排出，缩短了工作周期。使用时，应让其尽可能靠近排气装置。

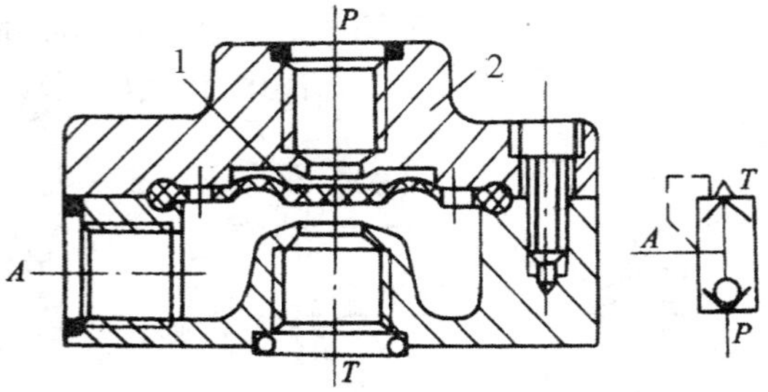

图 13-9　快速排气阀

1—膜片　2—阀本

13.3.2　换向型控制阀

换向型方向控制阀（简称换向阀）的功能与液压的同类阀相似，操作方式也大致相同，切换位置和接口数也分几位几通，其基本原理都是在外力作用下，使阀芯和阀套产生相对运动来完成流动方向的变换或流道的通断。如图 13-10 所示为二位三通电磁换向阀结构原理图。它也是由电磁铁控制部分和主阀两部分组成。如图 13-10a 所示为原始状态，如图 13-10b 所示为通电状态。

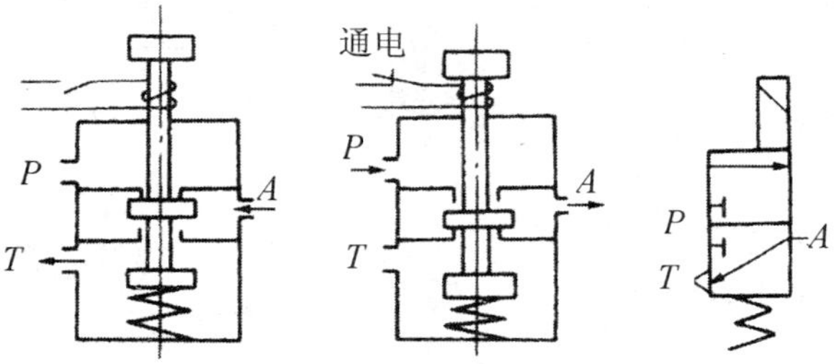

（a）原始状态　　（b）通电状态

图 13-10　二位三通电磁阀

13.4　气动逻辑元件

气动逻辑元件是一种以压缩空气为工作介质，通过元件内部可动部件的动作，进行气动切换而实现逻辑功能的控制元件。气动逻辑元件的种类很多，按工作压力分为高压、低压、微压三种；按逻辑功能分为“是门”、“与门”、“或门”、“非门”和“双稳”元件；按结构形式分为截止式、膜片式、滑阀式和球阀式等几种类型。

13.4.1　气动逻辑元件的特点

（1）元件孔径较大，抗污能力强，对气源的净化程度要求低。

（2）元件在完成切换动作后，能切断气源和排气孔之间的通道，即具有关断能力，无功耗气量较低。

（3）负载能力，适应能力强，可带多个同类型元件。

（4）在组成系统时，元件间的连接方便，调试简单。

（5）在强冲击振动下，有可能产生误动作。

13.4.2　几种常见的气动逻辑元件

高压截止式逻辑元件是依靠控制气压信号推动阀芯或通过膜片的变形推动阀芯动作，改变气流的流动方向以实现一定逻辑功能的逻辑阀。其逻辑功能的不同形成种种最基本的逻辑单元（逻辑门），基本逻辑单元有“是门”、“与门”、“或门”、“非门”和“双稳”等。

1. “是门”和“与门”元件

如图 13-11 所示为截止式“是门”和“与门”元件结构原理图。

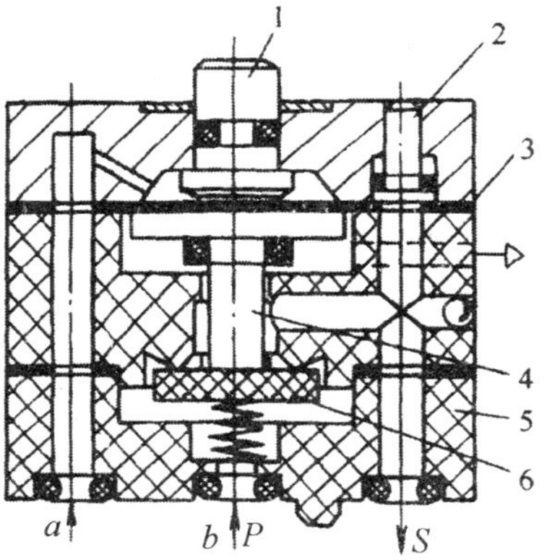

图 13-11　“是门”和“与门”元件

1—手动按钮　2—显示活塞　3—膜片　4—阀芯　5—阀体　6—阀片

图中 a 为信号输入孔，S 为信号输出孔，中间孔接气源 P 时为“是门”元件。也就是说，在 a 孔无信号时，阀芯 4 在弹簧及气源压力 P 作用下处于图示位置，封住 P、S 间的通道，使输出孔 S 与排气孔相通，S 无输出；反之，当 a 有输入信号时，膜片 3 在输入信号作用下将阀芯 4 推动下移，封住输出 S 与排气孔间通道，P 与 S 相通，S 有输出。也就是说，无输入信号时无输出，有输入信号时就有输出。元件的输入和输出信号之间始终保持相同的状态，即 $S=a$。

若将中间孔不接气源而换接另一输入信号 b，则成“与门”元件，也就是只有当 a、b 同时有输入信号时，S 才有输出。即 $S=ab$。

2. “或门”元件

如图 13-12 所示为“或门”元件结构图。当只有 a 信号输入时，阀芯 3 被推动下移，打开上阀口，接通 a—S 通路，S 有输出。类似地，当只有 b 信号输入时，b—S 接通，S 也有输出。显然，当 a、b 均有信号输入时，S 定有输出，$S=a+b$。

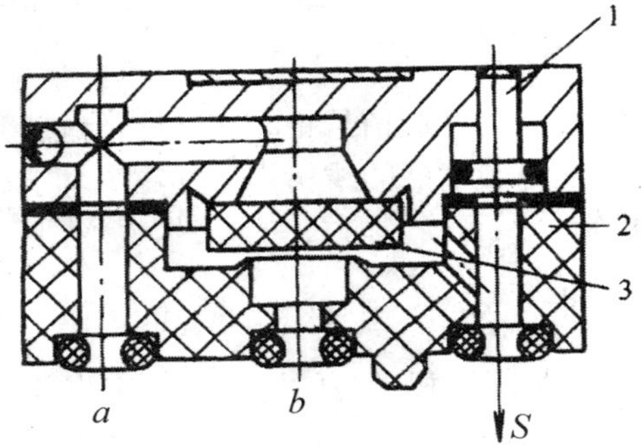

图 13-12 “或门”元件

1—活塞 2—阀体 3—阀芯

3. “非门”和“禁门”元件

如图 13-13 所示为“非门”及“禁门”元件的结构图。图中 a 为信号输入孔，S 为信号输出孔，中间孔接气源作 P 孔用时为“非门”元件。在 a 输入无信号时，阀片 1 在气源压力作用下上移，封住输出 S 与排气孔间的通道，S 有输出。当 a 有输入信号时，膜片 6 在输入信号作用下，推动阀杆下移，推到阀片 1，封住气源孔 P，S 无输出。即只有 a 有输入信号时，输出端就“非”了，即没有输出。

若将气源口 P 改为信号 b 口，即成为“禁门”元件。在 a、b 均有输入信号时，阀杆及阀片 2 在 a 输入信号作用下封住 b 孔，S 无输出，在 a 无输入信号而 b 有输出信号时，S 就有输出。即 a 输入信号对 b 输入信号起“禁止”作用。

4. “双稳”元件

如图 13-14 所示为“双稳”元件结构原理图。当 a 有输入信号时，阀芯 2 被推向右端

（即图示位置），气源的压缩空气便由 P 至 S_1 输出：而 S_2 与排气口相通，此时“双稳”处于“1”状态。在控制端 b 的输入信号到来之前，a 的信号即使消失，阀芯 2 仍保持在右端位置，S_1 总有输出。

当 b 有输入信号时，阀芯 2 被推向右端，此时压缩空气由 P 到 S_2 输出，而 S_1 与排气孔相通，于是“双稳”处于“0”状态。在 a 信号未到之前，即便 b 信号消失，阀芯 2 仍处于左端位置，S_2 总有输出。

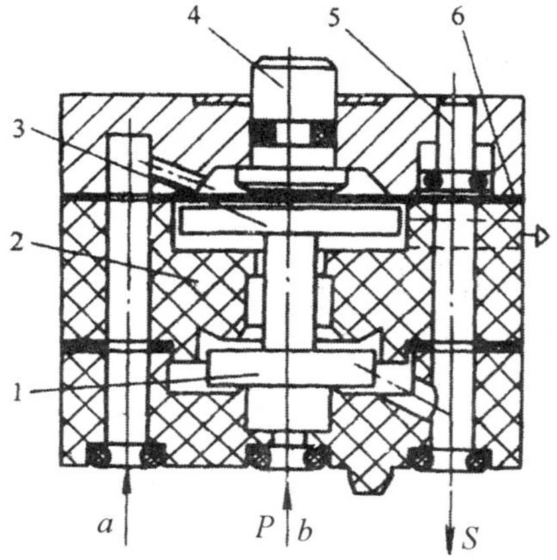

图 13-13　“非门”和“禁门”元件

1—阀片　2—阀体　3—阀杆
4—手动按钮　5—显示活塞　6—膜片

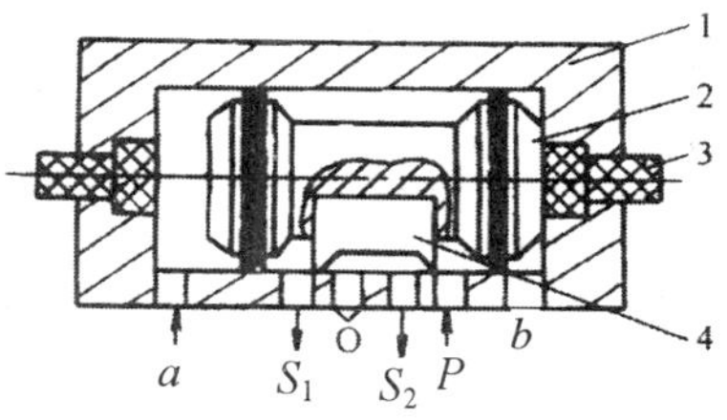

图 13-14　“双稳”元件原理图

1—阀体　2—阀芯
3—手动按钮　4—滑块

由上述可见，这种元件具有两种稳定状态，平时总是处于两种稳定状态中的某一状态上。有外界输入信号时，“双稳”元件才从一种稳态切换成另一种稳态，切换信号解除后，仍保持原稳态不变。这样就把切换信号的作用记忆下来了，直至另一端切换信号输入，再稳定到另一种状态上。所以“双稳”元件具有记忆性能，也称记忆元件。

13.5　小　　结

气动控制阀与液压控制阀一样，按功能也分为压力控制阀、流量控制阀和方向控制阀三大类，其工作原理及结构与同类液压控制阀类似。这里要注意它们的不同之处。

（1）溢流阀只作安全阀用，起调压和稳压作用的是减压阀；气控换向阀有分为单向型和换向型两种，其阀芯结构主要有截止式和滑阀式。梭阀及双压阀都是两个单向阀的组合，前者作用相当于“或”，后者作用相当于“与”。

（2）气动逻辑元件是气动控制中颇具特色的元件，它通过元件内部可动部件的动作，改变气流方向来实现一定逻辑功能。按结构分为高压截止式、膜片式、滑阀式及其他式逻辑元件。高压截止式逻辑元件按功能分有“与门”、“是门”、“或，门”、“非门”、“禁门”、“或非”及“记忆”等元件。

13.6 复习思考题

13-1 气动调压阀、顺序阀和安全阀这三种阀的图形符号有什么区别，它们各有什么用途？

13-2 为什么气动减压阀又称为调压阀？减压阀一般安装在什么地方？

13-3 为什么气动溢流阀又称为安全阀？与液压溢流阀的功用有什么不同？

13-4 什么是排气消声节流阀？它有何作用？一般安装在什么地方？

13-5 说明快速排气阀的工作原理。

13-6 什么是气动三联件？各起什么作用？怎样的顺序安装？

13-7 气动换向阀与液压换向阀的主要区别有哪些？

13-8 什么是气动逻辑元件？如何分类？

第 14 章　气动基本回路

气压传动系统的形式很多，由不同功能的基本回路所组成，熟悉常用的基本回路是分析和设计气压传动系统的必要基础。

14.1　方向控制回路

方向控制回路是通过换向阀得电、失电使气缸改变方向的换向回路。常用的有单作用气缸换向回路、双作用气缸控制回路。

14.1.1　单作用气缸换向回路

如图 14-1 所示为单作用气缸换向回路。在图 14-1a 回路中，当电磁铁得电时，气压使活塞伸出工作，而电磁铁失电时，活塞杆在弹簧作用下缩回。

在图 14-1b 回路中装有三位五通换向阀，电磁铁失电后能自动复位，故能使气缸停留行程中任意位置，但定位精度不高，定位时间不易太长。

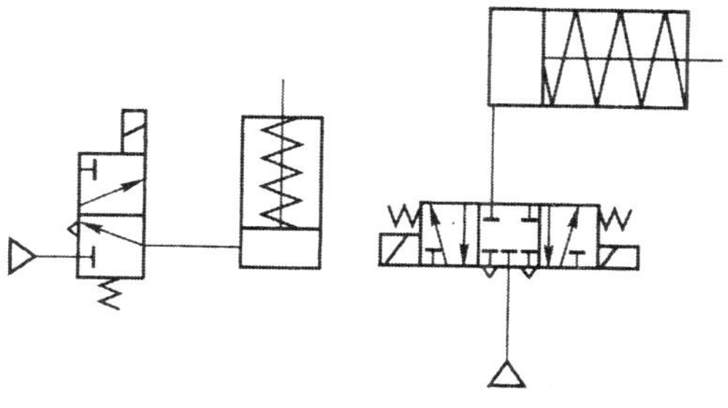

（a）　　　（b）

图 14-1　单作用气缸换向回路

14.1.2　双作用气缸换向回路

如图 14-2 所示为各种双作用气缸控制回路。在图 14-2a 回路中通过对换向阀上、下切换，使气缸活塞杆伸出和缩回；在图 14-2b 的回路中，当有气控制信号 *A* 时气缸推出，反之气缸退回；如图 14-2c 所示为三位五通气控阀和手动二位三通阀控制的换向回路，当手动阀换向时，由手动阀控制气流推动二位五通气换向控阀换向，气缸活塞外伸，松动手动阀，则活塞杆返回；如图 14-2d、e、f 所示的两端控制电磁铁线圈或按钮不能同时操作，否则将出现误动作，其回路相当于双稳的逻辑功能；如图 14-2f 所示还有中位停止，但中停定位精度不高。

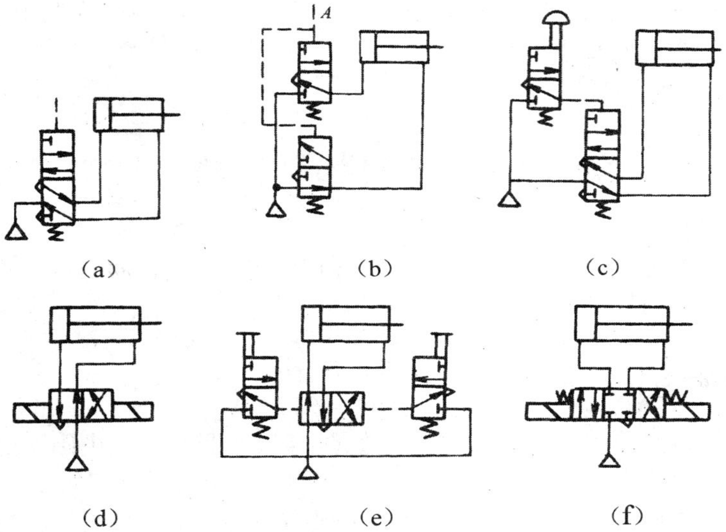

图 14-2 双作用气缸换向回路

14.2 压力控制回路

压力控制回路的功用是使系统保持在某一规定的压力范围内。常用的有一次压力控制回路，二次压力控制回路和高低压转换回路。

14.2.1 一次压力控制回路

如图 14-3 所示为一次压力控制回路。此回路用于控制储气罐的压力，使之不超过规定的压力值，常用外控溢流阀 1 或用电接点压力表 2 来控制空气压缩机的转、停，使储气罐内压力保持在规定范围内。采用溢流阀，结构简单，工作可靠，但气量浪费大；采用电接点压力表对电机及控制要求较高，常用于小型空压机的控制。

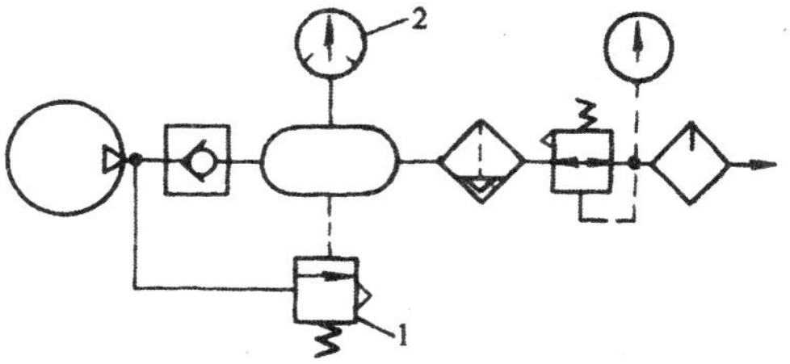

图 14-3　一次压力控制回路

1—溢流阀　2—压力表

14.2.2　二次压力控制回路

二次压力控制回路主要是对气动系统的气源压力进行控制。如图 **14-4** 所示为二次压力控制回路，为保证气动系统使用的气体压力为一稳定值，常由空气过滤器—减压阀—油雾器（气动三联件）联合使用，但要注意，供给逻辑元件的压缩空气不要加入润滑油。如图 **14-4a** 所示是气缸、气马达系统常用的压力控制回路。如图 **14-4b** 所示利用两只减压阀和一只换向阀或输出低压或输出高压自动转换气源。如图 **14-4c** 所示，若去掉换向阀，就可同时输出高低压两种压缩空气。

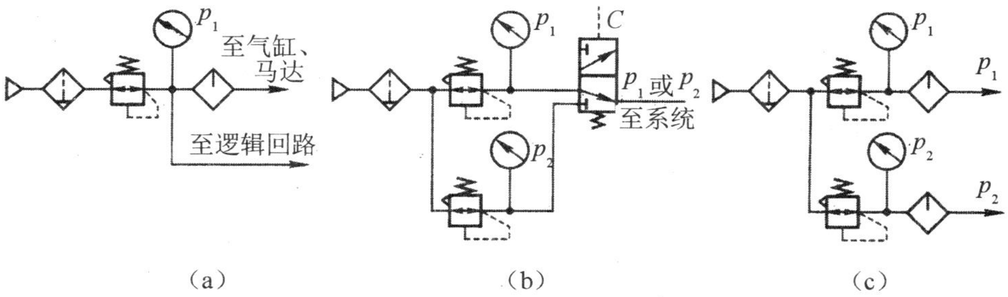

图 14-4　二次压力控制回路

14.3　速度控制回路

控制气缸的速度，通常采用节流调速回路。在气动系统中常称供气节流调整速和排气节流调速。

14.3.1 单向调速回路

如图 14-5 所示为双作用缸单向调速回路，如图 14-5 a 所示为供气节流调速回路。在图示位置时，当气控换向阀不换向时，进入气缸 *A* 腔的气流流经节流阀，*B* 腔排出的气体直接经换向阀快排。供气节流不足之处主要表现如下。

（1）当负载方向与活塞的运动方向相反时，活塞运动易出现不平稳现象，即“爬行”现象。

（2）当负载方向与活塞运动方向一致时，由于排气经换向阀快排，几乎没有阻尼，负载易产生“跑空”现象，使气缸失去控制。

如图 14-6b 所示的排气节流回路。由图示位置可知，当气控换向阀不换向时，从气源来的压缩空气经气控换向阀直接进入气缸的 *A* 腔，而 *B* 腔排出的气体必须经节流阀到气控换向阀而排入大气，因而 *B* 腔中的气体就具有一定的压力。此时活塞在 *A* 腔与 *B* 腔的力差作用下前进，而减少了“爬行”发生的可能性，调节节流阀的开度，就可控制不同的排气速度，从而也就控制了活塞的运动速度。

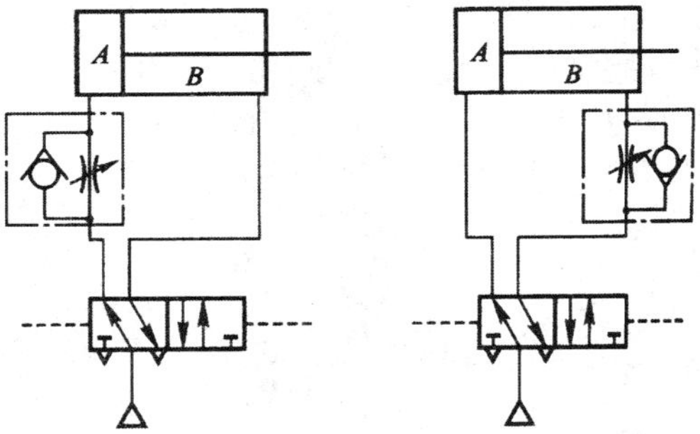

（a）　　（b）

图 14-5　双作用缸单向调整回路

14.3.2 双向调速回路

如图 14-6 所示为双向调速回路。如图 14-6a 所示为采用单向节流阀式的双向节流调速回路。如图 14-6b 所示为采用排气节流阀的双向节流调速回路。

它们适用于负载变化不大的场合。当负载突然增大时，由于气体的可压缩性，将迫使缸内的气体压缩，使活塞运动速度减慢；反之，当负载突然减小时，缸内原来被压缩的气体将膨胀，使活塞运动速度加快，这又称为气缸的“自走”现象。因此，在要求气缸具有准确而平稳的运动速度时，可以采用比例流量阀加反馈来改善调控性能，或用气液相结合的调速方式。

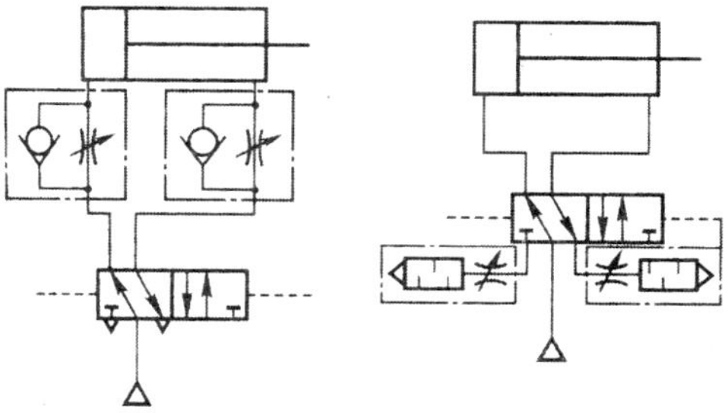

图 14-6　双向调整回路

14.3.3　气—液调速回路

如图 14-7 所示为气—液调速回路。当电磁阀处于下位接通时，气压作用在气缸无杆腔活塞上，有杆腔内的液压油经机控换向阀进入气—液转换器，活塞杆快速伸出。当活塞杆压下机控换向阀时，有杆腔油液只能通过节流阀到气—液转换器，从而使活塞杆伸出速度减慢，而当电磁阀处于上位时，活塞杆快速返回。此回路可实现快进、工进、快退工况。因此，在要求气缸具有准确而平稳的速度时（尤其是在负载变化较大场合），就要采用气—液相结合的调速方式。

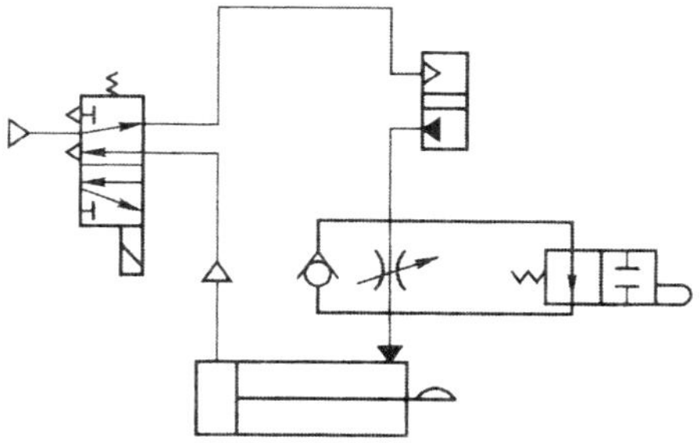

图 14-7　气—液调速回路

14.4　其他常用基本回路

14.4.1　安全保护回路

由于气动机构负荷的过载，气压的突然降低以及气动执行机构的快速动作等原因都可能危及操作人员或设备的安全，因此在气动回路中，常常要加入安全回路。需要指出的是，在设计任何气动回路中，特别是安全回路中，都不可能缺少过滤装置和油雾器。因为，污脏空气中的杂物，可能堵塞阀中的小孔与通路，使气路发生故障。缺乏润滑油时，很可能使阀发生卡死或磨损，以致整个系统的安全都发生问题。下面介绍几种常用的安全保护回路。

1. 过载保护回路

如图 14-8 所示的过载保护回路。当正常工作情况时，按下手动阀 1，主控阀 2 切换至左位，气缸活塞右行；当活塞杆上的挡块碰到行程阀 5 时，控制气体又使阀 2 切换至右位，活塞缩回。当气缸活塞右行时，若遇到故障而造成负载过大，使气缸左腔压力升高到超过预定值时，顺序阀 3 打开，控制气体可经梭阀 4 将主控阀 2 切换至右位，使活塞杆缩回，气缸左腔的气体经阀 2 排掉，这样就防止了系统过载。

2. 互锁回路图

如图 14-9 所示互锁回路，主要利用梭阀 1、2、3 及换向阀 4、5、6 进行互锁。该回路能防止各缸的活塞同时动作，而保证只有一个活塞动作。例如，当换向阀 7 被切换，则换向阀 4 也换向，使 *A* 缸活塞杆伸出；与此同时，*A* 缸进气管路的气体使梭阀 1、2 动作，把换向阀 5、6 锁住，所以此时即使换向阀 8、9 有气控信号，*B*、*C* 缸也不会动作。如要改变缸的动作，必须把前一个动作缸的气控阀复位才行。

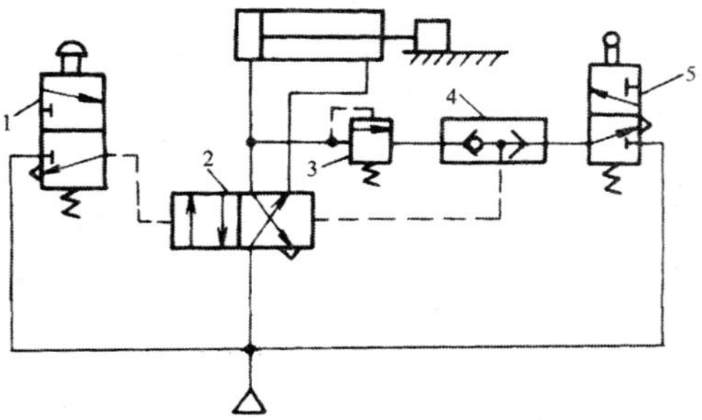

图 14-8 过载保护回路

1—手动阀 2—主控阀 3—顺序阀 4—梭阀 5—行程阀

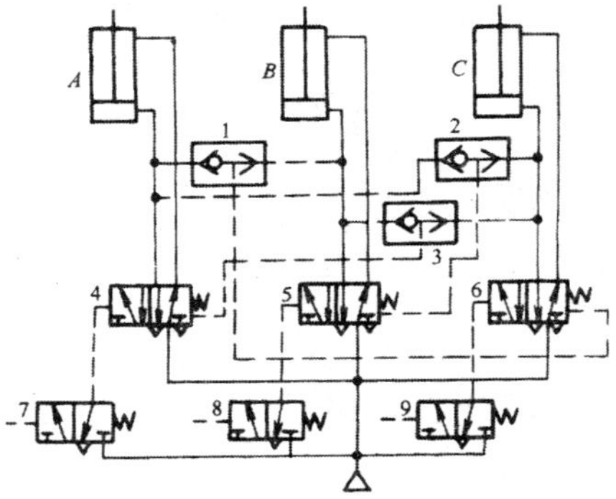

图 14-9 互锁回路

3. 双手同时操作回路

所谓双手操作回路就是使用两个启动阀的手动阀，只有同时按动两个阀才动作的回路。

这种回路主要是为了安全。这在锻造、冲压机械上常用来避免产生误动作，以保护操作者的安全。

如图 14-10 所示为双手操作回路。如图 14-10a 所示为使用逻辑“与”回路的，为使主控阀 3 换向，必须使压缩空气信号进入阀 3 左侧，为此必须使两只三通手阀 1 和 2 同时换向，而且，这两个阀必须安装在单手不能同时操作的距离上。在操作时，如任何一只手离开则控制信号消失，主控阀复位，则活塞杆后退。

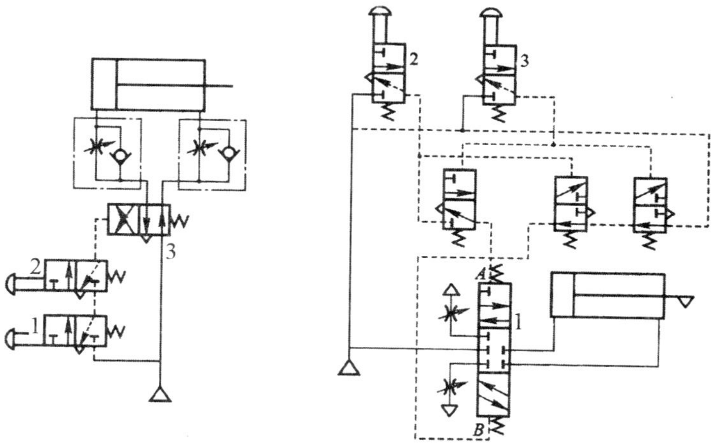

（a）　　（b）

图 14-10　双手操作回路

如图 14-10b 所示的是使用三位主控阀的双手操作回路。把此主控阀 1 的信号 *A* 作为手动阀 2 和 3 的逻辑“与”回路，亦即只有手动阀 2 和 3 同时动作时，主控阀 1 换向到上位，活塞杆前进；把信号 *B* 作为手动阀 2 和 3 的逻辑“或非”回路，即当手动阀 2 和 3 同时松开时（图示位置），主控制阀 1 换向到下位，活塞杆返回，若手动阀 2 或 3 任何一个动作，将使主控阀复位到中位，活塞杆处于停止状态。

14.4.2　延时回路

如图 14-11 所示为延时回路。如图 14-11a 所示为延时输出回路，当控制信号切换阀 4 后，压缩空气经单向节流阀 3 向气罐 2 充气。当充气压力经过延时升高致使阀 1 换位时，阀 1 就有输出。

如图 14-11b 所示为延时接通回路，按下阀 8，则气缸向外伸出，当气缸在伸出行程中压下阀 5 后，压缩空气经节流阀到气罐 6，延时后才将阀 7 切换，气缸退回。

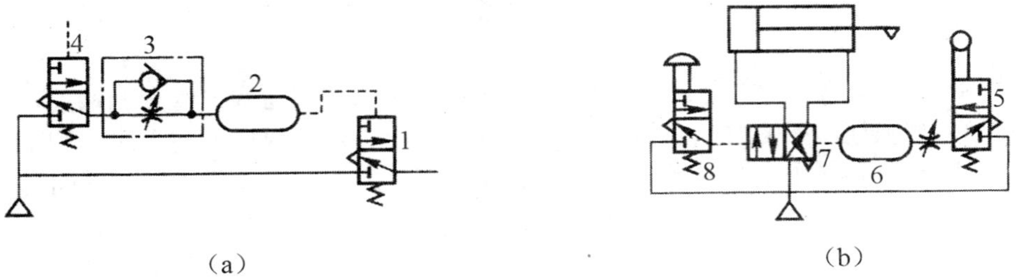

图 14-11 延时回路

14.4.3 顺序动作回路

顺序动作是指在气动回路中，各个气缸按一定程序完成各自的动作。例如，单缸有单往复动作，二次往复动作和连续往复动作等；多缸按一定顺序进行单往复或多往复顺序动作等。

1. 单缸往复动作回路

如图 14-12 所示为三种单往复动作回路。

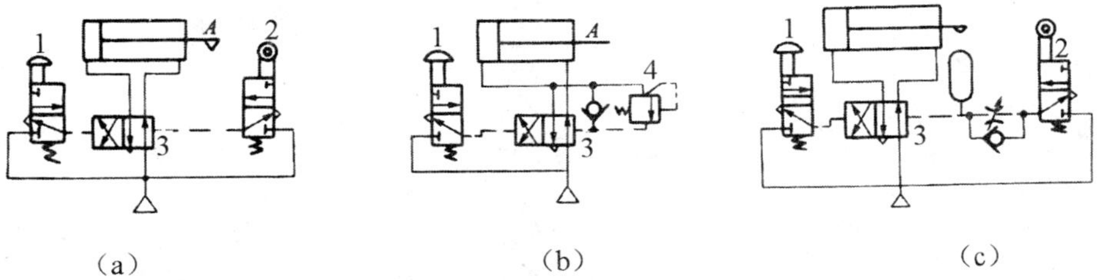

图 14-12 单往复动作回路

如图 14-12a 所示是行程阀控制的单往复回路，当按下阀 1 的手动按钮后压缩空气使阀 3 换向，活塞杆向前伸出，当活塞杆上的挡铁碰到行程阀 2 时，阀 3 复位，活塞杆返回。

如图 14-12b 所示是压力控制的往复动作回路，当按下阀 1 的手动按钮后，阀 3 阀芯右移，气缸无杆腔进气使活塞杆伸出（右行），同时气压还作用在顺序阀 4 上。当活塞到达终点后，无杆腔压力升高并打开顺序阀，使阀 3 又切换至右位，活塞杆就缩回（左行）。

如图 14-12c 所示是利用延时回路形成的时间控制单往复动作回路，当按下阀 1 的手动按钮后，阀 3 换向，气缸活塞杆伸出，当压下行程阀 2 后，延时一段时间后，阀 3 才能换向，然后活塞杆再缩回。

2. 连续往复动作回路

如图 14-13 所示为连续往复动作回路。

它能完成连续的动作循环。当按下阀 1 的按钮后，阀 4 换向，活塞向前运动，这时由于阀 3 复位而将气路封闭，使阀 4 不能复位，活塞继续前进。到行程终点压下行程阀 2，使阀 4 控制气路排气，在弹簧作用下阀 4 复位，气缸返回，在终点压下阀 3，在控制压力下阀 4 又被切换到左位，活塞再次前进。就这样一直连续往复，只有当提起阀 1 的按钮后，阀 4 复位，活塞返回而停止运动。

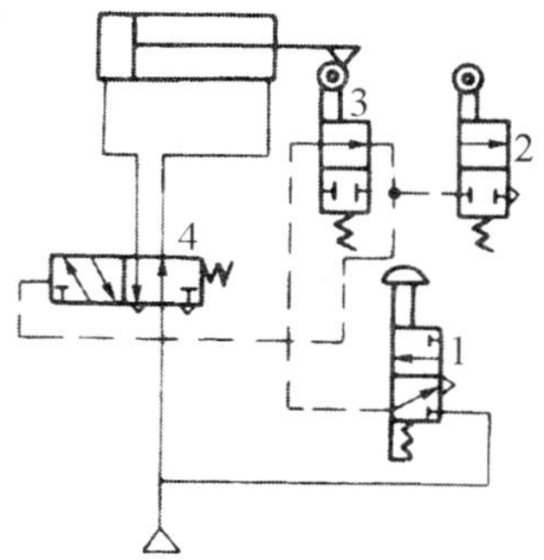

图 14-13　连续往复动作回路

14.5　小　　结

与液压系统一样，气动系统也是由若干个基本回路组成，基本回路按控制功能可分为换向回路、压力控制回路、速度控制回路等；与液压系统不同的是人们常将经生产实践总结出的气动典型回路称为常用回路，如安全保护回路、同步动作回路、往复动作回路等。

（1）执行元件工作时都有换向要求，二位换向阀只能使执行元件有两种状态（伸、缩），三位换向阀可使执行元件除伸、缩外，还可在任一位置停止。

（2）压力控制回路用于调节和控制系统的压力。与液压系统的调压回路不同，这里起调压作用的是减压阀，气动溢流阀只作气罐的安全阀用。采用多个减压阀，可实现高低压控制，再配以气控换向阀，可实现高低压切换。用顺序阀的输出控制一非门元件，可实现执行元件的过载保护。

（3）因气动装置的使用功率不大，故气动执行元件运动速度的调节主要用节流调速方式，与液压传动有进油、回油和旁路节流调速不同，双作用气缸一般只采用排气节流调速，这是由于排气节流调速时执行元件的进气阻力小，受外负载变化影响小，调速效果好的缘故。

气—液缸串联的回路速度控制是通过液压单向节流阀来实现，但需设置高位油箱以补充泄漏。气、液缸并联的回路可实现中停变速，比串联形式结构紧凑，气、液不易相混，为使活塞不致憋劲，应考虑导向装置。

（4）要控制气缸停止的位置，需要采用位置控制回路。需要气缸能够任意位置停止，气控换向阀需选三位五通阀，若要求停止位置精确，则应选用气—液阻尼缸有中位停止的回路；采用串联气缸定位，还可通过控制电控换向阀得到多个定位位置。

（5）双手操作回路和互锁回路属安全保护回路。双手操作回路实际上是用“与”回路来控制气缸的主控换向阀切换：只有当双手同时动作，“与”回路才有信号输出，在冲床工作，对操作人员的手起到保护作用。互锁回路是利用“或”回路（梭阀）来控制气缸主控换向阀切换，从而实现多缸互锁。

（6）往复动作回路与液压系统中的机液换向回路类似，它是利用行程阀控制气控换向阀切换来实现气缸的往复动作。

14.6 复习思考题

14-1 利用两个双作用气缸，一只顺序阀，一个二位四通单电控换向阀设计顺序动作回路。

14-2 如图 14-10 所示的双手操作回路为什么能起到保护操作者的作用？

14-3 什么是延时回路？它相当于电气元件中的什么元件？

14-4 标明如图 14-14 所示气动回路各元件的名称，并简述回路工作过程。

14-5 如图 14-15 所示为多位缸位置控制回路，试分析分别按压手动阀 1、2、3 时气缸如何动作？回路一共有几个控制位置？（与缸筒连接的气管为软管）

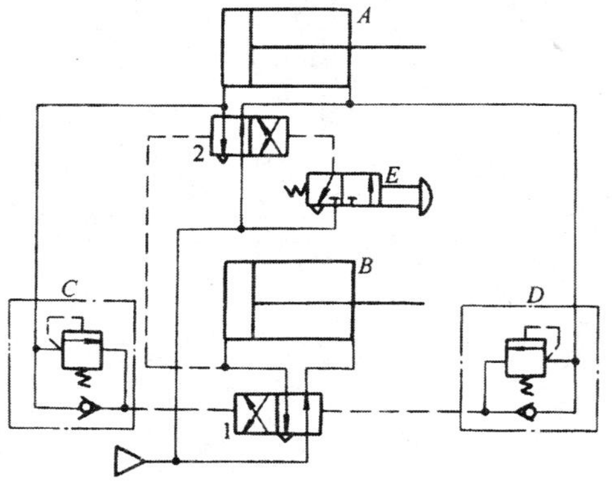

图 14-14

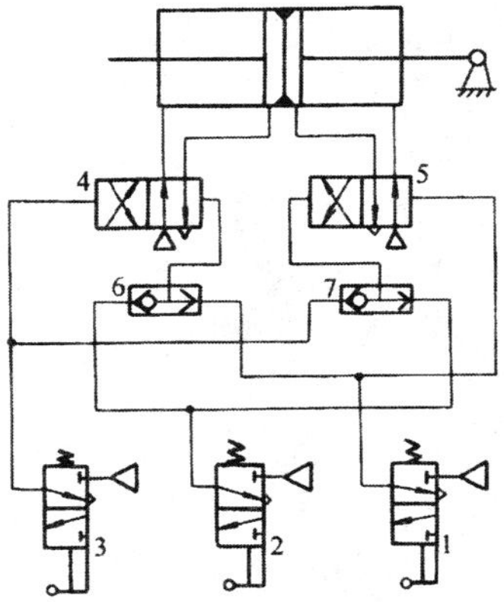

图 14-15

第 15 章　气压传动系统

气压传动技术是实现工业生产自动化、半自动化的方式之一，其应用十分广泛。本章主要介绍几种气动程序控制回路。

15.1　气动机械手气压传动系统

气动机械手具有结构简单、动作迅速、制造成本低、不污染工作环境等优点，并可以根据各种自动化设备的工作需要，按照设定的控制程序动作。如实现自动取料、上料、卸料和自动换刀具等。因此，它在自动生产设备和生产线被广泛应用。

如图 15-1 所示为用于某一专用设备上的气动机械手结构示意图。

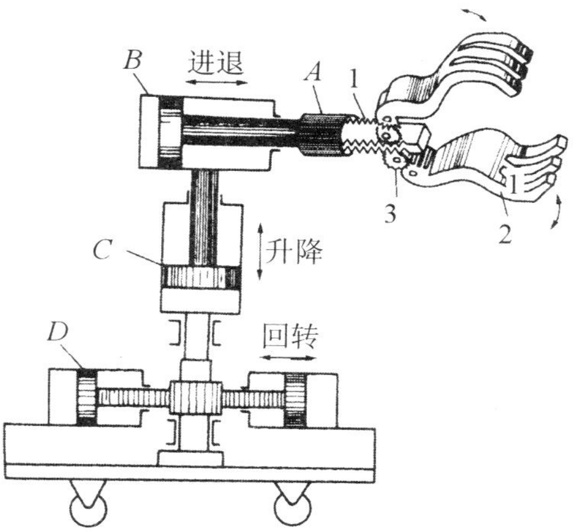

图 15-1　气动机械手结构示意图

1—齿条　2—手指　3—齿轮

它由四个气缸组成，可在 3 个坐标内运动。

图中 *A* 缸为夹紧缸，其活塞杆退回时夹紧工件，活塞杆伸出时松开工件。*B* 缸为长臂伸缩缸，可实现伸出和缩回动作。*C* 缸为主柱升降缸。*D* 缸为主柱回转缸，该气缸有两个活塞，分别装在带齿条的活塞杆两头，齿条的往复运动带动立柱上的齿轮旋转，从而实现立柱的旋转。

如图 15-2 所示为气动机械手的气动系统工作原理图（手指部分为真空吸头，即无 *A* 气缸部分）。要求其工作循环为：立柱上升→伸臂→立柱顺时针转→真空吸头取工件→立柱逆时针转→缩臂→立柱下降。

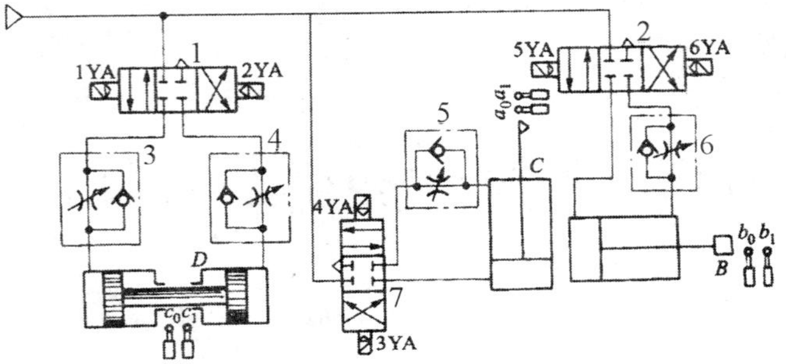

图 15-2　通用机械手气动系统

三个气缸均有三位四通双电控换向阀 1、2、7 和单向节流阀 3、4、5、6 组成换向、调速回路。各气缸的行程位置均有电气行程开关进行控制，表 15-1 为该机械手在工作循环中各电磁铁的动作顺序表。

表 15-1　电磁铁动作顺表

电磁铁 \ 动作缸	垂直缸 *C* 上升	水平缸 *B* 伸出	回转缸 *D* 转位	回转缸 *D* 复回	水平缸 *B* 退回	垂直缸 *C* 下降
1YA	－	－	＋	－	－	－
2YA	－	－	－	＋	－	－
3YA	－	－	－	－	－	＋
4YA	＋	－	－	－	－	－
5YA	－	＋	－	－	－	－
6YA	－	－	－	－	＋	－

按下它的启动按钮，4YA 通电，阀 7 处于上位，压缩空气进入垂直气缸 *C* 下腔，活塞杆上升。

当缸 *C* 活塞上的挡块碰到电气行程开关 a_1 时，4YA 断电，5YA 通电，阀 2 处于左位，水平气缸 *B* 活塞杆伸出，带动真空吸头进入工作点并吸取工件。

当缸 *B* 活塞上的挡块碰到电气开关 b_1 时，5YA 断电，1YA 通电，阀 1 处于左位，回

转缸 *D* 顺时针方向回转，使真空吸头进入下料点下料。

当回转缸 *D* 活塞杆上的挡块压下电器行程开关 c_1 时，1YA 通电，2YA 通电，阀 1 处于右位，回转缸 *D* 复位。

回转缸复位时，其上档块碰到电气行程开关 c_0 时，6YA 通电，2YA 断电，阀 2 处于右位，水平缸 *B* 活塞杆退回。

水平缸退回时，挡块碰开关 b_0，6YA 断电，3YA 通电，阀 7 处于下位，垂直缸活塞杆下降，到原位时，碰上电气行程开关 a_0，3YA 断电，至此完成一个工作循环，如再给启动信号，可进行同样的工作循环。根据需要只要改变电气行程开关的位置，调节单向节流阀的开度，即可改变各气缸的运动速度和行程。

15.2　工件夹紧气压传动系统

工件夹紧气压传动系统是机械加工自动线、组合机床中常用的夹紧装置。如图 15-3 所示为工件夹紧气压传动系统图。

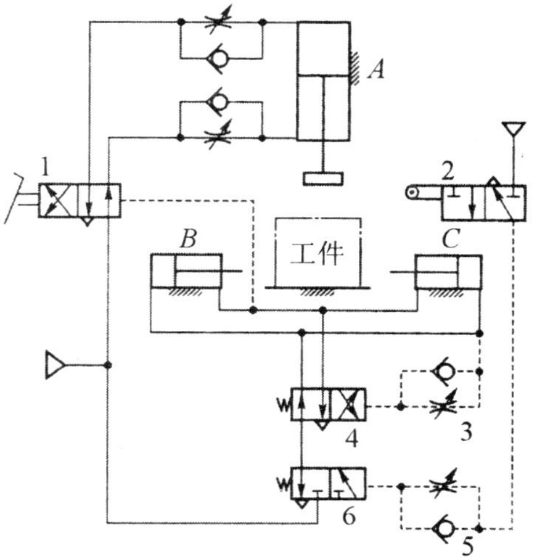

图 15-3　气压夹紧系统

其工作原理是：当工件运动到指定位置后，气缸 *A* 的活塞杆伸出，将工件定位后两侧的气缸 *B* 和 *C* 的活塞杆伸出，从两侧面夹紧工件，而后进行机械加工，其气压系统的动作过程如下：当用脚踏换向阀 1（或用其他方式换向）后，压缩空气经单向节流阀进入气缸 *A* 的无杆腔、夹紧头下降至工件定位位置后使机动行程阀 2 换向，压缩空气经单向节流阀 5

进入中继阀 6 的右侧，使阀 6 换向；压缩空气经阀 6 通过主控阀 4 的左位进入气缸 *B* 和 *C* 的无杆腔，使两气缸活塞杆同时伸出，夹紧工件。与此同时，压缩空气的一部分经单向阀 3 调定延时用于加工后使主控阀 4 换向到右位，则两气缸 *B* 和 *C* 返回。

在两气缸返回过程中，有杆腔的压缩空气使脚踏阀 1 复位，则气缸 *A* 返回。此时由于行程阀 2 复位（右位），所以中继阀 6 也复位，则气缸 *B* 和 *C* 无杆腔通大气，主控阀 4 自动复位。由此完成一个动作循环，即缸 *A* 活塞杆伸出压下（定位）→夹紧缸 *B*、*C* 活塞杆伸出夹紧（加工）→夹紧缸 *B*、*C* 活塞杆返回→缸 *A* 的活塞杆返回。

15.3 气液动力滑台气压传动系统

气液动力滑台是采用气—液阻尼缸作为执行元件。在机床设备中用来实现进给运动的部件。

如图 15-4 所示为气液动力滑台的气液传动系统原理。图中阀 1、2、3 和阀 4、5、6 实际上分别被组合在一起，成为两个组合阀。

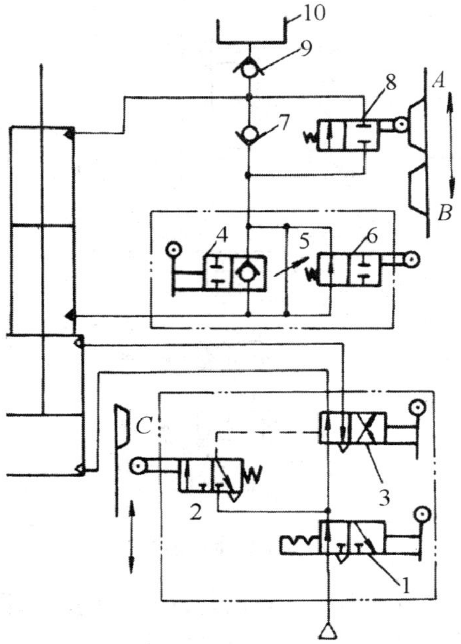

图 15-4 气液动力滑台气液传动系统

该种气液滑台能完成下面的两种工作循环。

1. 快进→慢进（工进）→快退→停止

当图 15-4 中阀 4 处于图示状态时，就可实现上述循环的进给程序。其动作原理为：当手动阀 3 切换到右位时，实际上就是给予进刀信号，在气压作用下，气缸中活塞开始向下运动，液压缸中活塞下腔油液经机控阀 6 的左位和单向阀 7 进入液压缸活塞的上腔，实现了快进；当快进到活塞杆的挡铁 *B* 切换机控阀 6（使它处于右位）后，油液只能经节流阀 5 进入活塞上腔，调节节流阀的开度，即可调节气—液阻尼缸运动速度。所以，这时开始慢进（工进）。当慢进到挡铁 *C* 使机控阀 2 切换至左位时，输出信号使阀 3 切换至左位，这时气缸活塞开始向上运动。液压缸活塞上腔的油液经阀 8 至图示位置而使油液通道被切断，活塞就停止运动。所以改变挡铁 *A* 的位置，就能改变“停”的位置。

2. 快进→慢进→慢退→快退→停止

把手动阀 4 关闭（处于左位）时就可实现上述的双向进给程序，其动作循环中的快进—慢进的动作原理与上述相同。当慢进至挡铁 *C* 切换机控阀 2 至左位时，输出气信号使阀 3 切换至左位，气缸活塞开始向上运动，这时液压缸上腔的油液经机控阀 8 的左位和节流阀 5 进入液压活塞缸下腔，亦即实现了慢退（反向进给）；当慢退到挡铁 *B* 离开阀 6 的顶杆而使其复位（处于左位）后，液压缸活塞上腔的油液经阀 8 的左位、再经阀 6 的左位进入液压活塞缸下腔，开始快退；快退到挡铁 *A* 切换阀 8 至图示位置时，油液通路被切断，活塞就停止运动。

图中补油箱 10 和单向阀 9 仅仅是为了补偿系统中的漏油而设置的，因而一般可用油杯来代替。

15.4　公共汽车车门气压传动系统

采用气压控制的公共汽车车门，需要司机和售票员都装有气动开关控制开关车门，并且当车门在关闭过程中遇到障碍物时，能使车门自动开启，起到安全保护作用。

如图 15-5 所示为汽车车门气压控制系统原理图。

车门的开关靠气缸 7 来实现，气缸是由双气控阀 4 来控制，而双控阀又由 *A*～*D* 的按钮阀来操纵，气缸运动速度的快慢由单向速度控制阀 5 或 6 来调节。通过阀 *A* 或 *B* 使车门开启，通过阀 *C* 或 *D* 使车门关闭。起安全作用的先导阀 8 安装在车门上。

当操纵按钮阀 *A* 或 *B* 时，气源压缩空气经阀 *A* 或 *B* 到阀 1 或阀 2，把控制信号送到阀 4 的 *a* 侧，使阀 4 向车门开启方向切换。气源压缩空气经阀 4 和阀 5 到气缸的有杆腔，使车门开启。

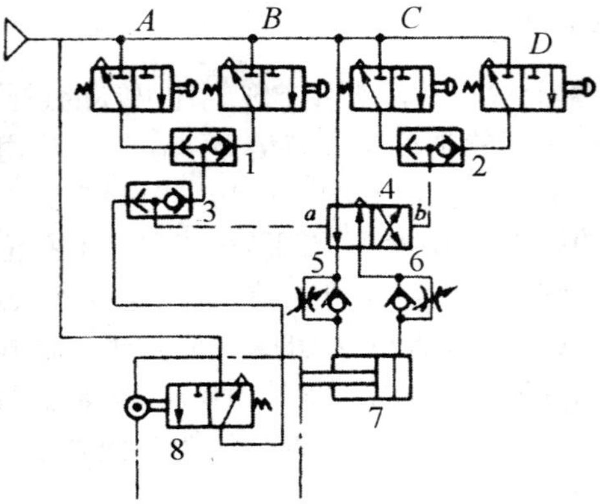

图 15-5 汽车车门气压控制系统

当操纵按钮 *C* 或 *D* 时，压缩空气经阀 *C* 或阀 *D* 到阀 2，把控制信号送到阀 4 的 *b* 侧，使阀 4 向车门关闭方向切换。气源压缩空气经阀 4 和阀 6 到气缸的无杆腔，使车门关闭。

车门在关闭的过程中如碰到障碍物，便推动阀 8，此时气源压缩空气经阀 8 把控制信号通过阀 3 送到阀 4 的 *a* 侧，使阀 4 向车门开启方向切换。必须指出，如果阀 *C* 或阀 *D* 仍然保持在压下状态，则阀 8 起不到自动开启车门的安全作用。

15.5 小　　结

（1）气动系统一般原理图中不画出气源装置。

（2）气动机械手气压系统是多缸动作的程序控制回路。

（3）工件夹紧气压传动系统是一个实现“定位→夹紧（加工）→松开”动作的多缸动作回路。

（4）公共汽车车门气压传动系统是一个带安全保护作用的单缸组合逻辑回路。

（5）气液联动充分利用气动供气方便、液压速度易控制的优点，以获得可有效控制的运动速度或较大的动力。气液动力滑台是该回路应用的典型实例。

15.6 复习思考题

15-1　如图 15-3 所示的工件夹紧气压传动系统中，工件夹紧的时间怎样调节？

15-2　在图 15-2 中，要求该机械手的工作循环是：立柱下降→伸臂→立柱逆时针转→（真空吸头取工件）→立柱顺时针转→缩臂→立柱上升。试画出电磁铁动作顺序表，分析它的工作循环。

15-3　气动控制的公共汽车门，采取了什么措施防止伤上车的乘客？

第 16 章　气压传动系统的安装调试和故障分析

16.1　气压传动系统的安装

1. 管道的安装

（1）安装前要检查管道内壁是否光滑，并进行除锈和清洗。

（2）管道支架要牢固，工作时不得产生振动。

（3）装紧各处接头，管路不允许漏气。

（4）管道焊接应符合规定标准的要求。

（5）管路系统中任何一段管道均可自由拆装。

（6）管道安装的倾斜度、弯曲半径、间距和坡向均要符合有关规定。

2. 元件的安装

（1）安装前应对元件进行清洗，必要时要进行密封试验。

（2）各类阀体上的箭头方向或标记，要符合气流流动方向。

（3）动密封圈不要装得太紧，尤其是 U 型密封圈，否则阻力过大。

（4）移动缸的中心线与负载作用力的中心线要同心，否则引起侧向力，使密封件加速磨损，活塞杆弯曲。

（5）各种自动控制仪表，自动控制器，压力继电器等，在安装前应进行校验。

16.2　气动系统的调试、使用维护

1. 调试前的准备工作

（1）要熟悉说明书等有关技术资料，力求全面了解系统的原理、结构、性能及操纵方法。

（2）了解需要调整的元件在设备上的实际位置、操纵方法及调节旋钮的旋向等。

（3）准备好调试工具及仪表。

2．空载试运行

空载试运行不得少于 2 h，注意观察压力、流量、温度的变化。

3．负载试运行

负载试转应分段加载，运转不得少于 3 h，分别测出有关数据，记入试车记录。

4．气动系统的使用维护

气动系统的使用与保养分为日常维护、定期检查及系统大修，还应考虑安全与环保，具体应注意以下几个方面：

（1）日常维护需对冷凝水和系统润滑进行管理；

（2）开车前后要放掉系统中的冷凝水；

（3）定期给油雾器加油；

（4）随时注意压缩空气的清洁度，对分水滤气器的滤芯要定期清洗；

（5）开车前检查各调节旋钮是否在正确位置，行程阀、行程开关、挡块的位置是否正确、牢固，对活塞杆、导轨等外露部分的配合表面进行擦拭后方能开车；

（6）长期不使用时，应将各旋钮放松，以免弹簧失效而影响元件的性能；

（7）间隔三个月需定期检修，一年应进行大修；

（8）对受压容器应定期检验，漏气、漏油、噪声等要进行防治。

16.3　气动系统的故障诊断

1．故障种类

由于故障发生的时期不同，故障的内容和原因也不同。因此，可将故障分为初期故障、突发故障和老化故障。

（1）初期故障　在调试阶段和开始运转的二、三个月内发生的故障称为初期故障。

（2）突发故障　系统在稳定运行时期内突然发生的故障称为突发故障。

（3）老化故障　个别或少数元件达到使用寿命后发生的故障称为老化故障。

2．故障的诊断方法

（1）经验法　主要是依靠实际经验，并借助简单的仪表，诊断故障发生的部位，找出故障原因的方法，称为经验法。

（2）推理分析法　利用逻辑推理、步步逼近，寻找出故障的真实原因的方法称为推理分析法。

3. 常见故障及排除方法

气动系统常见故障、原因及排除方法见表 16-1 至表 16-6。

表 16-1　减压阀常见故障及排除方法

故　障	原　因	排 除 方 法
二次压力	阀弹簧损坏 阀座有伤痕，阀座橡胶剥离 阀体中夹入灰尘，阀导向部分粘附异物 阀芯导向部分和阀体的 O 型密封圈收缩、膨胀	更换阀弹簧 更换阀体 清洗、检查滤清器 更换 O 型封圈
压力降很大（流量不足）	阀口径小 阀下部积存冷凝水；阀内混入异物	使用口径大的减压阀 清洗、检查滤清器
向外漏气（阀的溢流孔处泄漏）	溢流阀座有伤痕（溢流式） 膜片破裂 二次压力升高 二次侧背压增加	更换溢阀座 更换膜片 参看二次压力上升栏 检查二次侧的装置回路
阀体泄漏	密封件损伤 弹簧松弛	更换密封件 张紧弹簧
异常振动	弹簧的弹力减弱，弹簧错位 阀体的中心，阀杆的中心错位 因空气消耗量周期变化使阀不断开启、关闭，与减压阀引起共振	把弹簧调整到正常位置，更换弹力减弱的弹簧 检查并调整位置偏差 和制造厂协商
虽已松开手柄，二次侧空气也不溢流	溢流阀座孔堵塞 使用非溢流式调压阀	清洗并检查滤清器 非溢流阀调压阀松开手柄也不溢流。因此需要在二次侧安装溢流阀

表 16-2　溢流阀常见故障排除方法

故　障	原　因	排 除 方 法
压力虽已上升，但不溢流	阀内部孔堵塞 阀芯导向部分进入异物	清洗
压力虽没有超过设定值，但在二次侧却溢出空气	阀内进入异物 阀座损伤 调压弹簧损坏	清洗 更换阀座 更换调压弹簧
溢流时发生振动（主要发生在膜片式阀，其启闭压力差较小）	压力上升速度很慢，溢流阀放出流量多，引起阀振动 因从压力上升源到溢流阀之间被节流，阀前部压力上升慢而引起振动	二次侧安装针阀微调溢流量，使其与压力上升量匹配 增大压力上升源到溢流阀的管道口径
从阀体和阀盖向外漏气	膜片破裂（膜片式） 密封件损伤	更换膜片 更换密封件

表 16-3　方向阀常见故障及排除方法

故　障	原　因	排 除 方 法
不能换向	阀的滑动阴力大，润滑不良 O 型密封圈变形 粉尘卡住滑动部分 弹簧损坏 阀操纵力小 活塞密封圈磨损	进行润滑 更换密封圈 清除粉尘 更换弹簧 检查阀操作部分 更换密封圈
阀产生振动	空气压力低（先导式） 电源电压低（电磁阀）	提高操纵压力，采用直动式 提高电源电压，使用低电压线圈
交流电磁铁有蜂鸣声	块状活动铁芯密封不良 粉尘进入块状、层叠型铁芯的滑动部分，使活动铁芯不能密切接触 层叠活动铁芯的铆钉脱落，铁芯叠层分开不能吸合 短路环损坏 电源电压低 外部导线拉得太紧	检查铁芯接触和密封性，必要时更换铁芯组件 清除粉尘 更换活动铁芯 更换固定铁芯 提高电源电压 引线应宽裕
电磁铁动作时间偏差大，或有时不能动作	活动铁芯锈蚀，不能移动 在湿度高的环境中使用气动元件时，由于密封不完善而向磁铁部分泄漏空气 电源电压低 粉尘等进入活动铁芯的滑动部分，使运动状况恶化	铁芯除锈，修理好对外部的密封 更换铁芯组件 提高电源电压或使用符合电压的线圈 清除粉尘
线圈烧毁	环境温度高 快速循环使用时 因为吸引时电流大，单位时间耗电多，温度升高，使绝缘损坏而短路 粉尘夹在阀和铁芯之间，不能吸引活动铁芯 线圈上残余电压	按产品规定温度范围使用 使用高级电磁阀 使用气动逻辑回路 清除粉尘；使用正常电源电压，使用符合电压的线圈
切断电源活动铁芯不能退回	粉尘夹入活动铁芯滑动部分	清除粉尘

表 16-4　气缸常见故障及排除方法

故　障	原　因	排 除 方 法
外泄漏 活塞杆与密封衬套间漏气； 气缸体与端盖间漏气； 从缓冲装置的调节螺钉处漏气	衬套密封圈磨损，润滑油不足 活塞杆偏心 活塞杆有伤痕 活塞杆与密封衬套的配合面内有杂质 密封圈损坏	更换衬套密封圈 重新安装，使活塞杆不受偏心负荷 更换活塞杆 除去杂质、安装防尘盖 更换密封圈

（续表）

故　　障	原　　因	排 除 方 法
内泄漏 活塞两端串气	活塞密封圈损坏润滑不良 活塞被卡住 活塞配合面有缺陷，杂质挤入密封圈	更换活塞密封圈 重新安装，使活塞杆不受偏心负荷 缺陷严重者更换零件，除去杂质
输出力不足，动作不平稳	润滑不良 活塞或活塞杆卡住 气缸体内表面有锈蚀或缺陷 进入了冷凝水、杂质	调节或更换油雾器 检查安装情况，清除偏心 视缺陷大小再决定排除故障办法 加强对分水滤气器和油水分离器的管理定期排放污水
缓冲效果不好	缓冲部分的密封圈密封性能差 调节螺钉损坏 气缸速度太快	更换密封圈 更换调节螺钉 研究缓冲机构的结构是否合适
损伤 ① 活塞杆折断 ② 端盖损坏	有偏心负荷 摆动气缸安装销的摆动面与负荷摆动面不一致；摆动轴销的摆动角过大负荷很大，摆动速度又快 有冲击装置的冲击加到活塞杆上活塞杆承受负荷的冲击气缸的速度太快 气缸速度太快，缓冲机构不起作用	调整安装位置，清除偏心，使轴销摆角一致 确定合理的摆动速度 冲击不得加在活塞杆上，设置缓冲装置 在外部或回路中设置缓冲机构

表 16-5　分水滤气器常见故障及排除方法

故　　障	原　　因	排 除 方 法
压力降过大	使用过细的滤芯 滤清器的流量范围太小 流量超过滤清器的容量 滤清器滤芯网眼堵塞	更换适当的滤芯 换流量范围大的滤清器 换大容量的滤清器 用净化液清洗（必要时更换）滤芯
从输出端逸出冷凝水	未及时排出冷凝水 自动排水器发生故障	养成定期排水习惯或安装自动排水器 修理（必要时更换） 在适当流量范围使用或者更换容量大的滤清器
输出端出现异物	滤清器滤芯破损 滤芯密封不严 用有机溶剂清洗塑料件	更换滤芯 更换滤芯的密封，紧固滤芯 用清洁的热水或煤油清洗
塑料水杯破损	在有有机溶剂的环境中使用 空气压缩机输出某种焦油 压缩机从空气中吸入对塑料有害的物质	使用不受有机溶剂侵蚀的材料（如使用金属杯） 更换空气压缩机的润滑油，使用无油压缩机 使用金属杯
漏气	密封不良 因物理（冲击）、化学原因使塑料杯产生裂痕 泄水阀，自动排水器失灵	更换密封件 参看塑料杯破损栏 修理（必要时更换）

表 16-6　油雾器常见故障及排除方法

故　　障	原　　因	排 除 方 法
油不能滴下	没有产生油滴下落所需的压差 油雾器反向安装 油道堵塞 油杯未加压	加上文丘里管或换成小的油雾器 改变安装方向 拆卸，进行修理 因通往油杯的空气通道堵塞，需拆卸修理
油杯未加压	通往油杯的空气通道堵塞 油杯大 油雾器使用频繁	拆卸修理 加大通往油杯空气通孔 使用快速循环式油雾器
油滴数不能减少	油量调整螺丝失效	检修油量调整油丝
空气向外泄漏	密封不良 观察玻璃破损	检修密封 更换观察玻璃
油杯破损	用有机溶剂清洗 周围存在有机溶剂	更换油杯，使用金属杯或耐有机溶剂杯 与有机溶剂隔离

16.4　小　　结

气压传动系统的使用与维护故障分析与排除方法重在实践、掌握规律。

（1）气动系统的安装、调式方法与液压系统相近。

（2）气动系统的使用与维护要注意对冷凝水和系统润滑进行管理。

（3）气动系统常见故障及排除方法以列见表形式，工作中视具体情况分析解决。

16.5　复习思考题

16-1　气动系统管道的安装有何要求？

16-2　气动系统压力降过大的原因有哪些？

附录　常用液压与气动图形符号*

附录表 1　符号要素、管路

名称	符号	名称	符号
工作管路	————	液压	▶
控制管路	------	气动	▷
组合元件框线	—·—·—	能量转换元件	◯
连接管路	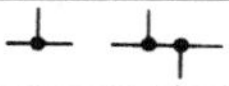	测量仪表	○
交叉管路	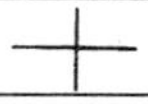	控制元件	□
柔性管路		调节器件	◇

附录表 2　控制机构和控制方法

名称		符号	名称		符号
机械控制	单向滚轮式		先导控制	电反馈	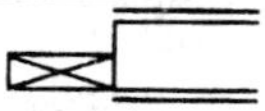
	顶杆式	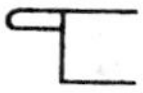	压力控制	加压或卸压	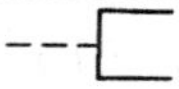
电气控制	单作用电磁铁	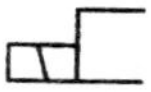 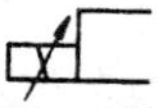		内部	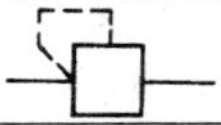
	双作用电磁铁	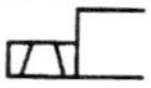 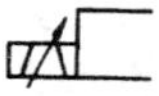		外部	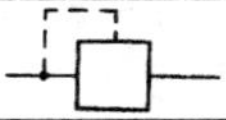

附录表 3　泵、马达和缸

名称		符号	名称		符号
定量泵	单向	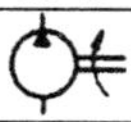	摆动马达		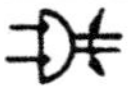 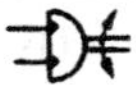
	双向		单作用缸	单活塞杆缸	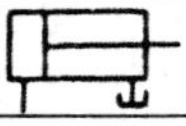 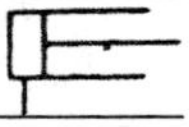
变量泵	单向	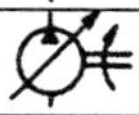		伸缩缸	
	双向	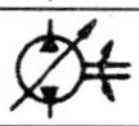	双作用缸	单活塞杆缸	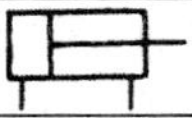
定量马达	单向	 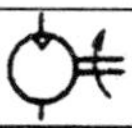		双活塞杆缸	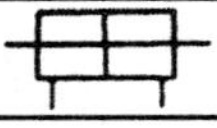

* 摘自 GB/T 786.1—1993。

（续表）

名称		符号
定量马达	双向	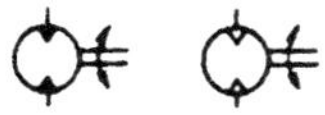
变量马达	单向	
	双向	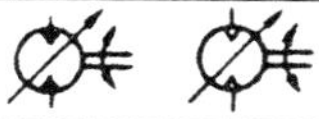
人力控制	按钮式	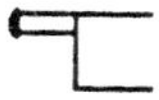
	手柄式	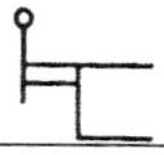
	踏板式	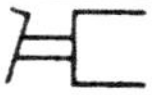
机械控制	弹簧式	
	滚轮式	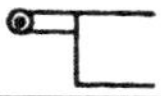

名称		符号
双作用缸	可调缓冲缸（双向、单向）	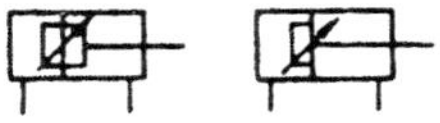
	伸缩缸	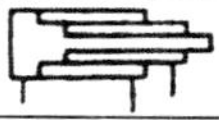
增压器		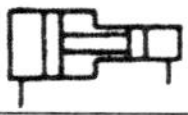
先导控制	液压（加压）	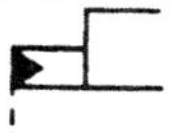
	液压（卸压）	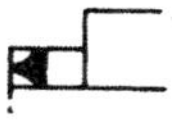
	气压（加压）	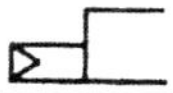
	电-液（加压）	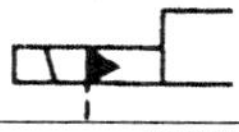
	电-气（加压）	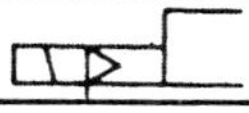

附录表 4　控制元件

名称	符号	名称	符号
直动型溢流阀	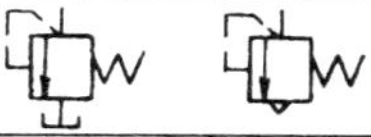	直动型减压阀	
先导型溢流阀		先导型减压阀	
先导型比例电磁式溢流阀	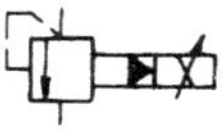	溢流减压阀	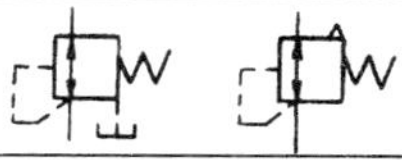
双向溢流阀	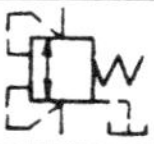	定差减压阀	
先导型电磁溢流阀	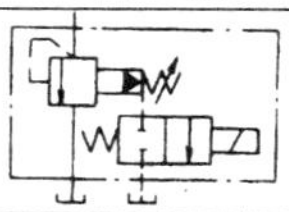	直动型顺序阀	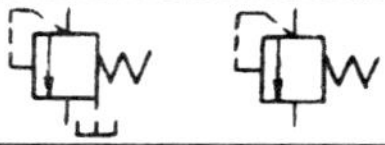
		先导型顺序阀	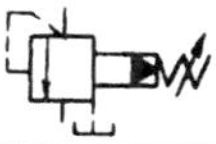
卸荷溢流阀	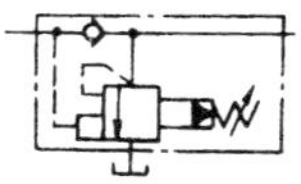	直动型卸荷阀	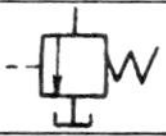
单向顺序阀	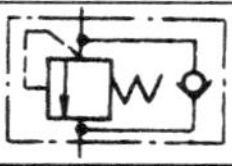	或门型梭阀	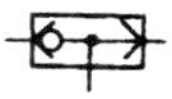

（续表）

名称	符号	名称	符号
不可调节流阀		与门型梭阀	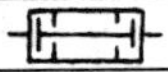
可调节流阀		快速排气阀	
单向节流阀	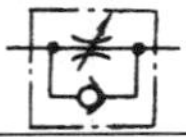	单向阀	
截止阀		液控单向阀	
减速阀	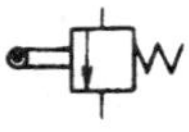	双向液压阀	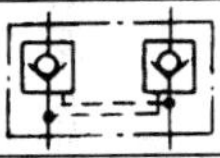
带消声器的节流阀	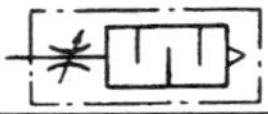	二位二通换向阀	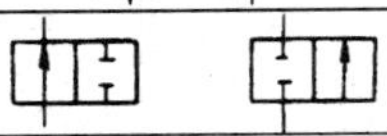
调速阀		二位三通换向阀	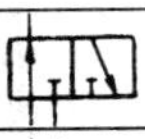
温度补偿型调速阀		二位四通换向阀	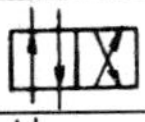
旁通型调速阀	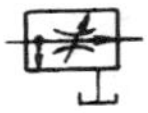	二位五通换向阀	
单向调速阀	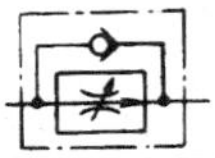	二位四通换向阀	
分流阀	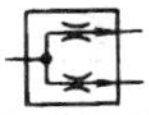	二位六通换向阀	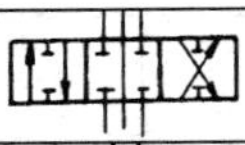
集流阀	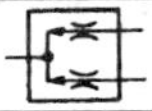	四通节流型换向阀	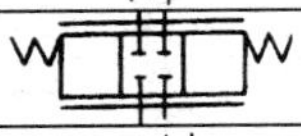
分流集流阀	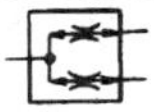	四通电液伺服阀	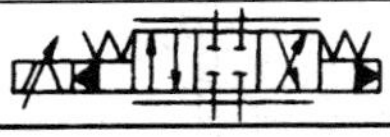

附录表 5　辅助元件

名称	符号	名称	符号
过滤器	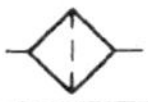	压力计	
带磁性滤芯过滤器	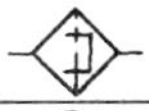	温度计	
带污染指示过滤器	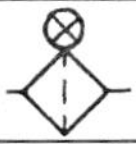	液位计	
分水排水器（人工排出、自动排出）	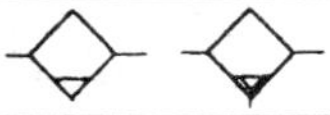	流量计	
空气过滤器（人工排出、自动排出）	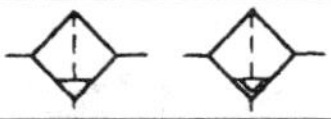	转速仪	
空气干燥器	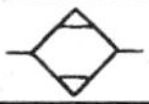	转矩仪	

（续表）

名称	符号	名称	符号
油雾器	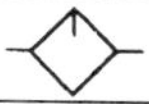	冷却器	
气源调节装置		加热器	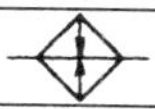
消声器	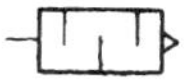	快换接头（带单向阀、不带单向阀）	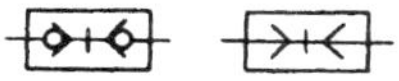
压力继电器	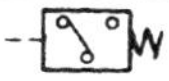	旋转接头（三通路）	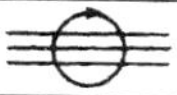
行程开关	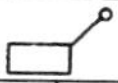	液压源	
通大气式油箱		气压源	
通大气式油箱（带空气滤清器）	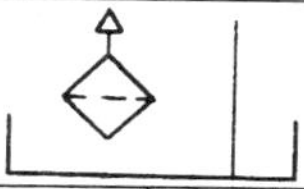	电动机	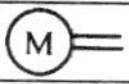
		原动机	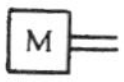
密闭式油箱	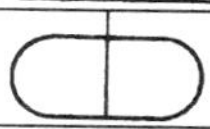	气罐	
蓄能器		气-液转换器	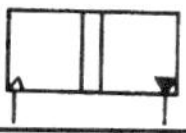

参 考 文 献

[1] 左健民．液压与气压传动［M］．北京：机械工业出版社，1994．

[2] 姜佩东．液压与气动技术［M］．北京：高等教育出版社，2000．

[3] SMC（中国）有限公司．现代实用气动技术［M］．北京：机械工业出版社，1998．

[4] 姚新，刘民钢．液压与气动［M］．北京：中国人民大学出社，2000．

[5] 〔日〕久津见舜一日沖弘．气动元件的使用及维修［M］．北京：机械工业出版社，1984．

[6] 中国机械工业教育协会组．液压与气压传动［M］．北京：机械工业出版社，2004．

[7] 陈尧明，许福玲．液压与气压传动学习指导与习题集［M］．北京：机械工业出版社，2005．

[8] 袁国义主．机床液压传动系统图识图技巧［M］．北京：机械工业出版社，2005．

[9] 朱梅，朱光力．液压与气动技术［M］．西安：西安电子科技大学出版社，2004．